口絵 1　波動の重ね合わせ (p.21)

口絵 2　青い眼の猫 (p.61)

青い眼では，虹彩に含まれるメラニン色素が少ないため光は吸収されずレーリー散乱され，青空と同じ理屈で青く見える．

口絵 3　空の青，夕日の赤 (p.61)

口絵 4　逃げ水 (撮影：長谷川能三氏 (大阪市立科学館)，p.87)

口絵 5　偏光フィルターの方位による画像の違い (p.102, 図 4.21)

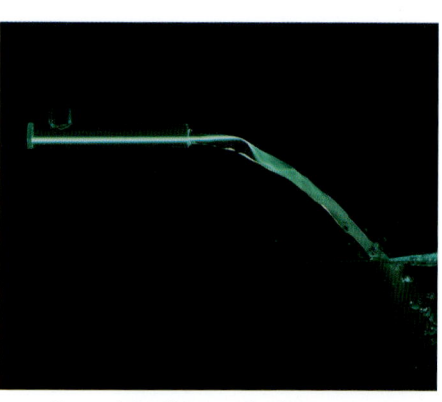

口絵 6　全反射とエバネッセント波の発生 (p.106) ブリリアントカットの輝きは，全反射によってもたらされる．

口絵 7　水中を進むレーザー光 (p.109, 図 4.28)

口絵 8　魚の見る天空 (撮影：小野篤司氏 (ダイブサービス小野にぃにぃ)，p.110, 図 4.29)

口絵 9　フリースタンディングフィルム (シャボン膜) の干渉 (撮影：石川謙准教授 (東京工業大学)，p.128)

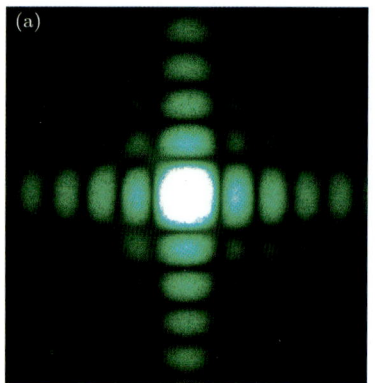
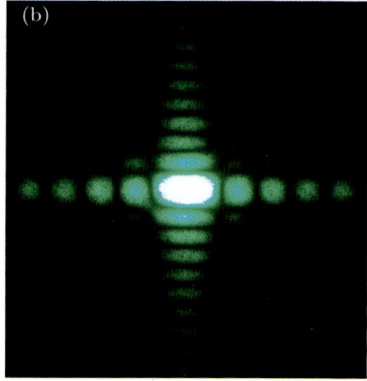

口絵 10　方形開口のフラウンホーファー回折像 (p.166)
(a) $100\,\mu m \times 100\,\mu m$ 開口，(b) $100\,\mu m \times 200\,\mu m$ 開口．

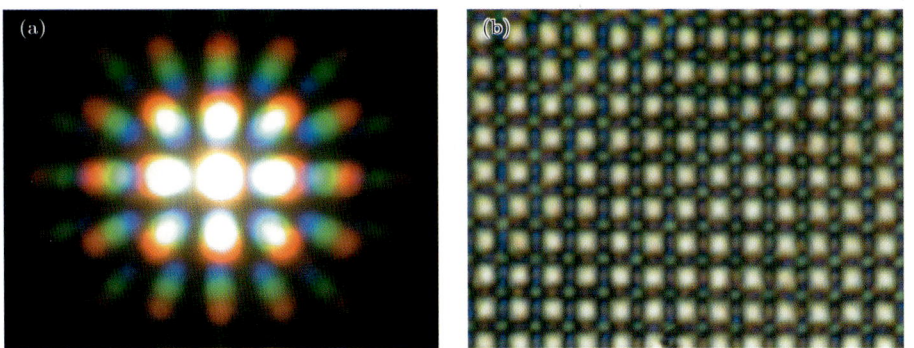

口絵 11　2次元格子の回折像と顕微鏡観察像 (p.176, 図 6.21)
回折像は露出を多目にしたため，1次回折光のスペクトル色がはっきりしない．

NA：大

NA：中

NA：小

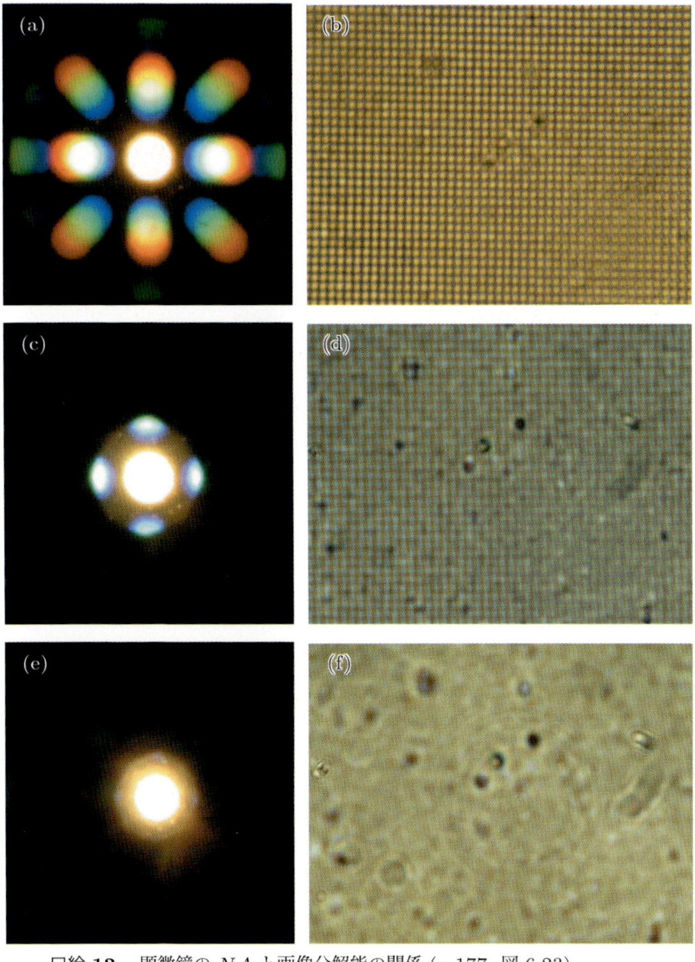

口絵 12　顕微鏡の NA と画像分解能の関係 (p.177, 図 6.23)

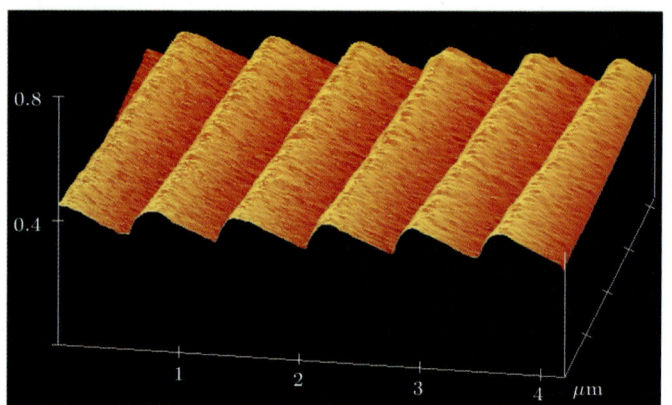

口絵 **13** ブレーズド・ホログラフィック・グレーティング (1200 本/mm) の原子間力顕微鏡像 (画像提供：株式会社オプトライン, p.189)

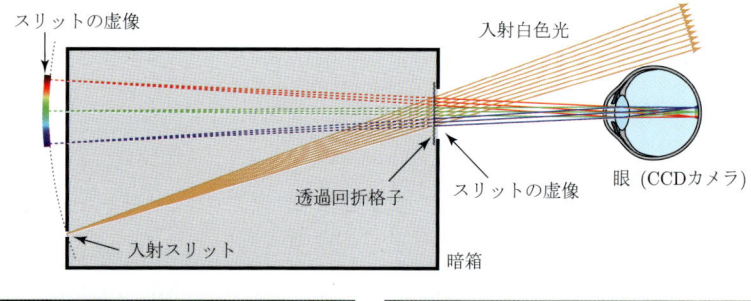

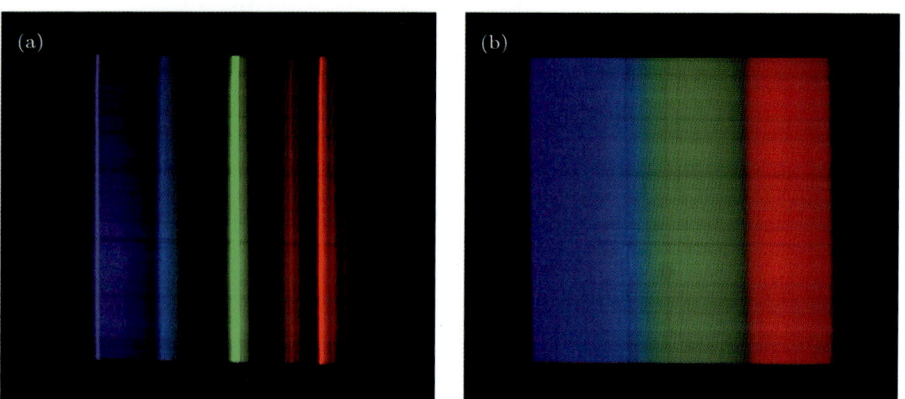

口絵 **14** 紙箱を使った手作り分光器の構造とスペクトル画像 (p.191)
(a) 蛍光灯のラインスペクトル，(b) 太陽光の連続スペクトル．画像の横線は，スリットの乱れによる．

先端光技術シリーズ  大津元一　編集

光学入門

－光の性質を知ろう－

大津元一・田所利康

著

朝倉書店

序

　本書は先端光技術シリーズの第1巻なので，この序文の冒頭でまず本シリーズの企画の趣旨について説明しておこう．光技術の歴史は古く，さらに1960年にレーザーが発明されるとこの光源は広範な分野に応用され，1980年代以降には光産業が大きく成長し，今や光技術は日常生活になくてはならないものとなっている．21世紀は光の時代ともいわれており，今後は光技術に対する期待と要求が一層高まるであろう．それを反映して近年，産業界では多数の光技術者を必要としている．しかし最近の大学での光技術の講義，カリキュラムはむしろ減少傾向にあり，これらを学んだ卒業生の数は必ずしも多くはない．また，団塊の世代の技術者の大量退職に伴い，今後は光技術者がますます不足するようになると考えられている．一方，光技術のいくつかにはすでに限界が見え始めている．この限界を打破し，新しい光技術を創出して21世紀の社会の要求に答えるには，「光とは何か？」について改めてよく考える必要があり，その考えを活かして新技術の開発に結びつける能力を有する「目利き」の技術者が一層必要となる．

　筆者らはこのような状況を少しでも好転できるようにとの願いを込めて，特定非営利活動法人(NPO)ナノフォトニクス工学推進機構を組織し，産業界の技術者などを対象に先端光技術のセミナー，講義を過去数年にわたり実施してきた．そこでは光技術についての基礎知識を増やすのみではなく，むしろ知恵を深める学習が必要であるとの考え方に基づきカリキュラムを構成した．筆者らのこのような考え方，光技術に対する方法論を直接伝えたいため，この啓蒙教育活動を「ナノフォトニクス塾」と名づけた．「ナノフォトニクス」については以下で略記するが，本シリーズはこのセミナー，講義の教材をもとに執筆したものである．近い将来ナノフォトニクス塾の塾生または本シリーズの読者諸兄の中から新しい光技術，革新的な先端光技術を創出する技術者，研究者が現

れることを期待している．

　先端光技術を生み出すには，自然界を構成する基本要素が(場，あるいは電磁場としての)「光」と「物質」(あるいは電子などの素粒子)であることに注意すべきである．光は物質から発生するのであり，先端光技術は光と物質との相互作用をうまく利用することにより実現する．すなわち光と物質は新しい光技術を生むための「車の両輪」なのである．そこで本シリーズではまず第1巻で光の性質について学んだ後，第2巻では物質の性質について学ぶ．以上により光技術のための基礎が学べるはずである．

　なお上記の「ナノフォトニクス塾」は初級，中級コースに分かれている．初級コースでは光技術に着手しているが，体系的な知識技術は未習得，ナノフォトニクスには未着手である技術者を対象とし，光技術の基礎知識の習得を目指す．これは本シリーズ第1巻および第2巻前半の内容に相当する．中級コースはナノフォトニクス関連技術に着手しているが，その原理は未学習の技術者を対象とし，ナノフォトニクスの原理を理解することをめざす．これは本シリーズ第2巻後半および第3巻の内容に相当する．すなわち本シリーズは大学学部1年次〜大学院修士課程相当の基礎学力を有する読者層を対象としているということになろう．

　次に第1巻である本書の構成について説明しよう．まず第1章では先端光技術を学ぶことの必要性について述べる．つづく第2章以降が本論となる．第2章では波としての光の基本的性質を述べ，第3章では媒質中の光の伝搬の様子について，さらに第4章では2つの媒質の界面での光の振る舞いについて述べる．第5章では2つまたは多数の光の波の間の干渉を，第6章では光が物体の後ろにまわり込んだり広がろうとする性質，すなわち回折について述べる．以上により光の性質の全体を把握できると期待される．

　ところで，第6章で記述する「回折」という光の基本的性質が，従来の光技術の限界を与えることが近年明らかになってきた．そこで本シリーズの第3巻では，その限界を超える技術として提案され，近年その技術の進展が著しいナノフォトニクスを先端光技術の一例として取り上げた．第1巻，第2巻の後で，さらに第3巻を読むことにより先端光技術の事例に触れ，従来の光技術とは違う考え方を味わい，新しい光技術を開拓するための方法論として活用していただければ幸いである．

本書の第1章は大津が執筆し，本論に相当する第2〜6章および付録は田所が執筆した．ただし全編を通じて両者が内容を相互に査読しあった．なお，紙数の制限のために短い説明で終わらざるをえなかった個所もある．また，筆者が浅学非才であることなどのために思わぬ個所に不適当な記述があるかもしれない．これらに関しては読者諸兄のご批評をいただければ幸いである．出版に際しご協力とご援助を賜った朝倉書店編集部の皆様に感謝致します．

　2008年9月

大 津 元 一

目 次

1. 先端光技術を学ぶために ································· 1

2. 波としての光の性質 ···································· 9
   2.1 波としての光 ···································· 9
   2.2 波を数式で表す ·································· 11
       2.2.1 波が伝わるということ ······················ 11
       2.2.2 1次元の波動関数 ·························· 13
       2.2.3 1次元の微分波動方程式 ···················· 14
       2.2.4 調和波の性質 ······························ 15
       2.2.5 3次元の波動 ······························ 17
   2.3 波動の重ね合わせ ································ 20
       2.3.1 重ね合わせの原理 ·························· 20
       2.3.2 波動の複素表示 ···························· 22
       2.3.3 位相子を用いた波の足し算 ·················· 25
   2.4 真空中の光の伝搬 ································ 28
       2.4.1 マクスウェルの方程式 ······················ 28
       2.4.2 $\nabla \cdot \boldsymbol{A}$ の意味 ···································· 30
       2.4.3 $\nabla \times \boldsymbol{A}$ のイメージ ································ 32
       2.4.4 電磁波の位相速度 ·························· 36
       2.4.5 電磁波の特徴：横波 ························ 37
       2.4.6 何が電磁エネルギーを運ぶのか ·············· 39
       2.4.7 調和関数の平均と光の強度 ·················· 41
   2.5 偏光の記述 ······································ 43

2.5.1　偏光とは ……………………………………………… 43
　　2.5.2　ジョーンズベクトル ………………………………… 45
　　2.5.3　ジョーンズ行列 ……………………………………… 47
　　2.5.4　マリュスの法則 ……………………………………… 51

3. 媒質中の光の伝搬 ……………………………………………… 54
　3.1　分極と誘電率 ………………………………………………… 54
　3.2　電気双極子放射のミクロな重ね合わせ …………………… 56
　　3.2.1　電気双極子振動 ……………………………………… 56
　　3.2.2　電気双極子放射 ……………………………………… 60
　　3.2.3　空の青，夕日の赤 …………………………………… 61
　　3.2.4　散乱光の重ね合わせ ………………………………… 63
　3.3　媒質中の光の位相速度と屈折率 …………………………… 68
　　3.3.1　2次波の位相遅れ …………………………………… 68
　　3.3.2　透過光の伝搬 ………………………………………… 70
　　3.3.3　透過光の伝搬と屈折率 ……………………………… 73
　　3.3.4　誘電関数 ……………………………………………… 76

4. 媒質界面での光の振る舞い (反射と屈折) ……………… 80
　4.1　反射の法則，屈折の法則 …………………………………… 80
　　4.1.1　媒質界面における光の振る舞い …………………… 80
　　4.1.2　反射の法則 …………………………………………… 82
　　4.1.3　屈折の法則 …………………………………………… 82
　　4.1.4　フェルマーの原理 …………………………………… 85
　　4.1.5　位相子を使った「フェルマーの原理」の解釈 …… 87
　4.2　振幅反射係数と振幅透過係数 ……………………………… 91
　　4.2.1　p偏光とs偏光 ……………………………………… 91
　　4.2.2　フレネルの式 ………………………………………… 92
　　4.2.3　ブリュスター角 ………………………………………100
　4.3　全反射 …………………………………………………………103
　　4.3.1　全反射とエバネッセント波の発生 …………………103

　　　　　　　　　　　　目　　次　　　　　　　　　　vii

　　4.3.2　エバネッセント波 ･････････････････････････････104
　　4.3.3　全反射現象あれこれ ････････････････････････････109

5. 干　　渉 ･･･111
　5.1　強め合う干渉，弱め合う干渉 ･･････････････････････111
　　5.1.1　等しい周波数をもつ波の重ね合わせ ･･････････････111
　　5.1.2　定在波 (定常波) ････････････････････････････････114
　　5.1.3　ウィーナーの実験 ･･････････････････････････････118
　5.2　代表的な干渉タイプ ･･････････････････････････････119
　5.3　波面分割 2 光束干渉 ･･････････････････････････････121
　　5.3.1　ヤングの実験 ･･････････････････････････････････121
　5.4　振幅分割 2 光束干渉 ･･････････････････････････････128
　　5.4.1　薄膜の干渉 ････････････････････････････････････128
　　5.4.2　マイケルソン干渉計 ････････････････････････････132
　5.5　多光束干渉 ･･････････････････････････････････････140
　　5.5.1　平行平板の多光束干渉 ･･････････････････････････140
　　5.5.2　光学薄膜の多重干渉 ････････････････････････････145
　　5.5.3　誘電体多層膜の実例 ････････････････････････････147

6. 回　　折 ･･･153
　6.1　ホイヘンス・フレネルの原理 ･･････････････････････153
　　6.1.1　波長に依存した波の回り込み ････････････････････153
　　6.1.2　フレネルの回折理論 ････････････････････････････156
　6.2　フラウンホーファー回折 ･･････････････････････････157
　　6.2.1　開口からの回折 ････････････････････････････････158
　　6.2.2　単一スリットのフラウンホーファー回折 ･･････････162
　　6.2.3　開口形状とフラウンホーファー回折 ･･････････････166
　6.3　フラウンホーファー回折と分解能 ･･････････････････171
　　6.3.1　分解能と回折限界 ･･････････････････････････････171
　　6.3.2　分解能に関するアッベの考え方 ･･････････････････173
　6.4　複スリットのフラウンホーファー回折 ･･････････････181

- 6.4.1 2重スリットのフラウンホーファー回折 181
- 6.4.2 多重スリットのフラウンホーファー回折 184
- 6.5 回折格子 187
  - 6.5.1 回折格子の種類 187
  - 6.5.2 回　折　角 187
  - 6.5.3 位相子の足し合わせで回折格子を考察する 189
  - 6.5.4 回折格子分光器 191

- A. 各章の補足 194
  - A.1 第2章：波としての光の性質 194
  - A.2 第3章：媒質中の光の伝搬 199
  - A.3 第4章：媒質界面での光の振る舞い 200
  - A.4 第5章：干渉 202
  - A.5 第6章：回折 207
  - A.6 そ　の　他 208
- B. 参　考　文　献 212
- C. 引　用　文　献 213

索　引 215

Chapter 1

先端光技術を学ぶために

　光技術，すなわち光を使った技術は，望遠鏡で遠くの天体などを見る，顕微鏡で小さい物体を見る，カメラで撮影する，電灯で照明する，幻灯機で投影する，など古くから数多くある．これらの技術の基礎となる光学の歴史も古く，たとえば17世紀にニュートン (I. Newton) は「フィット」(周波数) という概念によって光の性質を表し，光をエネルギーの塊と考えて光の粒子説を唱えた．この考え方は当時，光を波としてとらえ光の波動説を主張するフック (R. Hooke) やホイヘンス (C. Huygens) との間で論争となった．

　これらの技術は20世紀半ばにはすでに成熟しており，当時はもはや先端的な光技術ではなかった．しかし第2次世界大戦を機に，通信や天文観測のためにマイクロ波などの電波よりも高周波数の信号源が欲しいという要求が高まり，1960年にレーザーが発明され，その後の光技術は大きく変貌した[1]．

　レーザーの発明の基礎となったのは，光量子説である．上記の粒子説と波動説は，光が粒子性と波動性の両面をもつことを示唆している．これはさらに，光のエネルギーを測定するような実験では光は粒子性を示し，位相を測定する場合には波動性を示すことを示唆している．すなわち光の本体が粒子であるか波動であるかが問題なのではなく，粒子性を測定するか波動性を測定するかが問題なのである．このような観測の問題を含めた光の本性を記述するには，現代物理学の基礎理論である量子論が必要となる．その結果生まれたのがアインシュタイン (A. Einstein) による光量子説である．すなわち光の実体は粒子と波の両方の性質を兼備したものと捉えられ，それは光子 (フォトン, photon) と呼ばれている．

　光量子説により上記の粒子説と波動説との論争に終止符が打たれたが，そ

の理論的基礎をもとに発明されたのがレーザーであり,電灯などから出てくる光とは異なった性質をもつ人工の光が誕生した[1]. これはトランジスタとともに20世紀最大の発明とされている. レーザーは従来にはない特殊な光を出す光源装置であり,そこから出てくる光は広がらない(高指向性. ただし回折限界の範囲内において),なめらか(高コヒーレント性),鮮やか(単色性),輝く(エネルギー集中性と高輝度性)など,すぐれた性質をもつ. しかしそれらに比べ卓越した性質は制御性に富むことであろう. すなわち光の振幅,パワー,波長,位相,周波数,偏光などを人為的に操ることができるという性質である[2]. この制御性の高さを利用して,レーザーは情報記録,情報通信,加工など,各種の光技術の光源として使われるようになった. これらは光エレクトロニクス(opto-electronics),フォトニクス(photonics)などと呼ばれている.

レーザーは米国AT&Tベル研究所で発明された. 大津が1980年代に短期間ではあるがそこに勤務していた当時,研究者間での共同研究,アイデア交換が盛んであった. レーザーが発明された1960年当時も同様で,レーザーが発明されると,早速これを利用した研究の募集があり,上記の光技術,すなわち現在実用化されているほとんどの光技術の基本的アイデアはこの時期にすでに出そろったといわれている. 1980年代になるとこれらは大きく成長し,各種応用産業が育った. その基礎となるのは上記のニュートン,ホイヘンス以来,欧米で確立された理論である. 一方,日本の科学技術者は1980年代に半導体レーザー,光ファイバー,液晶,CDなどの開発を通して光技術の進歩に貢献した.

自然界の基本構成要素は物質と光であり,これまでの光技術では光源から出た光を物質に入射し,その後物質から出てきた光を光検出器に入れてそのエネルギーや波長を測定する(図1.1). すなわち「物質→光→物質→光→物質」というように物質と光とを互いに分けて考えてきた. 言い換えると光は光源という物質から出た後は,光源とは独立に進んでいく. そこでまず光の振る舞いについて第1巻で記述する.

光は電磁波であるので,電磁気学の理論と同様に議論することができる. すなわち,互いに結合した2つのベクトル波(電場ベクトルと磁場ベクトル)からなる電磁波として光を記述する理論は電磁光学(electromagnetic optics)と呼ばれている. 原理的には,電磁光学によりいろいろな物質中の光の伝搬の性質がすべて記述可能である.

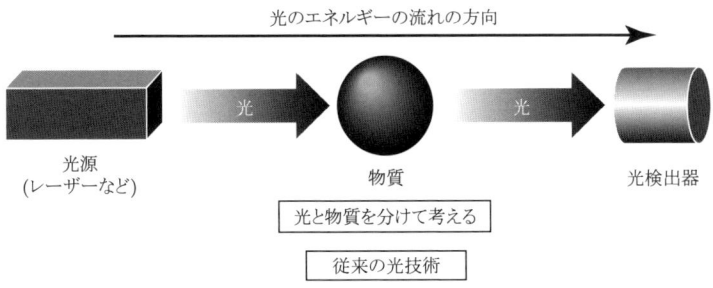

図 1.1 従来の光技術における光と物質の関係

しかし多くの光学現象を説明するとき，光をスカラー波 (スカラー波動関数) と近似すれば十分な場合がある．この近似による理論は波動光学 (wave optics) と呼ばれている．さらに，光が波長よりずっと大きな寸法をもつ物体の周囲を通過したり，または透過するときは，光の波動性がはっきりと認められない場合が多い．この場合の光の振る舞いは，幾何学的な法則に従って進む光線 (ray) として記述できる．この定式化は幾何光学 (geometrical optics) と呼ばれている．これは光線光学 (ray optics) と呼ばれることもある．幾何光学は，波動光学において波長を 0 と近似したことに相当する．以上の説明からわかるように，電磁光学の中に波動光学が含まれる．また，波動光学の中に幾何光学が含まれる．

ところで，量子力学を用いることにより，はじめて記述可能となる光学現象がある．そのための量子論的な電磁理論は，量子電気力学 (quantum electrodynamics) と呼ばれ，特に光学現象を記述するときは量子光学 (quantum optics) と呼ばれている．上記の光量子説はこれによって記述される．量子光学に対して電磁光学，波動光学，幾何光学は古典光学 (classical optics) と呼ばれる．

さて，従来の電磁光学，波動光学，幾何光学の教科書，参考書の多くは光が伝搬する物質を線形 (linear) としている．すなわち物質に入射する光のパワーと，それに対する物質の光学応答の大きさ，透過光などのパワーの値が比例する．しかしレーザーの光は非常に大きな強度 (単位断面積あたりのパワー) で物質中を伝搬するので，これを用いて実験を行うと物質の非線形性 (nonlinearity) が顕著に現れる．すなわち上記の比例関係が成り立たない．その結果，たとえば物質の屈折率が光強度に依存すること，光が物質を透過するとその周波数が変化

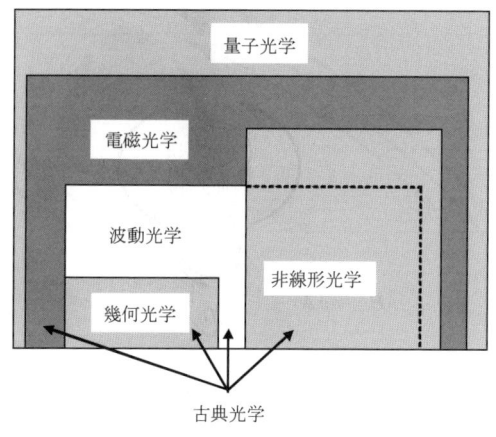

図 1.2 光学理論の分類

すること,光と光が相互作用すること(したがって光によって光が制御できること)などの現象が現れる.このような現象を扱う分野は非線形光学 (nonlinear optics) と呼ばれている.線形性,非線形性は光自身の性質ではなく,光が伝搬する物質の性質である.以上の光学理論の関係をまとめると図 1.2 のようになる.1990 年代になるとこれらの理論に支えられた技術が成熟し,今や情報通信では光を電波と同様に使いこなせるようになった.言い換えると 1960 年代には先端光技術の産物であったレーザーという光源から出てきた光も,今やレーザーの発明以前に使われていた電波と同じ扱いを受けるようになった.

一方,光の回折という性質によって光技術は限界を迎えつつある.その限界,すなわち回折限界を超える革新技術としてナノフォトニクス (nanophotonics) が 1993 年に日本で誕生した.この技術の原理は従来の光技術とはずいぶん異なっている.したがってその理解のためには基礎となる概念を勉強する必要があるが,日本発の技術なので,欧米の著者による教科書,参考書には記述されていない.したがって学習者は自分自身で「光とは何か?」「物質とは何か?」について考え直す必要がある.すなわち知識を増やすのではなく知恵を深めることが必須となってきた.

以上の状況をもとに,本シリーズでは先端光技術としてナノフォトニクスを取り上げた.それは第 3 巻で論じられるが,その基礎として第 1 巻では上記のように光の概念について説明する.その後第 2 巻では物質,特にナノ寸法物質

とその光学的特性について説明する．両巻の内容は従来の光学，および光物性の教科書，参考書の内容と重複するが，ナノフォトニクスに従事する研究者である各担当者が第3巻の導入となるよう意識して執筆している．以下では本シリーズで取り扱う内容，その相互の関係についてさらに説明しよう．自由空間を伝搬した後，光は物質に入るが，物質中での光の振る舞いは物質の構造，材質などに依存する[3]．これを幾何光学で記述する場合，物質の中の微視的な構造を考える必要はなく，物質のもつ屈折率，吸収率などの物理量が使われる．波動光学でも同様であるが，そこで扱う光子のエネルギーは物質のエネルギーより十分小さい．

量子力学は量子光学を生んだが，同時にその意義が大きいのは光に対する物質の性質を微視的な構造から説明できるようになったことである．すなわち，光と物質との相互作用の問題を光と原子またはその集団との間の相互作用として扱うことができるようになった．この結果，物質に入った光が，物質中の原子や電子にどのような作用を及ぼし，入射光がどのように変化して物質の外に出るかという問題を，物質の微視的な構造から説明できるようになった．このように光と物質との相互作用を取り扱う学問分野は「光物性」と呼ばれている．光物性では古典光学において物質の性質を表すパラメータとして使っていた光学定数(屈折率，吸収率など)を物質の微視的な構造と関係づけることができる．

第1巻では古典光学を中心に説明するが，古典光学，量子光学と同様，光物性にも古典論，量子論があり，さらにその中間的な概念として半古典論がある(表1.1)．古典論では光を古典光学で記述し，一方，原子または原子中の電子の運動を古典力学の調和振動子(バネ)として扱う．半古典論では，光を古典光学により扱い，物質を量子力学で扱う．古典論を用いれば光物性の概要を知ることはできるが精密さに欠ける．半古典論では多くの場合量子論により得られる結果と同じ結果が得られるので，これが光物性の学習によく使われている．

光の振る舞いは量子光学を使うことにより精密に記述されるので，量子論では光を光子と考え，物質を量子力学で記述することにより，物質に入った光が物質をどのように変え，光自身がどのように変わって外に出ていくかを議論する．これにより古典論では単なるパラメータとして扱った光学定数を，原子や電子の振る舞いと結びつけることができる．したがって光物性を学ぶには通常まず古典論により物質の光学定数を概観し，さらに半古典論によりその議論を

表 1.1 光物性の理論の分類

	光	
	古典光学	量子光学
物質 古典力学	古典論	—
質 量子力学	半古典論	量子論

精密化する.

　取り扱う物質の多くは結晶であり，半古典論では結晶の中の電子が低いエネルギーをもつ基底状態と，高いエネルギーをもつ励起状態を量子力学によって記述する．なお，結晶は多数の原子から構成されているので電子も多数ある．したがってこれらの多電子系の励起状態を表すのに励起子と呼ばれる概念も導入される．また結晶格子の各所にあるイオンの運動である格子振動を量子力学によって記述してフォノン (phonon) と呼ばれる概念も導入し，電子とフォノンとの相互作用なども議論される．これらの結果をもとにして光と物質の多様な相互作用を記述すると，光により電子が励起される現象，すなわち光の吸収の量を計算することができるようになる．この場合，電子とフォノンとは互いに相互作用をしているので，光によって電子を励起するとフォノンにも影響を与え，またそれにより光の吸収量も影響を受ける．

　さて，光と励起子とは互いに独立に存在し，その間の相互作用により光が吸収されると考えることができるが，実はこの相互作用がある限り両者は結晶中で独立ではない．むしろ結晶中には両者の混合状態が発生すると考えるべきである．この状態はポラリトン (polariton)，または励起子ポラリトンと呼ばれる．このように考えた上で，このポラリトンとフォノンとの相互作用を考慮すると光に対する結晶の性質をさらに精密に記述することができる．

　第2巻ではこのような光物性を古典論，半古典論により記述する (古典論の一部は第1巻の第2章でも記述される)．まず巨視的寸法をもつ物質を取り上げ，その光物性を概観する．次にナノ寸法物質を扱うことにより第3巻へと進むのに必要な知識を整理する．そこでは光がナノ寸法物質を一様に照らすことにより，物質の寸法や形を反映した特異な性質が現れることを記述する．その後，量子ドットと呼ばれるナノ寸法物質の性質を説明する．これを学習すれば量子ドットに閉じ込められた電子が量子効果と呼ばれる特異な性質を示し，あたかも水素原子中の電子のように光に対して鋭く応答すること，そしてその鋭

1. 先端光技術を学ぶために   7

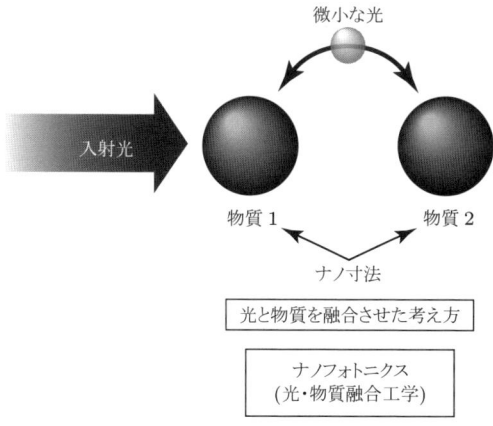

図 1.3 ナノフォトニクスにおける光と物質の関係

さが電子とフォノンとの相互作用によって大きく影響を受けることなどが理解できるはずである.

図 1.1 のように従来の光技術では物質と光とは分けて考えることができた. また, 光エネルギーの流れはレーザーを構成する物質から別の物質へ, さらには光検出器へと一方向であった. それに対してナノフォトニクスでは光とそれを発生する物質とを分けて考えることができない (図 1.3). いわば「光・物質融合工学」なる技術である. また複数の物質がある場合, 光のエネルギーの流れはそれらの間で一方向ではなく双方向である. なお, ナノフォトニクスの周辺技術であるフォトニック結晶[4], プラズモニクス[5], メタマテリアル[6], シリコンフォトニクス[7], 量子ドットレーザー[8] などでも光と物質とは独立と考えるので, これらは従来の光技術の範疇に入り, ナノフォトニクスとは異なる技術である.

本シリーズの 3 巻の内容の関係を図 1.4 に示す. 第 1 巻, 第 2 巻のみを読めば光技術についての基礎知識が得られるが, さらに第 3 巻を読んでナノフォトニクスを先端光技術として捉え, 従来の光技術とは違う考え方を味わっていただき, ナノフォトニクスの真髄を理解し, さらに新しい光技術を開拓するための方法論として活用していただきたい.

近年, 産業界では光技術の需要が多く, 質・量ともに多くの光技術者を必要としている (筆者らの知り合いの企業のマネージャー級の技術者談). しかし最

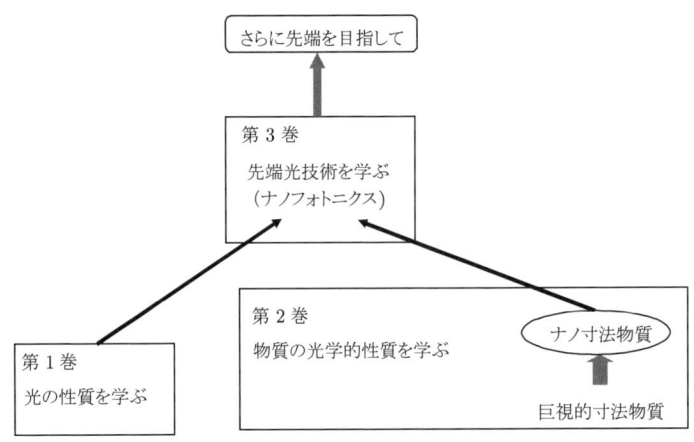

図 1.4 本シリーズの 3 巻の内容の関係

近の大学では光技術に関する講義カリキュラムがむしろ減少しており，これらを学んだ卒業生の数も多くはない．そこで 1 つの企業の事業部の間で，さらには複数の企業の間で技術者をとりあうといった事態も生じている．また，団塊の世代の技術者の大量退職で，今後ますます光技術者不足は顕著になると思われる．このような状況では先端光技術を担う技術者の確保は容易ではない．

筆者らは以上の状況を憂慮し，状況を少しでも好転させることができるようにとの願いで産業界の技術者を中心に先端光技術のセミナーや講義を過去数年にわたり実施してきた．筆者らの考え方，光技術に対する方法論を直接伝えたいため，この活動を「ナノフォトニクス塾」と名づけた．本シリーズはこのセミナーの教材をもとに執筆したものであり，近い将来ナノフォトニクス塾の塾生または本シリーズの読者諸兄により革新的な先端光技術が生まれることを望んでいる．

巻末に本シリーズを読んだ後，さらに深く勉強するために参考となる書籍を，筆者らが執筆したものを中心に挙げているので，参照されたい．

# Chapter 2

波としての光の性質

　身近に観察される多くの光学現象は，光を波とする古典的な光学で十分に説明することができる．第1巻で取り上げる話題は，波としての光の性質と光が物質と出会ったときの基本的な振る舞いである．2章では，まず，光を波として扱う場合の基本事項や光の記述方法について確認していくことにする．

2.1 波としての光

　1864年，マクスウェル (J.C. Maxwell) が「光の正体は時間的・空間的に変動する電磁波である」と予言し，1888年にヘルツ (H.R. Hertz) が電磁波の存在を実験的に検証した．以来，光が電磁波の一種であることが常識として受け入れられるようになった．

　電磁波は，図2.1のような周波数領域に広がっている．その中で可視領域 (波長：380 nm～780 nm) を中心に，波長がほぼ1 nm～1 mm の電磁波を，特に「光」と呼ぶ．電磁波の伝搬を支配する法則は，周波数によらず同じであるが，電磁波の性質は周波数によって大きく異なる．周波数が低いラジオ波は，振動する電場としてアンテナから放射され，アンテナで検知される．一方，周波数が高いγ線は，エネルギーの塊 (光子) として振る舞う (物理学者は，γ線のエネルギーについては述べるが，周波数に触れることは少ない)．中間的な周波数をもつ可視領域では，波動として振る舞う現象，光子として振る舞う現象の両方を見ることができる．これは，可視光が，干渉や回折などの波動的効果を容易に観測できる程度に長い波長をもち，量子力学的な物理現象を引き起こす程度にエネルギーが高いことによる．

　光と物質との間で起こる吸収/放出過程では，量子力学の法則に従うとびとび

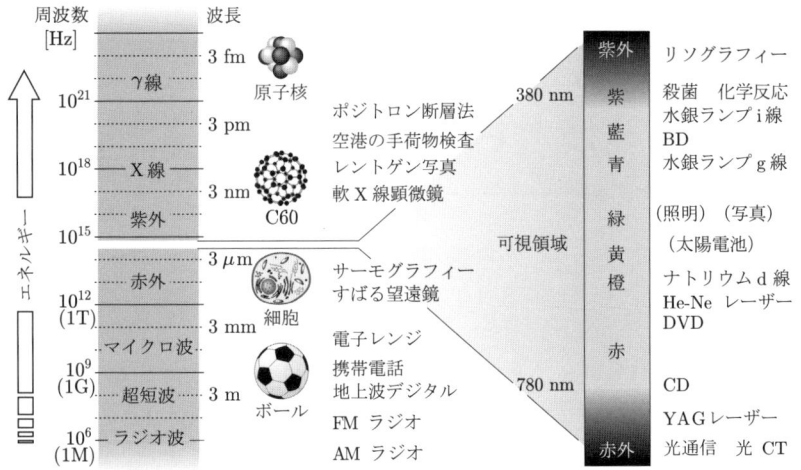

図 2.1 電磁波の周波数と波長

の塊 = 光子としてエネルギーと運動量の交換が行われる．しかし，こうした量子力学的効果が顕在化するのは，主に光が物質と相互作用するときであり，光の伝搬を問題にする限りこの効果を意識する必要はなく，光を波動として取り扱うことに何の問題も生じない．

第 1 巻では，光の伝搬，反射，屈折，干渉，回折など，光を波動として取り扱うべき基本的な光学現象に話題を絞って解説していく．なお，本書でとりあげる光学現象は，次の条件を満たしている．

- 光の吸収過程，放出過程などの量子力学的な物質との相互作用を含まない：量子力学の法則を意識しなくてよい (量子力学的な光物性については，本シリーズ第 2 巻参照)．
- 実験装置や対象領域の大きさが波長に比べて大きいか同程度：光を波動として扱える．扱うのは伝搬光であり，近接場光ではない (近接場光は本シリーズ第 3 巻参照)．
- 観測時間が光の周期に比べ十分に長い：統計的に時間平均で扱える．
- 統計的に扱える程度に光量がある：光子ではなく波として振る舞う．
- 物質が線形応答する程度に強度が弱い：重ね合わせの原理が成り立つ．
- 静止座標系で現象を観測する：相対性理論を考慮しなくても成り立つ．

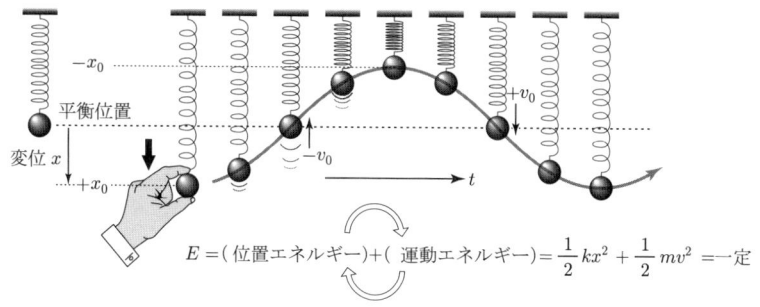

図 2.2 調和振動子の単振動

こうした条件を満たす光学現象は，波の重ね合わせとして解釈することができ，誘電率などのマクロに定義された物理量だけで正確に記述することが可能である．意外に思われるかもしれないが，日常目にする多くの光学現象は，このカテゴリーに属しているといっても過言ではない．

さて，早速，波として光がどのように振る舞うのかを見ていくことにしよう．

2.2 波を数式で表す

2.2.1 波が伝わるということ

まず，波が伝わることの意味について考えることにする．バネに吊されたおもりが振動する様子を見てみよう．

バネに吊されたおもりは，外から力を加えない限り安定な平衡位置に静止している．たとえば，手でバネを引き延ばすなどの外力によって，ひとたび平衡位置から変位が生じると，平衡位置を中心にして上下の往復運動をする (図 2.2)．この往復運動は，一定周波数の振動であり，空気抵抗などで減衰しない限り，一定の振幅強度で振動し続ける．このような振動を調和振動，振動するもの (ここではおもりが吊されたバネ) を調和振動子と呼ぶ．

変位 x が最大の位置 $\pm x_0$ では，バネの復元力 $F = -k_F x$ を受けながらバネが引き延ばされる (押し縮められる) ため，バネには $U = \int F dx = (1/2) k_F x_0^2$ の位置エネルギーが蓄えられる (フックの法則)．おもりは，バネの復元力によって平衡位置に戻ろうとするが，変位の減少とともに位置エネルギーは運動エネルギーに変わり，平衡点通過時にはすべての位置エネルギーが運動エネルギー

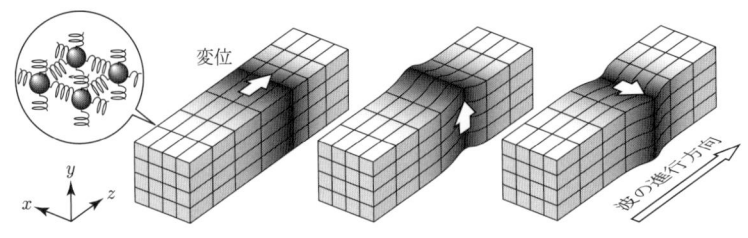

図 2.3 物質内での波の伝搬の様子

に変換されて，速度 v と運動エネルギー $K = (1/2)mv^2$ は最大になる．その後，運動エネルギーは徐々にバネを押し縮め (引き延ばし) ながら，位置エネルギーとしてバネに蓄えられていく．変位が $\mp x_0$ に達すると，すべての運動エネルギーが位置エネルギーに変換され，往復運動が 1 周期経過した時点でのエネルギーの正味のやりとりはゼロになる．つまり，調和振動は，位置エネルギーと運動エネルギーの周期的な変換過程なのである．

このような振動子になりうるバネとおもりの関係は，自然界に多く存在する．原子や分子がその例で，それらは互いに結合して物質を形成している．そのため，ある分子に与えられた振動は，隣り合う分子との結合を介して空間的に伝わっていく．

図 2.3 のような固体物質中を波が伝搬する状態を考えてみよう．固体物質中では，z 軸方向に進む波に対して，変位が z 方向の縦波 (粗密波) と変位が xy 面内にある横波が存在する．すべての横波は，x 成分の波と y 成分の波の合成として表せるので，固体中を伝搬する波は，1 つの縦波と 2 つの横波の計 3 つのモードにまとめることができる．縦波，横波，いずれの場合も，固体中の分子はその場で振動するだけで，分子自体が移動するわけではない．分子は，左隣からもらった振動エネルギーを右隣に譲って，自分は元の平衡位置に戻るのである．つまり，波が伝わることの実体は，変位状態の伝搬であり，物質が移動することなくエネルギーが遠くまで伝搬する現象であるということができる．たとえば，水面の波では，水面の高さが伝わる物理状態であり，音の場合は圧力が伝わる．

一方，気体や液体では粗密波 (縦波) しか伝搬することができない．波が伝搬できるか否かは，変位に対して復元力が働くかどうかによって決まる．すなわ

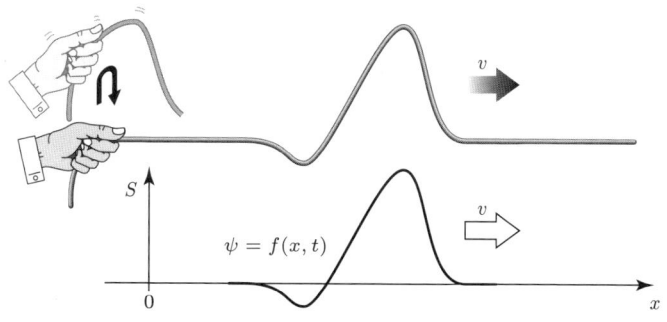

図 2.4　1 次元の波の伝搬

ち，粗密波の圧縮に対しては元の体積に戻ろうとする復元力が働くために，気体，液体，固体を問わず粗密波は伝搬するが，気体や液体の場合，横波の変位である横ずれに対して，変位を引き戻す復元力が働かないため，横波は成立しないのである．こうした液体中の波動の伝搬特性を利用したものに，石油の埋蔵量探査がある．地中に仕掛けたダイナマイトを爆発させ，その波動解析から液体である石油が横波を遮蔽することを利用して埋蔵量を推定するのである．

2.2.2　1 次元の波動関数

最も簡単な 1 次元の波動関数を求めることから始めることにしよう．ここでは，ロープを伝わる波を例に，1 次元の波の伝搬について考える．

ロープの端を握りスナップを効かせて手を上下させると，その上下動がロープを伝わっていく (図 2.4)．ロープを伝わる波は，進行方向 (地面と平行) と直交する変位 (上下の高さ) をもつ横波である．波動 ψ が一定速度 v でロープ上を x 軸正方向に移動しているとしよう．波動 ψ は，位置 x と時間 t の関数であるから，$\psi(x,t) = f(x,t)$ と表せる．ここで，$f(x,t)$ は，たとえば，図 2.4 のようなある形状の波動を表す関数である．

図 2.5 は，静止座標系 S 上を速度 v で進む波動の時間変化を示している．任意の時刻における波動の形は，時刻 t に 0 を代入することにより得られる．

$$\psi(x,t)\,|_{t=0} = f(x) \tag{2.1}$$

時間 t が経過すると，波動は，その波形を保ったまま，x 軸正方向に距離 vt だけ移動する．波動と一緒に速度 v で移動する座標系 S' の観測者からすると，静

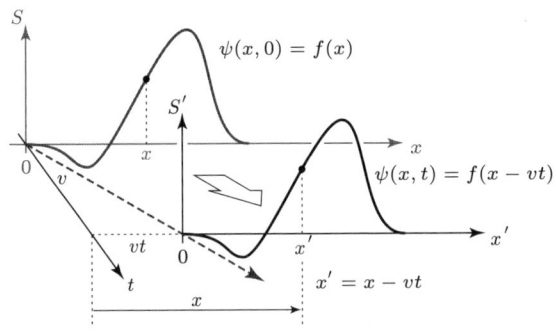

図 2.5 1次元の波動関数

止座標系 S の $t=0$ における波形 $f(x)$ と同じ形をした波動 $f(x')$ が時間 t とは無関係に静止しているように見える。座標系 S' の x' を，座標系 S で見ると $x' = x - vt$ なので，静止座標系 S から見た波動 ψ は，

$$\psi(x,t) = f(x-vt) \tag{2.2}$$

と表すことができる．(2.2) 式は，最も一般的な 1 次元の波動関数を表す式である．

2.2.3　1次元の微分波動方程式

$\psi(x,t)$ の空間依存性と時間依存性を関係づけるために，$\psi(x,t) = f(x')$ について偏微分をとると，次式が得られる (付録 A.1.1 参照)．

$$\frac{\partial \psi}{\partial t} = \mp v \frac{\partial \psi}{\partial x} \tag{2.3}$$

これは，ψ の時間 t に関する変化率と位置 x に関する変化率が係数 $-v$ で比例することを表している．

この関係を示したのが図 2.6 である．ここで，スタジアムの観客席で巻き起こるウェーブを思い浮かべてほしい．時刻 $t = t_1$ における x の変化率を示した図 2.6(a) は，$t = t_1$ の瞬間に撮影したウェーブの写真に相当する．図 2.6(a) からは，波形はわかるが，ウェーブの進む速度はわからない．一方，位置 x_1 の席でウェーブをする人の動きの時間変化に注目した図 2.6(b) は，時間の経過に伴い，まず両手を挙げて立ち上がり，一度しゃがみ込んでから席に着く動きに対

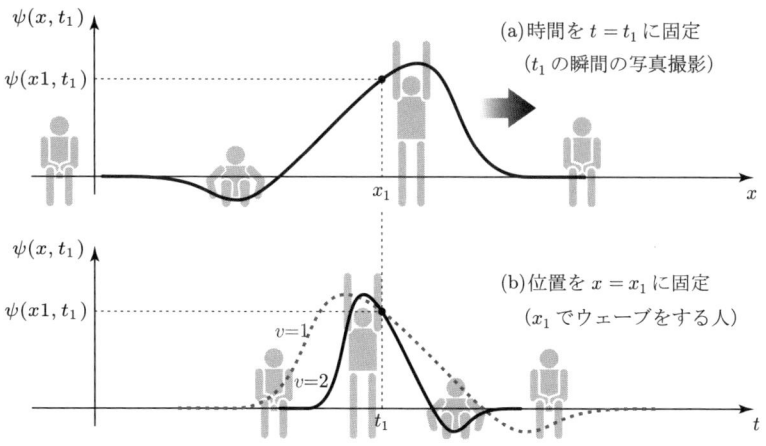

図 2.6 波動振動の位置と時間の関係

応しており，図 2.6(a) とは符号が逆になることがわかる．また，たとえば，速度が 2 倍になると変化率も 2 倍になり，ウェーブに参加する人は半分の時間で立ったり座ったりしなくてはならない．

波動関数 ψ の 2 階偏微分を，付録 A.1.1 の手順で計算すると次式が得られる．

$$\frac{\partial^2 \psi}{\partial x^2} = \frac{1}{v^2}\frac{\partial^2 \psi}{\partial t^2} \qquad (2.4)$$

(2.4) 式は，1 次元の微分波動方程式と呼ばれ，物理系がこの式に従う場合，同じ波形を維持したまま一様な速度 v で進行する波になる．

2.2.4 調和波の性質

正弦波は，周期的で最も単純な波動であり，調和波とも呼ばれる．調和波は，1 次元の波動方程式の解である．どんな複雑な波動の形も，調和波の重ね合わせで合成することができるため，調和波はことのほか重要である．

速度 v で x 軸正方向に移動する調和波は，(2.5) 式のように正弦波で書くことができる (もちろん，余弦波で書いてもかまわない)．

$$\psi(x,t) = A\sin k(x - vt) = f(x - vt) \qquad (2.5)$$

ここで，k は波数 (wave number) と呼ばれ，$k(x - vt)$ をラジアン単位にする

ための定数である．また，A を振幅という．正弦波の値域が -1 から 1 であることから，波動は最大値 A，最小値 $-A$ の間の値をとることになる．(2.5) 式は，明らかに微分波動方程式 (2.4) 式の解である．正弦波のとる角度 $k(x-vt)$ を位相 $\varphi(x,t) = k(x-vt)$ と呼ぶ．一般的には，$x=0, t=0$ のときの位相を初期位相 δ とし，$\varphi(x,t) = k(x-vt+\delta)$ と表される．

$$\psi(x,t) = A \sin k(x - vt + \delta) \tag{2.6}$$

正弦波は空間的にも時間的にも周期性をもつ．空間的な周期を波長 (wavelength)λ といい，x を $\pm \lambda$ 変化させることは，調和波の位相を $\pm 2\pi$ ずらすことに等しい．

$$\sin k(x - vt) = \sin k[(x \pm \lambda) - vt] = \sin[k(x - vt) \pm 2\pi]$$

これにより，波数と波長の関係が得られる．

$$k = \frac{2\pi}{\lambda} \tag{2.7}$$

同様に，時間的周期 τ は，調和波の位相 2π の変化に相当することから，次の関係式が得られる．

$$\sin k(x - vt) = \sin k[x - v(t \pm \tau)] = \sin[k(x - vt) \pm 2\pi]$$

$$kv\tau = 2\pi \quad (k, v, \tau \geq 0) \tag{2.8}$$

(2.7) 式，(2.8) 式から得られる関係をまとめておこう．

- 波数 $k = 2\pi/\lambda$ [rad m^{-1}]
- 周波数 $\nu \equiv 1/\tau$ [Hz]
- 位相速度 $v = \nu\lambda = \omega/k$ [m s^{-1}]
- 角周波数 $\omega \equiv 2\pi/\tau = 2\pi\nu$ [rad s^{-1}]
- 波数 $K \equiv 1/\lambda$ [m^{-1}]

周波数 ν は単位時間あたりに通過する波の数である．速度 v は単位時間に波動が移動した距離であり，波形上のある位相点が移動する速度という意味で位相速度と呼ばれる．角周波数 ω は単位時間あたりの位相角変化を表す．物理化学

や分光学の分野では，単位長あたりの波の数 $K \equiv 1/\lambda [\mathrm{m}^{-1}]$ を波数と呼ぶことが多く，波数 $k = 2\pi/\lambda$ と混同しないよう注意が必要である．特に，赤外分光学では，慣例的に波数 K を cgs 単位系 $[\mathrm{cm}^{-1}]$ で表して，「カイザー」という名称で呼ぶ．

角周波数 ω を使って，(2.6) 式を書き換えると次式が得られる．

$$\psi(x,t) = A\sin(kx - \omega t + \delta) \tag{2.9}$$

ここで，初期位相を $\delta + \pi$ とした $A\sin(kx - \omega t + \delta + \pi) = -A\sin(kx - \omega t + \delta) = A\sin(\omega t - kx - \delta)$ は (2.9) 式と上下が反転した正弦波であるので，初期位相を $+\delta$ として書き直した次式も波動の表記に用いられる．

$$\psi(x,t) = A\sin(\omega t - kx + \delta) \tag{2.10}$$

(2.9) 式と (2.10) 式は，相対的な位相差 π を除けば，x 軸正方向に進む同じ波動であり，どちらの表現もよく使用されるが，後述する複素屈折率などの定義が異なってくるため，明確に区別して使用する必要がある (付録 A.6.1 参照)．例えば，(2.9) 式の形式で表した右回り円偏光は (2.10) 式の形式では左回りになり，初期位相 δ に対する波動の初期位置は両者でその進退が逆になる．これらは，波動の進行を光源側から観測するか，検出器側から観測するかの違いに対応している．本書では，以降，(2.10) 式を使って波動を表すことにする．

2.2.5　3 次元の波動
a. 平　面　波

3 次元空間を伝わる波動のうちで，最も単純なものは平面波である．平面波とは，波形上で同一の位相となる点の集合が，波の伝搬方向と垂直な平面となる 3 次元波動のことをいう．すべての 3 次元波動の中で，波の形状を保ったまま空間を伝搬するのは，平面波だけである．中でも，調和関数の平面波 (調和平面波と呼ぶことにする) は，適当な調和平面波の重ね合わせですべての 3 次元波動が合成できること，現在ではレーザー光源を用いて調和平面波状の光波が手軽に得られることなどから実用的に重要である．ここで，3 次元平面波の微分波動方程式を求めておこう．

1 次元の場合にスカラーであった波数 k は，3 次元空間の場合，波数ベクト

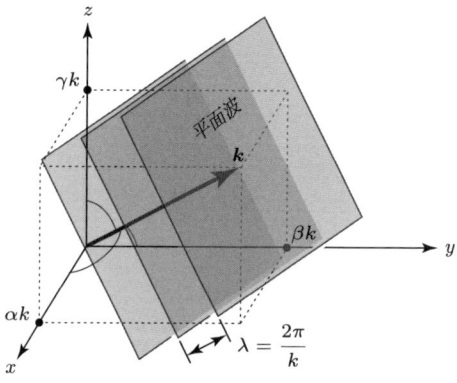

図 2.7 調和平面波

ル $\bm{k}$ で表される．3次元の平面波は，直交座標系において，長さが k の波数ベクトル $\bm{k} = (k_x, k_y, k_z)$ の方向に伝搬し，その同位相面は，波数ベクトル $\bm{k}$ と直交する平面になる（図 2.7）．平面波の同位相面は，図 2.7 のように，波数ベクトル $\bm{k}$ 方向に距離 $\lambda = 2\pi/k$ 間隔で空間的に並んでいる（同位相面は無限の広がりをもっているが，図の都合でカード状に描いてある）．

1次元の微分波動方程式 (2.4) 式導出のアナロジーから，波数ベクトル $\bm{k}$ 方向に進む3次元平面波の波動方程式を導くと次式が得られる（付録 A.1.2 参照）．

$$\nabla^2 \psi = \frac{\partial^2 \psi}{\partial x^2} + \frac{\partial^2 \psi}{\partial y^2} + \frac{\partial^2 \psi}{\partial z^2} = \frac{1}{v^2} \frac{\partial^2 \psi}{\partial t^2} \tag{2.11}$$

(2.11) 式は，位置の変数 x, y, z に関して対称で，1次元の微分波動方程式 (2.4) 式と同じ構造になっている．

b. 球 面 波

微分波動方程式は，球面波，円筒波を含む多くの解をもっており，平面波だけが唯一の解というわけではない．

理想的な点光源から発せられる光は，時間とともに半径が大きくなる点光源を中心とした球面波であり，空間を等方的に広がっていく（図 2.8）．

球面波は，点光源を中心とする回転対称であるため，極座標系で波面を記述するのが便利である．球面波の波動方程式の導出は，教科書[9]をご参照いただくとして，ここでは結果だけを示しておく．

$$\frac{\partial^2}{\partial r^2}(r\psi) = \frac{1}{v^2}\frac{\partial^2}{\partial t^2}(r\psi) \tag{2.12}$$

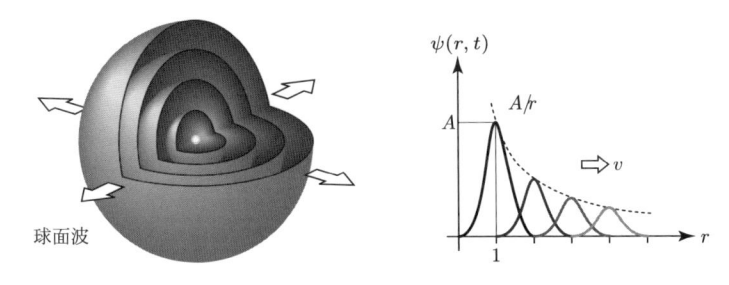

図 2.8　球面波

(2.12) 式は，波動関数が r と ψ の積であることを除けば，1 次元の微分波動方程式そのものである．したがって，(2.12) 式の解は，$r\psi(r,t) = f(vt \mp r)$ から，

$$\psi(r,t) = \frac{f(vt \mp r)}{r} \tag{2.13}$$

である．これは，任意の関数 f の波形をもつ球面波を表している．r の符号が"$-$"の場合，一定速度 v で光源から全方位に対して放射状に広がる球面波となり，r の符号が"$+$"の場合には，中心の 1 点に一定速度 v で収束する球面波となる．

(2.13) 式で，波動関数が調和波となる特別な場合が調和球面波である．調和球面波は，次式で表される．

$$\psi(r,t) = \frac{A}{r}\cos(\omega t \mp kr) \tag{2.14}$$

式中の定数 A は光源の振幅強度で，球面波の振幅は r^{-1} に比例して減衰する．

もし，点光源から広がる球面波が，静電場のように r^{-2} で減衰したならば，光は非常に短い距離しか伝わらず，世界は闇に包まれていたことだろう．降り注ぐ太陽の恩恵を受けたり，何億光年も彼方にある星々を見ることができるのは，球面波で広がる光が r^{-1} で緩やかに減衰してくれるお陰といえる．

c. 円 筒 波

平面波を，金属などの不透明な板に開けたスリットと呼ばれる狭くて長い窓に入射すると，スリットを線光源として円筒状の波が放射される (図 2.9)．スリットを用いて円筒状に広がる光波を作り出す手法は，干渉，回折といった光学実験で広く使用される．

円筒波の波動方程式の導出は，円筒座標系で波動関数 ψ にラプラス演算子を

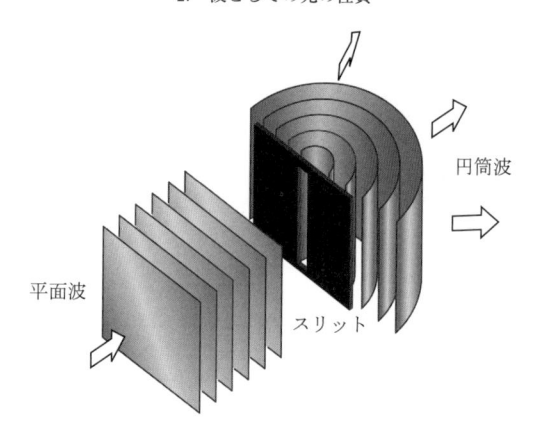

図 2.9 スリットを用いた円筒波の発生

作用させることで得られるが，複雑な数学的取り扱いを必要とするため，ここでは結果だけを示しておく．

$$\frac{1}{r}\frac{\partial}{\partial r}\left(r\frac{\partial \psi}{\partial r}\right) = \frac{1}{v^2}\frac{\partial^2 \psi}{\partial t^2} \tag{2.15}$$

この方程式の解は，スリット近傍では複雑であるが，遠方では簡単な三角関数で表すことができる．すなわち，r が大きくスリットから十分に遠い領域では，

$$\psi(r,t) \approx \frac{A}{\sqrt{r}}\cos(\omega t \mp kr) \tag{2.16}$$

と近似することができる．これは，無限に長いスリットを線光源とした発散する調和円筒波，または，無限に長いスリットに収束する調和円筒波で，スリットから十分に遠い領域において，その振幅が $1/\sqrt{r}$ に比例することを示している．

スリットから放射される円筒波は，5.3.1 項のヤングの実験や 6.2 節のフラウンホーファー回折で再び登場する．

2.3 波動の重ね合わせ

2.3.1 重ね合わせの原理

微分波動方程式 (2.11) 式は線形の方程式である．そのため，(2.11) 式を満足する波同士を足し合わせた場合，重ね合わせの原理を適用することができる．

2.3 波動の重ね合わせ

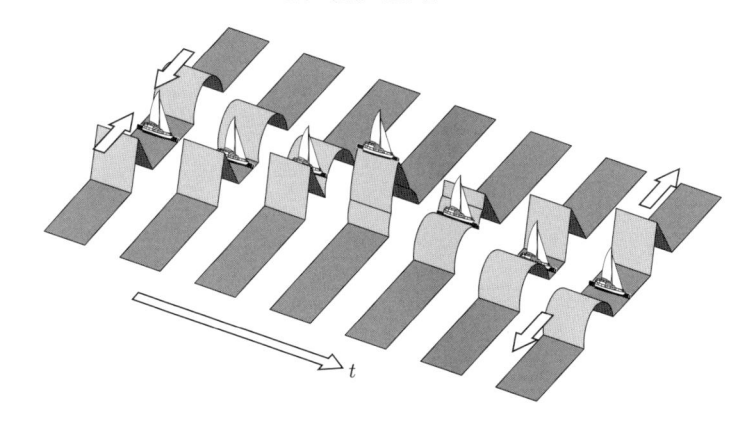

図 2.10 波の重ね合わせ (口絵 1 参照)

つまり，波動の足し合わせでは，単純な加算が成り立つ．

実際に波動方程式を満たす2つの波動を足し合わせてみよう．波動関数 ψ_1, ψ_2 が (2.11) 式の独立の解であるとすると，2つの波動関数 ψ_1, ψ_2 を足し合わせた $\psi_1 + \psi_2$ も (2.11) 式の解になる．

$$\nabla^2 \psi_1 + \nabla^2 \psi_2 = \frac{1}{v^2}\frac{\partial^2 \psi_1}{\partial t^2} + \frac{1}{v^2}\frac{\partial^2 \psi_2}{\partial t^2}$$

$$= \frac{1}{v^2}\frac{\partial^2}{\partial t^2}(\psi_1 + \psi_2) = \nabla^2(\psi_1 + \psi_2)$$

また，複数の波動を足し合わせた場合も同様で，任意の数の波動が足し合わされた結果生じる合成波は，個々の波動 (成分波と呼ばれる) の線形結合で表され，その結果得られる合成波も波動方程式を満足する．

空間を伝搬する波動はベクトル量ではあるが，波の加算をベクトル演算するのは不便なため，一般的には，座標軸を適当にとり，波を成分に分割してやって，成分ごとの代数的な加算を行う．たとえば，2つの波動が同じ軸上を伝搬し，同じ振動面方向をもつような場合の波動の加算がそれである．図 2.10 のように，別々に進む2つの波が空間の1点で出会う様子を想像してみよう．2つの波が交差する地点では，個々の波が足し合わされ合成波を形成するが，交差地点を過ぎると，2つの波は何事もなかったかのように離れ去っていく．多くの場合，この例と同様に，空間の任意の場所および時刻において，複数の成分波で構成された合成波は，個々の波を代数的に足し合わせて求めることができる．

本書の後半で取り上げられる干渉，回折などの光学現象は，2つあるいはそれ以上の光波が空間的に重ね合わされることによって生じる．また，透過，反射，屈折といったありふれた現象でさえも，原子が放つ膨大な数の散乱光の重ね合わせで成り立っている．重ね合わせの原理は，そのような光の波動的な振る舞いを数学的に取り扱う上で，前提となる基本概念である．

重ね合わせの原理は，波動の振動に対して，媒質が線形応答する場合に成り立つ．波動の振幅がある程度以上に大きくなると，波動の周波数とは異なる周波数での応答が無視できなくなる．つまり，振幅が大きいほど，媒質の線形応答に対する非線形応答の比率が大きくなる．非線形応答とは，音の場合の楽器が発する基本音に重畳する倍音であり，光では高出力レーザーの集光ビームによって発生する高調波がそれにあたる．本書では，媒質の応答が線形であると見なせ，重ね合わせの原理が成り立つときの光学現象について議論していく．

2.3.2 波動の複素表示

波動の解析を進めるときに，三角関数で表現された調和波を使って計算を進めていくと，三角関数の諸公式が多用される手の込んだ計算をしなくてはならない．これを避ける手段が複素数表示の活用である．複素数表示は，数学的な処理を簡略化するのに有効なため，波動解析だけではなくさまざまな分野で広く用いられている．ここでは，複素数を用いた波動関数表現について簡単にまとめておく．

複素数 $\tilde{z}$ は，実部 $\mathrm{Re}(\tilde{z}) = x$ と虚部 $\mathrm{Im}(\tilde{z}) = y$ の和の形で表される．

$$\tilde{z} = x + iy \qquad \text{ただし, } i = \sqrt{-1} \tag{2.17}$$

ここで，x と y の値は実数である．複素数 $\tilde{z}$ を直交座標の複素平面に図示したのが，図 2.11(a) である．複素平面では，実数軸 (Re) を横軸，虚数軸 (Im) を縦軸にとり，実数成分 x および虚数成分 y の指し示す座標として複素数 $x + iy$ を表す．

一方，図 2.11(b) は，複素数 $\tilde{z}$ を複素平面の極座標表示したものである．極座標表示では，原点からの距離 r と実数軸 (Re) からの反時計回りの回転角 θ (位相角) で表現される．調和波の波動のように角周波数 ω で位相が変化する関数の場合，$\theta = \omega t$ で反時計回りに回転する．図 2.11(a) と図 2.11(b) を比較すると，

2.3 波動の重ね合わせ

(a) 複素平面直交座標

(b) 極座標 (r, θ)

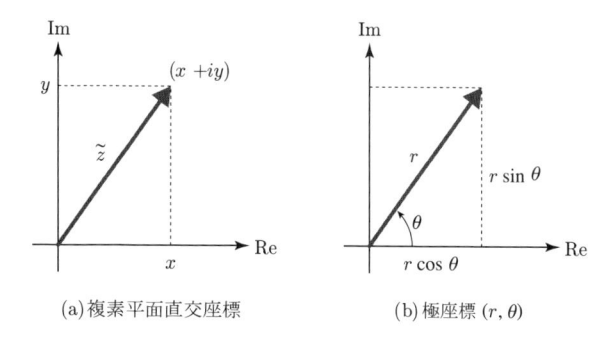

図 **2.11** 波動の複素表示

$$\mathrm{Re}(\tilde{z}) = x = r\cos\theta, \quad \mathrm{Im}(\tilde{z}) = y = r\sin\theta$$

であり．複素数 $\tilde{z}$ は，

$$\tilde{z} = x + iy = r(\cos\theta + i\sin\theta) \tag{2.18}$$

と表せる．

ここで，オイラーの公式 (Euler's formula) を使う．

$$\exp(i\theta) = \cos\theta + i\sin\theta \quad : \text{オイラーの公式} \tag{2.19}$$

(2.18) 式と (2.19) 式から，複素数を指数関数で表した次式が得られる．

$$\tilde{z} = r(\cos\theta + i\sin\theta) = r\exp(i\theta) \tag{2.20}$$

r は複素数 $\tilde{z}$ の大きさであり，θ はその位相角 [rad] である．複素数 $\tilde{z}$ の大きさ r は，複素数の絶対値と呼ばれ，$|\tilde{z}|$ と表記される．

複素数の四則演算についてまとめておく．

- 加算 $\quad \tilde{z}_1 + \tilde{z}_2 = (x_1 + iy_1) + (x_2 + iy_2) = (x_1 + x_2) + i(y_1 + y_2)$
- 減算 $\quad \tilde{z}_1 - \tilde{z}_2 = (x_1 + iy_1) - (x_2 + iy_2) = (x_1 - x_2) + i(y_1 - y_2)$
- 乗算 $\quad \tilde{z}_1 \tilde{z}_2 = r_1 \exp(i\theta_1) \, r_2 \exp(i\theta_2) = r_1 r_2 \exp[i(\theta_1 + \theta_2)]$
- 除算 $\quad \dfrac{\tilde{z}_1}{\tilde{z}_2} = \dfrac{r_1 \exp(i\theta_1)}{r_2 \exp(i\theta_2)} = \dfrac{r_1}{r_2} \exp[i(\theta_1 - \theta_2)]$

加減算は，実部，虚部ごとにまとめて計算すればよい．乗除算は，極座標形式

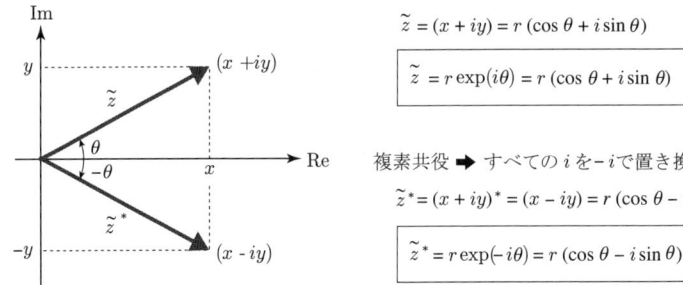

Im 図:
- $\tilde{z} = (x+iy) = r(\cos\theta + i\sin\theta)$
- $\tilde{z} = r\exp(i\theta) = r(\cos\theta + i\sin\theta)$

複素共役 ➡ すべての i を $-i$ で置き換える

- $\tilde{z}^* = (x+iy)^* = (x-iy) = r(\cos\theta - i\sin\theta)$
- $\tilde{z}^* = r\exp(-i\theta) = r(\cos\theta - i\sin\theta)$

図 2.12 複素共役

で簡単に計算することができる.

絶対値 $|\tilde{z}|$ が同じで, i が $-i$ で置き換えられた複素数を複素共役 (または共役複素数) と呼び, $\tilde{z}^*$ で表す.

$$\tilde{z}^* = x - iy = r(\cos\theta - i\sin\theta) = r\exp(-i\theta) \tag{2.21}$$

$\tilde{z}^*$ は, 位相角の符号が $\tilde{z}$ と逆なので, 角周波数 ω で位相が変化する波動関数では, 時間の経過とともに時計回りに回る. 複素数 $\tilde{z}$ とその複素共役 $\tilde{z}^*$ の関係を図 2.12 に示す.

複素数 $\tilde{z}$ の絶対値 $|\tilde{z}|$ は, $\tilde{z}$ とその複素共役 $\tilde{z}^*$ で次のように与えられる.

$$r = |\tilde{z}| \equiv \sqrt{\tilde{z}\tilde{z}^*} \tag{2.22}$$

ここで, $\exp(i\theta)$ の特徴を確認しておこう. $\exp(i\theta)$ とその複素共役 $\exp(-i\theta)$ から, $\exp(i\theta)$ の絶対値は,

$$\exp(i\theta)\left[\exp(i\theta)\right]^* = \exp(i\theta)\exp(-i\theta) = \exp[i(\theta-\theta)] = \exp(0) = 1 \tag{2.23}$$

となり, θ と無関係に常に 1 である. また, $\theta = 0, \pi/2, \pi, 3\pi/2, 2\pi$ のときの $\exp(i\theta)$ の値は, それぞれ,

$$\theta = 0 \quad \Rightarrow \quad \cos 0 = 1, \sin 0 = 0 \quad \Rightarrow \quad \exp(i0) = 1$$

$$\theta = \frac{\pi}{2} \quad \Rightarrow \quad \cos \frac{\pi}{2} = 0, \sin \frac{\pi}{2} = 1 \quad \Rightarrow \quad \exp\left(\frac{i\pi}{2}\right) = i$$

$$\theta = \pi \quad \Rightarrow \quad \cos \pi = -1, \sin \pi = 0 \quad \Rightarrow \quad \exp(i\pi) = -1$$

$$\theta = \frac{3\pi}{2} \quad \Rightarrow \quad \cos \frac{3\pi}{2} = 0, \sin \frac{3\pi}{2} = -1 \quad \Rightarrow \quad \exp\left(\frac{i3\pi}{2}\right) = -i$$

$$\theta = 2\pi \quad \Rightarrow \quad \cos 2\pi = 1, \sin 2\pi = 0 \quad \Rightarrow \quad \exp(i2\pi) = 1$$

である．つまり，$\exp(i\theta)$ は，複素座標中心から半径 1 の円上の点を表しており，角周波数 ω で位相角が変化する場合には，時間の経過とともに半径 1 の円上を反時計回りに $t = 2\pi/\omega$ で 1 周する．

複素指数関数表示は，波動の数学的取り扱いを容易にしてくれるため，本書でもしばしば利用される．計算の結果得られる波動の複素表示のうち，実際の波動として意味があるのはその実部なので，調和波は，

$$\psi(x,t) = \mathrm{Re}[A\exp\{i(\omega t - kx + \delta)\}] \tag{2.24}$$

と書かれ，(2.20) 式から，この式が $A\cos(\omega t - kx + \delta)$ に等しいことがわかる．実際に計算を進める上では，波動は複素数の実部であるという暗黙の了解のもとに，波動関数を次のように表記する場合が多い．

$$\psi(x,t) = A\exp[i(\omega t - kx + \delta)] = A\exp(i\varphi) \tag{2.25}$$

2.3.3 位相子を用いた波の足し算
a. 位 相 子

位相角が ωt に等しいとき，複素数を表す矢印は，角周波数 ω で複素平面上を左回転することがわかった．調和波の場合，ω が一定なので，矢印の長さ (振幅 A) と実数軸からの回転角 (位相 φ) が決まれば，その矢印は波動関数の状態と 1 対 1 で対応する．この，振幅 A と位相 φ で決まる矢印を位相子 (phasor) と呼ぶ．位相子は，$A\angle\varphi$ のように表記し，A アーギュメント φ と読む．

図 2.13 に示すように，x 軸正方向に進む調和波 $\psi(x,t) = A\cos(\omega t - kx)$ を考えよう．この波動は，ある瞬間の位相角が ωt で左回りに回転する位相子によって等価的に表現することができる．まず，図 2.13(a) では，$kx = 0$ で位相

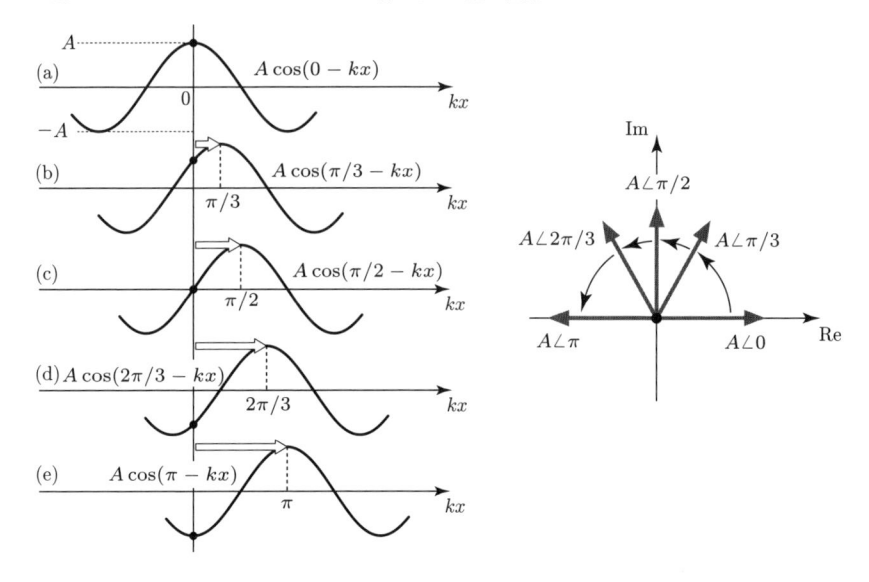

図 2.13 波動の進行と対応する位相子

$\varphi = 0$ となり，位相子 $A\angle 0$ は実数軸上右向きの長さ A の矢印になる．これを基準として，図 2.13(b) ～ (e) の波動に対する位相子の変化を見ていくことにする．図 2.13(b) では，余弦波は右に $\pi/3$ rad 進み，その位相角は $\pi/3$ rad である．位相子 $A\angle \pi/3$ は，$A\angle 0$ から左回りに $\pi/3$ rad 回転した長さ A の矢印である．位相子が $\pi/3$ 左回りに回転することは，元の波動関数に複素数 $\exp(i\pi/3)$ を掛けることに等しい．つまり，$\exp(-ikx)\exp(i\pi/3) = \exp i(\pi/3 - kx)$ であり，波動が x 軸正方向に $\pi/3$ 進むのと等価である．

同様に，$A\angle \pi/2$, $A\angle 2\pi/3$, $A\angle \pi$ は，長さ A で，$A\angle 0$ から左回りに，それぞれ，$\pi/2, 2\pi/3, \pi$ rad 回転した矢印になる．

b. 波動の加算

位相子は，波動の足し算を視覚的に理解する助けとなる．ここでは，図 2.14(a) の波動を参照しながら，位相子の足し算の過程を確認していこう．位相子の足し算自体は，いたって簡単である．ベクトルの加算の場合と同じように，1 つ目の矢印の終点に 2 つ目の矢印の始点をつなぎ合わせればよい．図 2.14(a) の波動 $\psi_1 = A_1 \sin(\varphi_1 - kx)$, $\psi_2 = A_2 \sin(\varphi_2 - kx)$ は，位相子で表すと，それぞれ，$A_1 \angle \varphi_1$, $A_2 \angle \varphi_2$ である．合成波 $\psi = \psi_1 + \psi_2$ を表す位相子を $A\angle \varphi$ と

2.3 波動の重ね合わせ

(a) 正弦波の合成

(b) 位相子の足し算

(c) $\psi_1 = A_1 \sin(-kx)$
$\psi_2 = 0.6 A_1 \sin(-kx)$

(d) $\psi_1 = A_1 \sin(-kx)$
$\psi_2 = 0.6 A_1 \sin(2\pi/3 - kx)$

(e) $\psi_1 = A_1 \sin(-kx)$
$\psi_2 = 0.6 A_1 \sin(\pi - kx)$

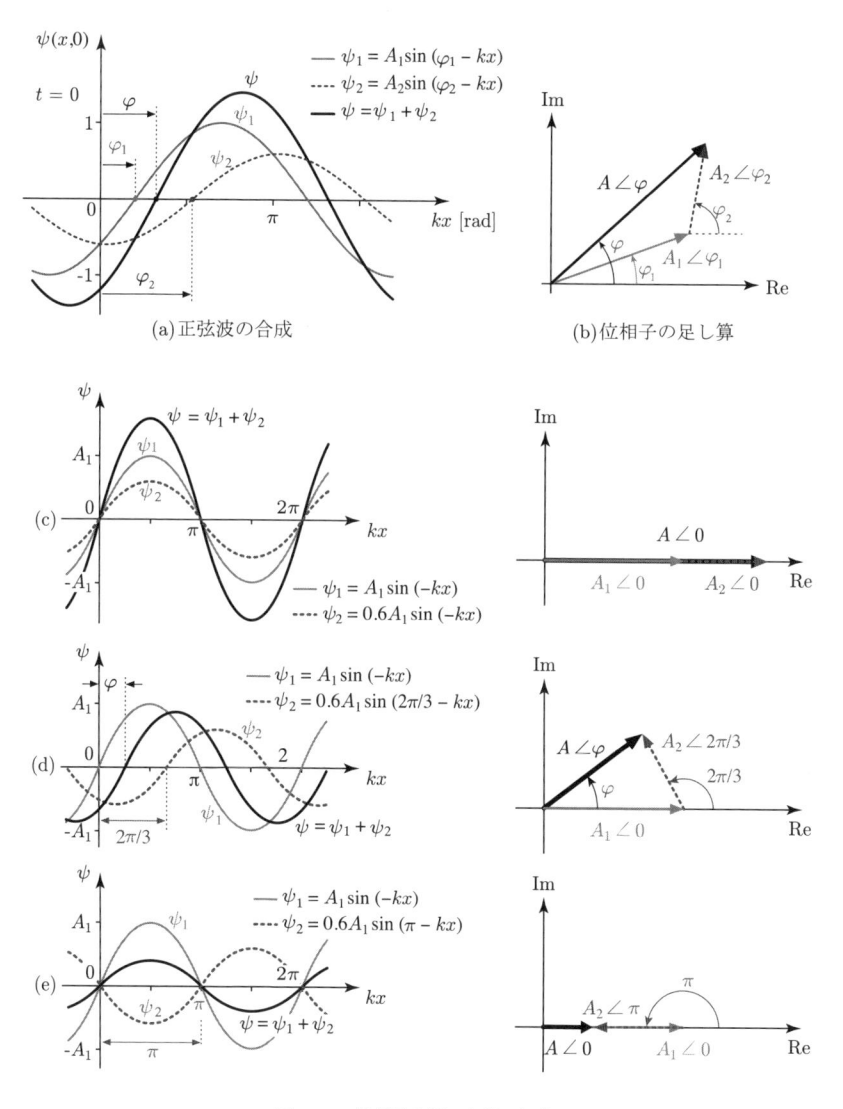

図 2.14 位相子を用いた波の加算

すると，$A_1\angle\varphi_1$ の終点に $A_2\angle\varphi_2$ の始点を重ねて，$A_1\angle\varphi_1$ の始点から $A_2\angle\varphi_2$ の終点まで引いた矢印が $A\angle\varphi$ である (図 2.14(b))．

位相子を用いた波動の加算例をいくつか見てみよう．図 2.14(c)～図 2.14(e) いずれの場合も，ψ_1 は振幅 A_1，位相角 0 rad，つまり $A_1\angle 0$ としている．また，ψ_2 の振幅は $A_2 = 0.6A_1$ で固定とした．ψ_2 の位相角は，それぞれ，(c) 0 rad, (d) $2\pi/3$ rad, (e) π rad としてプロットしてある．図 2.14(c) の場合，ψ_1, ψ_2 ともに位相角が 0 rad で同位相である．合成波の振幅 A は，明らかに成分波の振幅の和，すなわち $A = A_1 + 0.6A_1 = 1.6A_1$ となる．位相子の加算を見てみると，実数軸に沿う平行な矢印の足し合わせになっている．図 2.14(e) では逆に，実数軸上の反平行な矢印の足し合わせである．図 2.14(d) は，図 2.14(b) で示した位相子の足し合わせ手順どおりに足せばよい．位相子の足し合わせにより得られた最終矢印から，合成波の振幅 A と位相角 φ が求まる．

2.4 真空中の光の伝搬

2.4.1 マクスウェルの方程式

電荷，電流が時間的に変化しない限り，電気と磁気は別々の現象として観測される．そのため，マクスウェルが 4 つの方程式にまとめる以前は，電場，磁場，光はそれぞれ別々の現象として扱われてきた．4 つの方程式は，電場と磁場が切り離して議論できない密接な関係にあることを示しており，この方程式からマクスウェルは電磁波の存在を予想した．後に，彼が予想した電磁波と光の性質が一致したことから，光の正体が電磁波であることがわかった．

さて，マクスウェルの方程式は，次の 4 つの式で表現される．

$$\nabla \times \boldsymbol{E} = -\frac{\partial \boldsymbol{B}}{\partial t} \tag{2.26}$$

$$\nabla \times \boldsymbol{H} = \boldsymbol{j} + \frac{\partial \boldsymbol{D}}{\partial t} \tag{2.27}$$

$$\nabla \cdot \boldsymbol{D} = \rho \tag{2.28}$$

$$\nabla \cdot \boldsymbol{B} = 0 \tag{2.29}$$

ここで，

E : 電場 [$\mathrm{V\,m^{-1}}$] D : 電束密度 [$\mathrm{C\,m^{-2}}$]
H : 磁場 [$\mathrm{A\,m^{-1}}$] B : 磁束密度 [$\mathrm{T = Wb\,m^{-2}}$]
j : 電流密度 [$\mathrm{A\,m^{-2}}$] ρ : 電荷密度 [$\mathrm{C\,m^{-3}}$]

である．

マクスウェルの方程式の導出や個々の条件を与えての解法については，電磁気の教科書をご参照いただくとして，4つの式の概要は次のとおりである．

- (2.26) 式：ファラデーの電磁誘導に対応している．磁束密度 B が時間的に変化すると，その変化方向を回転軸にする電場の渦が発生することを示している．
- (2.27) 式：電流が流れるか，電束密度 D の時間変化により，その回りに磁場の渦が発生することを示している．単位面積あたりの電流 $\int j dS$ と電流の回りに発生する磁場 H の関係を明らかにしたアンペールの法則 (Ampère's law) に，マクスウェルが電束密度の時間変化の項 (変位電流と呼ぶ) を付加し拡張したため，アンペール・マクスウェルの法則と呼ばれる．
- (2.28) 式：正の電荷からは電束密度 D の電場が湧き出し，負の電荷には電束密度 D の電場が吸い込まれることを意味している．これは，静電場におけるガウスの法則 (Gauss's law) に対応している (付録 A.1.5 参照)．
- (2.29) 式：磁気はS極とN極が必ず対で現れるもので，磁束密度 B は空間から湧き出したり，吸い込まれたりすることはない (磁気は，電子スピンにより発生する原子レベルの円電流により作られるもので，磁気モノポールは存在しないと考えられている)．

本書で扱う光学現象は，電磁波が真空中または誘電体中を伝搬する場合に限られる．すなわち，電荷は存在せず，電流も生じない透明な媒質が相手である．ゆえに，(2.26) 式〜(2.29) 式は，次のように簡単にすることができる．

$$\nabla \times E = -\frac{\partial B}{\partial t} \tag{2.30}$$

$$\nabla \times H = \frac{\partial D}{\partial t} \tag{2.31}$$

$$\nabla \cdot D = 0 \tag{2.32}$$

$$\nabla \cdot B = 0 \tag{2.33}$$

(2.34) 式に示すように，電場 E と電束密度 D を結びつける係数が誘電率 ε

である．真空の誘電率は $\varepsilon_0 = 8.854187817\cdots \times 10^{-12}\,\mathrm{F\,m^{-1}}$ である[11]．また，磁場 $\boldsymbol{H}$ と磁束密度 $\boldsymbol{B}$ は，(2.35) 式のように透磁率 μ で結びつけられており，真空中の透磁率は，$\mu_0 = 4\pi \times 10^{-7}\,\mathrm{H\,m^{-1}}$ である．

$$\boldsymbol{D} = \varepsilon_0 \boldsymbol{E} \tag{2.34}$$

$$\boldsymbol{B} = \mu_0 \boldsymbol{H} \tag{2.35}$$

媒質中では，媒質中の束縛電荷が電場に応答して分極を起こすので，(2.34) 式の真空中の誘電率 ε_0 を，媒質の電気的応答特性に依存した媒質の誘電率 ε で置き換えてやればよい (詳細は 3.1 節)．一方，媒質中の透磁率 μ は，媒質の磁気的応答に依存した係数であるが，磁性体を相手にしない限り $\mu = \mu_0$ と考えてよい．

$$\boldsymbol{D} = \varepsilon \boldsymbol{E} \tag{2.36}$$

$$\boldsymbol{B} = \mu_0 \boldsymbol{H} \quad ※非磁性体媒質の場合 \tag{2.37}$$

誘電率は，ある意味で，電場の中に置かれた媒質に電場が侵入する程度を示すものと考えることができ，真空中の誘電率 ε_0 を基準にして，相対的な比 (比誘電率) で媒質の電気的特性を議論する．誘電率については，「分極と誘電率」(3.1 節) で詳しく取り上げる．

以下の項では，まずは，マクスウェルの 4 つの方程式の意味を，物理的なイメージとして捉えることから始める．

2.4.2　$\nabla \cdot \boldsymbol{A}$ の意味

最初に，比較的理解しやすい (2.32) 式と (2.33) 式について考えていこう．$\nabla \cdot \boldsymbol{A}$ は，微分演算子 ∇ (ナブラ) とベクトル $\boldsymbol{A}$ の内積である．$\nabla \cdot \boldsymbol{A}$ は，ダイバージェンス A と読み，div $\boldsymbol{A}$ とも書く．日本語では「発散」と呼ばれる．微分演算子 ∇ は，

$$\nabla \equiv \left(\frac{\partial}{\partial x}, \frac{\partial}{\partial y}, \frac{\partial}{\partial z} \right)$$

と定義される．また，内積の定義は $\boldsymbol{A} \cdot \boldsymbol{B} = A_x B_x + A_y B_y + A_z B_z$ であることから，$\nabla \cdot \boldsymbol{A}$ は，

$$\nabla \cdot \boldsymbol{A} \equiv \mathrm{div}\,\boldsymbol{A} = \left(\frac{\partial A_x}{\partial x} + \frac{\partial A_y}{\partial y} + \frac{\partial A_z}{\partial z} \right) \tag{2.38}$$

2.4 真空中の光の伝搬   31

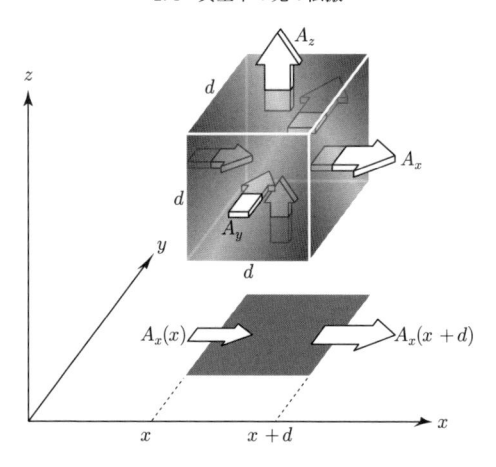

図 2.15 x 軸方向の流量の増分

と書き下せる.

$\boldsymbol{A}$ という 3 次元的なベクトル場の流れを考えると,$\boldsymbol{A}$ は x 軸方向の流れ A_x,y 軸方向の流れ A_y,z 軸方向の流れ A_z に分けて考えることができる (図 2.15).ここでは,一辺が d の立方体の小箱に対する x 軸方向の流れに注目しよう.位置 x における小箱への流入量を $A_x(x)$,$x+d$ における流出量を $A_x(x+d)$ とすると,その差 $A_x(x+d) - A_x(x)$ は x 軸方向の流量の増分に相当する.ここで,$A_x(x+d) - A_x(x)$ を距離 d で割り,$d \to 0$ をとると,

$$\lim_{d \to 0} \frac{A_x(x+d) - A_x(x)}{d} = \frac{\partial A_x}{\partial x}$$

となり,これが座標 x における流量の増分となる.

同様に,y 軸方向,z 軸方向の流量の増分も求めてすべて合計すると,(2.38) 式にたどりつく.つまり,$\nabla \cdot \boldsymbol{A}$ は,座標 (x, y, z) にある無限小の小箱からのベクトル場 $\boldsymbol{A}$ の湧き出しを意味している.

マクスウェルの方程式 $\nabla \cdot \boldsymbol{D} = 0$,$\nabla \cdot \boldsymbol{B} = 0$ は,「電荷がない空間から電場が湧き出したり吸い込まれたりすることはない」「空間から突然磁場が湧き出したり吸い込まれたりすることはない」ということをいっているのである.

2.4.3　$\nabla \times \boldsymbol{A}$ のイメージ

$\nabla \times \boldsymbol{A}$ は，ローテーション A と読み，rot $\boldsymbol{A}$ とも書く．日本語では「回転」と呼ばれる．$\nabla \times \boldsymbol{A}$ は，その姿が示すとおり，微分演算子 ∇(ナブラ) とベクトル $\boldsymbol{A}$ の外積である．

外積の定義は，

$$\boldsymbol{A} \times \boldsymbol{B} = (A_y B_z - A_z B_y,\ A_z B_x - A_x B_z,\ A_x B_y - A_y B_x)$$

である．演算結果は，ベクトル $\boldsymbol{A}$ とベクトル $\boldsymbol{B}$ を含む平面内で，$\boldsymbol{A}$ をその始点中心に回転させて $\boldsymbol{B}$ に重ねたときに，右ねじが進む方向のベクトルになる．先に示した ∇ とベクトル $\boldsymbol{A}$ の外積 $\nabla \times \boldsymbol{A}$ をとると，

$$\nabla \times \boldsymbol{A} = \left(\frac{\partial A_z}{\partial y} - \frac{\partial A_y}{\partial z},\ \frac{\partial A_x}{\partial z} - \frac{\partial A_z}{\partial x},\ \frac{\partial A_y}{\partial x} - \frac{\partial A_x}{\partial y} \right) \quad (2.39)$$

となる．この数学操作は，学校で「ベクトル場の回転である」と教わる．

こうした rot の説明から，マクスウェルの方程式 (2.30) 式と (2.31) 式の物理的なイメージを描ける人は，そう多くないだろう．rot の物理的イメージについては，長沼伸一郎氏が水車モデルを使って明快な説明を行っているので，ここではその概要を紹介させていただく[10]．

a. 水車モデル

まず，(2.39) 式に示した rot $\boldsymbol{A}$ の x 成分

$$(\mathrm{rot}\,\boldsymbol{A})_x = \frac{\partial A_z}{\partial y} - \frac{\partial A_y}{\partial z}$$

だけを考えることにする．

ベクトル場 $\boldsymbol{A}$ を水流と考えて，その流れの中にある微小な水車の回転速度について考察してみよう．ここでイメージする水車とは，川の流れの中に完全に水没した水車である．今，x 軸を回転軸とする水車を yz 平面に置いたとする (図 2.16)．もし，水車に当たる流れが一様ならば，流れの向きや流速に関係なく，水車は回転しない (図 2.16(a))．水車が回転する条件は，図 2.16(b) のように，一方の側とその反対側で流速のアンバランスが生じたときである．たとえば，図 2.16(b) の例では，左右の流速の違いがトルクとして水車に作用して，水車は左回りに回転する．そのときの水車の回転速度は，左右の流速差に比例

2.4 真空中の光の伝搬

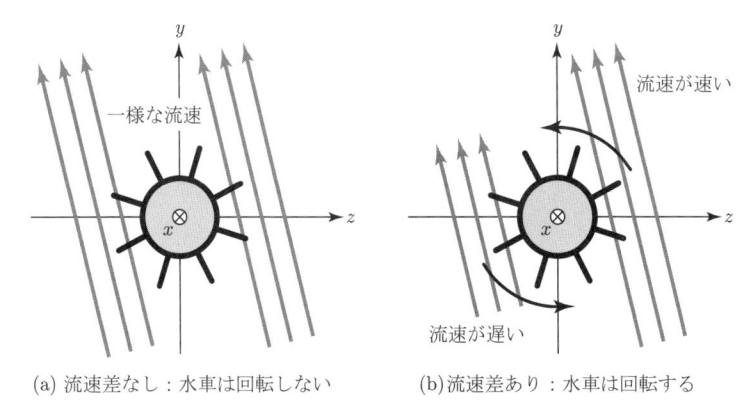

(a) 流速差なし：水車は回転しない　　(b) 流速差あり：水車は回転する

図 2.16 x 軸中心に回転する水車

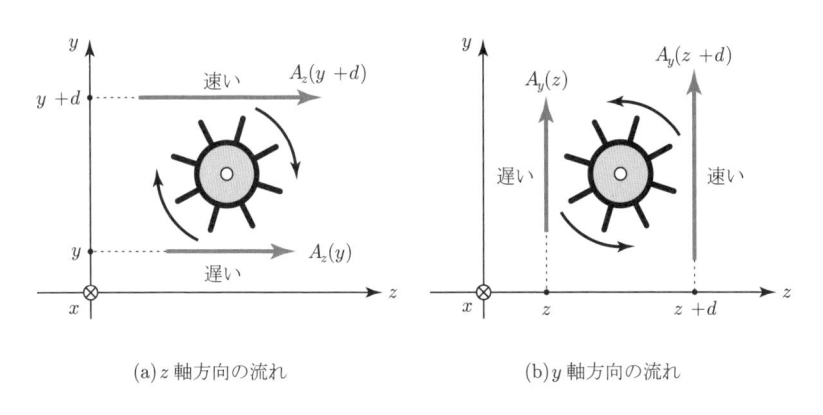

(a) z 軸方向の流れ　　(b) y 軸方向の流れ

図 2.17 z 成分，y 成分の流速差の水車回転への寄与

することになる．

それでは，この水車の回転速度は，どういう値になるのであろうか．yz 平面内の川の流れを，z 方向，y 方向に分けて，まず z 方向の流れについて考えてみよう (図 2.17(a))．流速を表す関数を A_z，水車の直径を d とすると，y での流速は $A_z(y)$，$y+d$ での流速は $A_z(y+d)$ であり，両側での流速差は $A_z(y+d) - A_z(y)$ になる．この流速差がトルクとなって，水車を回転させるのであるから，流速差を水車の直径で割ったものが回転速度である．

$$\frac{A_z(y+d) - A_z(y)}{d}$$

ここで，水車の直径を無限小にしてやる $(d \to 0)$ と，

$$\lim_{d \to 0} \frac{A_z(y+d) - A_z(y)}{d} = \frac{\partial A_z}{\partial y}$$

これは，位置 y における，z 方向の流速が寄与する無限小水車の回転速度であり，図 2.17(a) からわかるように右回りである．次に，y 方向の流れについても同様に回転速度を求める．

$$\lim_{d \to 0} \frac{A_y(z+d) - A_y(z)}{d} = \frac{\partial A_y}{\partial z}$$

この y 方向成分の回転は，z 方向成分の場合とは逆に左回りである (図 2.17(b))．z 方向成分の回転速度と y 方向成分の回転速度を足したものが，yz 面内での無限小水車の回転速度になる．右回りを正方向にして，両者を足すと，

$$yz \text{ 面内における無限小水車の回転速度}: \quad \frac{\partial A_z}{\partial y} - \frac{\partial A_y}{\partial z}$$

が得られる．これが，求めたかった $(\text{rot}\,\boldsymbol{A})_x$ である．つまり，$(\text{rot}\,\boldsymbol{A})_x$ は，「x 軸を回転軸にもつ無限小水車が，yz 面内において，どの程度の速度で右回り回転しているか」を示している．y 成分，z 成分についても同様に，y 軸，z 軸を中心軸にもつ水車を考えればよい．これで，(2.39) 式の意味を理解することができた．

$\nabla \times \boldsymbol{A}$ の場合，$\nabla \cdot \boldsymbol{A}$ の結果がスカラーになるのに対して，得られる結果はベクトルである．その大きさは，水車で考察したように，ベクトル場 $\boldsymbol{A}$ の回転速度になる (rot が「ベクトル場の回転」といわれる理由である)．また，そのベクトルの向きは，外積の定義に従い，ベクトル場 $\boldsymbol{A}$ の回転に伴って回る右ねじが進む方向である．図 2.18 の例では，ベクトル場 $\boldsymbol{A}$ が右回転する結果，$\boldsymbol{B} = \nabla \times \boldsymbol{A}$ は下向きのベクトルになる．

b. 電磁波と rot

さて，いよいよ，マクスウェルの方程式 (2.30) 式と (2.31) 式の解釈に取りかかることにしよう．

電磁波は，電場と磁場の波であり，電場と磁場は互いに直交している．ここでは，電場 $\boldsymbol{E}$ が y 軸方向，磁場 $\boldsymbol{B}$ が x 軸方向で，z 軸方向に進行する電磁波について考える．なお，現在では，多くの教科書 (たとえば，『ファインマン物理学』[12,13]，『ヘクト光学』[9,14]) で，電場 $\boldsymbol{E}$ と磁場 $\boldsymbol{B}$ を対応させた説明がされている (付録 A.6.1 参照)．本書もその流儀に習い，磁束密度 $\boldsymbol{B}$ のことを気に

2.4 真空中の光の伝搬

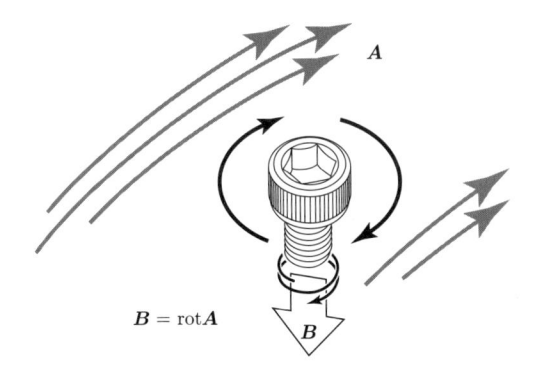

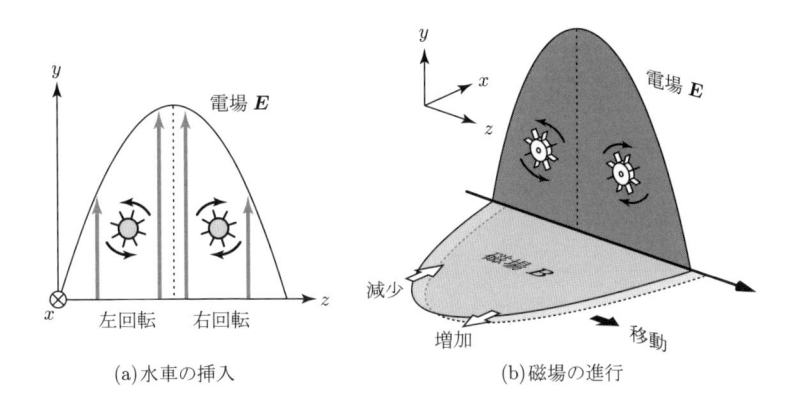

図 2.18 $B = \mathrm{rot}\,A$

(a) 水車の挿入

(b) 磁場の進行

図 2.19 電磁波における $\nabla \times E$ の意味

せず磁場と呼ぶことにする．

(2.30) 式, (2.31) 式の rot がどのように働いているかを調べるには, 電場か磁場の中に水車を入れてみればよい. ここでは, 図 2.19(a) のように, 余弦波状の電場中に水車が挿入された状態を想像してみよう. 入れる水車は, x 軸を中心軸にもつものである. なぜなら, 電場を y 軸方向にとっているので, y 軸を中心軸にもつ水車と z 軸を中心軸にもつ水車は回転しないからである.

z の増加に伴い電場強度が上昇する余弦波の左半分では, 水車の右側が常に強い電場となり, 水車は左回転する. この左回転の強さが, $\nabla \times E$ であり, マクスウェル方程式,

$$\nabla \times E = -\frac{\partial B}{\partial t} \tag{2.40}$$

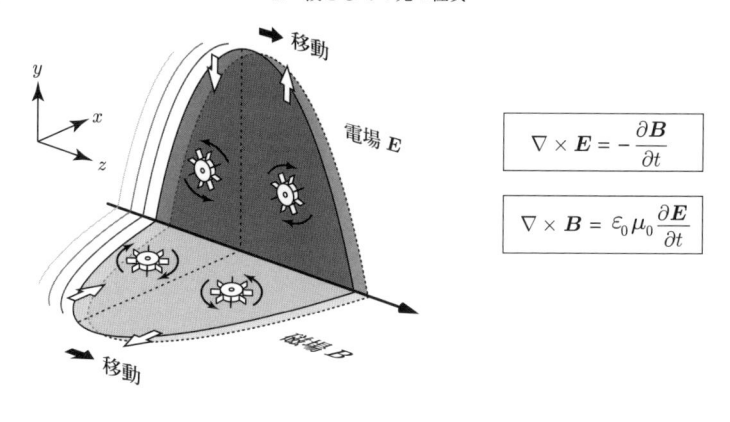

図 2.20 電磁波の進行

の磁場 B の時間的な変化に結びつく．このことから，電場中の水車が回転することにより引き起こされる B の時間変化は，水車の軸方向である x 方向にしか起こらないことがわかる．また，水車が左回転なので $\nabla \times E$ は x 軸負方向を向くが，$\partial B/\partial t$ の前にマイナスがあるため，B の時間変化は正の値になる．つまり，磁場 B の強度は減少する方向に変化する (図 2.19(b))．一方，z の増加に対して電場強度が減少する余弦波の右半分では，水車の左側の方が常に強い電場となるため水車は右回転し，磁場 B は増加する．こうした磁場 B の時間的な変化の結果，図 2.19(b) のように，最初の波動から z 軸正方向に少しだけ移動した同じ形の波動に変化する．

これとは逆に，磁場 B が電場 E に与える影響についても，

$$\nabla \times B = \varepsilon_0 \mu_0 \frac{\partial E}{\partial t} \tag{2.41}$$

の磁場中に水車を入れ，同様に考えることができる．電場の時間変化，磁場の時間変化の両者を組み合わせると，互いに垂直な電場と磁場がある速度で z 軸方向に進む姿が見えてくる (図 2.20)．図から想像できるように，電場 E と磁場 B は同位相で進行する (同位相であることは，2.4.5 項で明らかにする)．

2.4.4　電磁波の位相速度

マクスウェルの方程式は，付録 A.1.3 により，次のベクトル表現に直すことができる．

$$\nabla^2 \boldsymbol{E} = \varepsilon_0 \mu_0 \frac{\partial^2 \boldsymbol{E}}{\partial t^2} \tag{2.42}$$

3次元平面波の微分波動方程式 (2.11) 式と (2.42) 式を比べてみよう．真空中の電磁波の位相速度が，

$$v = \frac{1}{\sqrt{\varepsilon_0 \mu_0}} \tag{2.43}$$

であることがわかる．真空中の誘電率 $\varepsilon_0 = 8.854187817\cdots \times 10^{-12}\,\mathrm{F\,m^{-1}}$，真空中の透磁率 $\mu_0 = 4\pi \times 10^{-7}\,\mathrm{H\,m^{-1}}$ から計算される電磁波の速度は，真空中の光速 c と厳密に一致する[11]．

$$c = \frac{1}{\sqrt{\varepsilon_0 \mu_0}} = 2.99792458\cdots \times 10^8\,\mathrm{m\,s^{-1}} \tag{2.44}$$

歴史的には，フィゾー (A.H.L. Fizeau) によって測定された光速が，マクスウェルの方程式から予想される電磁波の理論的な速度に極めて近い値であったことが，「光は電磁波である」と結論づける根拠になった．

また，透過媒質中における電磁波の位相速度は，真空中の誘電率 ε_0 と透磁率 μ_0 を，媒質の誘電率 ε と透磁率 μ で置き換えればよい．

$$v = \frac{1}{\sqrt{\varepsilon \mu}} \tag{2.45}$$

媒質の屈折率 n は，媒質中の速度 v に対する真空中の光速 c の比で定義される．

$$n \equiv \frac{c}{v} = \sqrt{\frac{\varepsilon \mu}{\varepsilon_0 \mu_0}} \tag{2.46}$$

誘電体などの非磁性体では，$\mu = \mu_0$ なので，屈折率は，誘電率だけを含む簡単な式で表される．

$$n = \sqrt{\frac{\varepsilon}{\varepsilon_0}} \tag{2.47}$$

$\varepsilon/\varepsilon_0$ を比誘電率と呼ぶ．光学分野では，比誘電率を単に誘電率 ε と呼ぶことが多く，混同しないよう注意が必要である．

2.4.5 電磁波の特徴：横波

マクスウェル方程式 $\nabla \times \boldsymbol{E} = -\partial \boldsymbol{B}/\partial t$ を，各成分のスカラー方程式に書き下すと，

$$\left.\begin{array}{c}\dfrac{\partial E_z}{\partial y} - \dfrac{\partial E_y}{\partial z} = -\dfrac{\partial B_x}{\partial t} \\ \dfrac{\partial E_x}{\partial z} - \dfrac{\partial E_z}{\partial x} = -\dfrac{\partial B_y}{\partial t} \\ \dfrac{\partial E_y}{\partial x} - \dfrac{\partial E_x}{\partial y} = -\dfrac{\partial B_z}{\partial t}\end{array}\right\} \quad (2.48)$$

となる．電場 $\boldsymbol{E}$ は y 成分のみであること，電磁波は z 軸方向に進行するので電場 $\boldsymbol{E}$ は z の関数であることから，(2.48) 式を整理すると，$\partial E_y/\partial z$ 以外の項はすべて 0 になり，

$$\frac{\partial E_y}{\partial z} = \frac{\partial B_x}{\partial t} \quad (2.49)$$

だけが残る．これは，自由空間における平面電磁波が，電場と磁場とが互いに直交する横波であることを表している．

自由空間を伝搬する電磁波として基本である調和波を仮定する．

$$E_y(z,t) = E_{0y}\cos(\omega t - kz + \delta) = E_{0y}\cos\left[\omega\left(t - \frac{z}{c}\right) + \delta\right] \quad (2.50)$$

ここで，c は電磁波の伝搬速度，すなわち光速である．電場 E_y に付随する磁場 B_x は，(2.49) 式を t で積分して求める．

$$\begin{aligned}B_x(z,t) &= \int \frac{\partial E_y}{\partial z} dt = -\frac{E_{0y}\omega}{c}\int \sin\left[\omega\left(t - \frac{z}{c}\right) + \delta\right] dt \\ &= \frac{1}{c}E_{0y}\cos\left[\omega\left(t - \frac{z}{c}\right) + \delta\right]\end{aligned} \quad (2.51)$$

ただし，時間に依存しない場を表す積分定数は無視している．(2.50) 式，(2.51) 式から，電磁波における電場と磁場の関係式，

$$E_y = cB_x \quad (2.52)$$

が得られる．E_y は，スカラー定数である光速 c が B_x に掛かっているだけである．両者の時間依存性は同じなので，電場 $\boldsymbol{E}$ と磁場 $\boldsymbol{B}$ は，空間のすべての点で位相が一致している．

なお，マクスウェルの方程式 $\nabla \times \boldsymbol{E} = -\partial \boldsymbol{B}/\partial t$ で調和波 $\exp[i(\omega t - \boldsymbol{k}\cdot\boldsymbol{r})]$ を仮定して式変形すると，

$$|\boldsymbol{E}| = c|\boldsymbol{B}| \quad (2.53)$$

2.4 真空中の光の伝搬

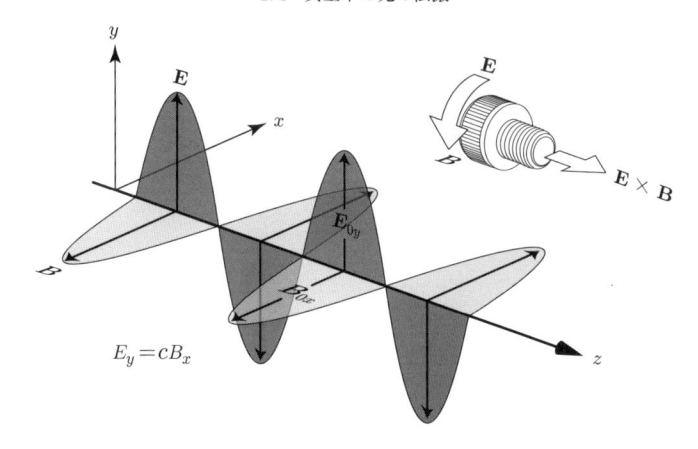

図 2.21 電磁波の伝搬

が得られる．ここで，$|\boldsymbol{E}| = E, |\boldsymbol{B}| = B$ と表記すると $E = cB$ と書くことができる．

また，電場 $\boldsymbol{E}$ と磁場 $\boldsymbol{B}$ は互いに直交しているので，外積 $\boldsymbol{E} \times \boldsymbol{B}$ は電磁波の伝搬方向，つまり波数ベクトル $\boldsymbol{k}$ の方向（z 軸正方向）に向いている（図 2.21）．

電磁波の特徴をまとめると次のとおりである．
- 電磁波は，電場 $\boldsymbol{E}$ と磁場 $\boldsymbol{B}$ が互いに直交している横波である．
- $\boldsymbol{E}$ と $\boldsymbol{B}$ は，空間中のすべての点で位相が一致している．
- 真空中の電磁波は，光速 c で伝搬する．
- 電磁波は，電場 $\boldsymbol{E}$ と磁場 $\boldsymbol{B}$ の外積 $\boldsymbol{E} \times \boldsymbol{B}$ の方向に伝搬する．

2.4.6 何が電磁エネルギーを運ぶのか

a. 電磁波のエネルギー密度

2.2.1 項では，固体物質中を伝わる振動の場合に，位置エネルギーと運動エネルギーの変換が連続的に繰り返されて，エネルギーが遠くまで運ばれていく様子について考察した．

電磁波の場合には，電磁波自体がエネルギーをもっている．電磁波の単位体積あたりの放射エネルギー，すなわちエネルギー密度 u [J m^{-3}] は，電気的エネルギー密度 u_E と磁気的エネルギー密度 u_B の和となる．

$$u = u_E + u_B = \int \boldsymbol{E} \cdot \frac{\partial \boldsymbol{D}}{\partial t} dt + \int \boldsymbol{H} \cdot \frac{\partial \boldsymbol{B}}{\partial t} dt = \frac{\varepsilon_0}{2} \boldsymbol{E}^2 + \frac{c^2 \varepsilon_0}{2} \boldsymbol{B}^2 \quad (2.54)$$

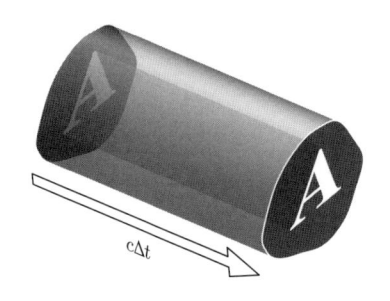

図 2.22 電磁エネルギーの流れ

(2.54) 式は，電磁気学の教科書で見慣れた形をしている．すなわち，第1項が「帯電している平行板コンデンサ–電極間の静電場のエネルギー密度」，第2項が「電流が流れているトロイダルコイル内に蓄えられた磁場のエネルギー密度」の式と同じである．静電場，静磁場ではこれら2つの項を別々に扱ったが，電磁波の場合は両者の和が全エネルギー密度になる．

(2.53) 式を使って (2.54) 式を変形すると，

$$u = u_E + u_B = \frac{\varepsilon_0}{2}\boldsymbol{E}^2 + \frac{c^2\varepsilon_0}{2}\boldsymbol{B}^2 = \frac{\varepsilon_0}{2}\boldsymbol{E}^2 + \frac{\varepsilon_0}{2}\boldsymbol{E}^2 = \varepsilon_0 \boldsymbol{E}^2$$

となり，$u_E = u_B$ であることがわかる．つまり，電磁波の形態で空間を伝わるエネルギーは，電場と磁場が半分ずつ受けもっていることを意味している．電磁波の全エネルギー密度は，次式で表される．

$$u = \varepsilon_0 E^2 \quad \left(= c^2 \varepsilon_0 B^2 \right) \tag{2.55}$$

b. ポインティングベクトル

波動の伝搬に伴う電磁エネルギーの流れを，単位面積・単位時間あたりに電磁波が運ぶエネルギー $S\,[\mathrm{W\,m^{-2}}]$ で表すことにする．これは，電磁波の運ぶパワーと考えてよい．

図 2.22 は，ビームの断面が A の電磁波が，速度 c でごく短い時間 Δt だけ伝搬する様子を示している．時間 Δt の間に断面 A を通過するエネルギーは，断面 A をもつ円柱状の体積に含まれる $uc\Delta tA$ である．したがって，単位面積・単位時間あたりのエネルギーに直すと，

$$S = \frac{uc\Delta t A}{\Delta t A} = uc$$

2.4 真空中の光の伝搬

が得られる．さらに $u = \varepsilon_0 E^2$, $E = cB$ を使って書き直すと，

$$S = c\varepsilon_0 E^2 = c^2 \varepsilon_0 EB \tag{2.56}$$

となる．エネルギーの流れる方向は，電磁波の伝搬する方向と一致するので，電磁エネルギーの流れを表すベクトル $\boldsymbol{S}$ は，

$$\boldsymbol{S} = c^2 \varepsilon_0 \boldsymbol{E} \times \boldsymbol{B} \tag{2.57}$$

となる．$\boldsymbol{S}$ の大きさは，$\boldsymbol{S}$ を垂直に切った断面の単位面積あたりのパワーである．$\boldsymbol{S}$ は，19 世紀の英国の物理学者ポインティング (J.H. Poynting) の名にちなみ，ポインティングベクトル (Poynting vector) と呼ばれる．

波数ベクトル $\boldsymbol{k}$ 方向に空間を進む調和平面波の場合，電場と磁場がそれぞれ，

$$\boldsymbol{E} = \boldsymbol{E_0} \cos(\omega t - \boldsymbol{k} \cdot \boldsymbol{r}), \quad \boldsymbol{B} = \boldsymbol{B_0} \cos(\omega t - \boldsymbol{k} \cdot \boldsymbol{r})$$

と表せるので，そのポインティングベクトルは，

$$\boldsymbol{S} = c^2 \varepsilon_0 \boldsymbol{E_0} \times \boldsymbol{B_0} \cos^2(\omega t - \boldsymbol{k} \cdot \boldsymbol{r}) \tag{2.58}$$

となる．これは，単位時間・単位面積あたりの電磁エネルギーである．

2.4.7 調和関数の平均と光の強度

(2.58) 式からわかるように，ポインティングベクトルの大きさは $\cos^2(\omega t - \boldsymbol{k} \cdot \boldsymbol{r})$ に依存し，電磁波の周波数の 2 倍で変化している．たとえば，可視光では，その周波数は 10^{15} Hz 程度である．これほど高速に変動するパワーを実時間で観測することは不可能なので，たとえばフォトダイオードや人間の網膜などが実際に受け取る電磁エネルギーは，ある程度の時間で平均化されたものになる．そのため，調和関数の時間平均がどのようなものかを知っておくことが必要である．

a. sinc 関 数

ある調和関数 $f(t)$ の時間平均を求めてみよう．$f(t)$ の時間 T の間の平均値を $\langle f(t) \rangle_T$ と表し，平均値は，

$$\langle f(t) \rangle_T = \frac{1}{T} \int_{t-T/2}^{t+T/2} f(t) dt$$

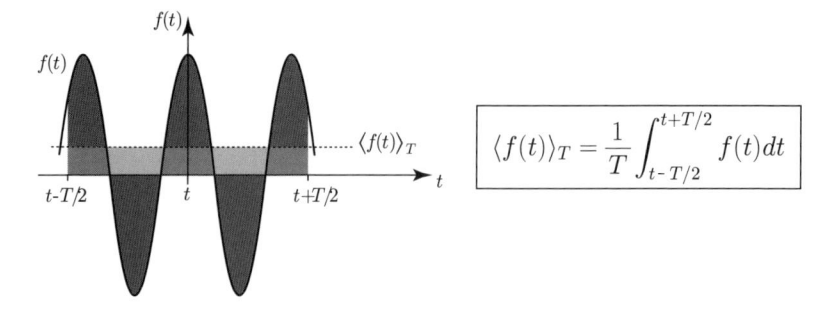

図 2.23　調和関数 $f(t)$ の時間平均

$$\langle f(t)\rangle_T = \frac{1}{T}\int_{t-T/2}^{t+T/2} f(t)dt$$

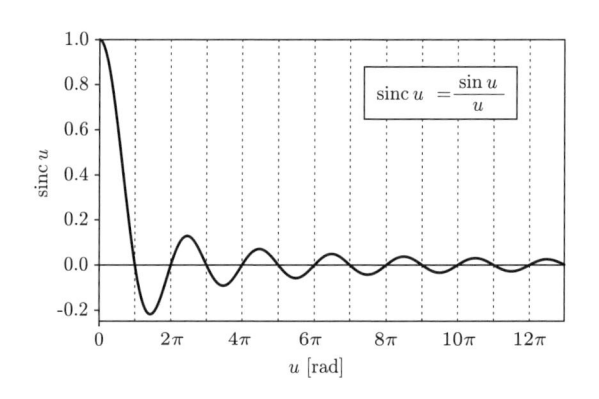

図 2.24　sinc 関数

で与えられる．$\langle f(t)\rangle_T$ は，積分区間 T に強く依存する (図 2.23)．

$f(t) = \exp(i\omega t)$ として，付録 A.1.4 の計算をすると，

$$\langle \exp(i\omega t)\rangle_T = \left[\frac{\sin(\omega T/2)}{\omega T/2}\right]\exp(i\omega t) \tag{2.59}$$

が得られる．$u = \omega T/2$ と置いて書き直すと，$\sin u/u$ の形に整理できる．

$$\mathrm{sinc}\, u \equiv \frac{\sin u}{u} \quad : \mathrm{sinc}\,関数 \tag{2.60}$$

$\sin u/u$ は sinc 関数と呼ばれ，光学現象の解析ではしばしば登場する．

　sinc 関数を，図 2.24 に示す．$T \to 0$ で sinc 関数の値は 1.0 になり，積分範囲 T を増加させると，sinc 関数値は急激に減少する．T が $2\pi/\omega$ の整数倍のときには，積分範囲と調和波の周期とが一致するため，積分値は 0 になる．すな

わち，$u = \omega T/2 = \pi, 2\pi, 3\pi, 4\pi, \cdots$ で sinc 関数は 0 をとる．また，T を大きくしていくと，積分する調和関数の正領域の面積と負領域の面積が限りなく等しくなるため，$\sin u/u$ は 0 に漸近する．sinc 関数は，回折現象を解析する上で重要な役割を演じる．本書では，第 6 章で再び登場する．

また，$\cos^2 \omega t$ の時間平均を，付録 A.1.4 と同様の手順で求めると，

$$\langle \cos^2 \omega t \rangle_T = \frac{1}{2}(1 + \mathrm{sinc}\,\omega T \cos 2\omega t) \tag{2.61}$$

となり，T の増加に伴って，2ω で振動しながら $1/2$ に収束する関数になる．

b. 光の強度

単位面積あたり・単位時間あたりの平均エネルギーを光の強度 (irradiance) といい，I で表す．受光面積 A の光検出器で光を受けた場合，受け取った全エネルギーを A で割れば単位面積あたりの強度になる．また，光検出器は光の周期 τ より十分長い時間 $(T \gg \tau)$ の平均として受光するので，強度 I はポインティングベクトルの時間平均 $\langle |\boldsymbol{S}| \rangle_T = \langle S \rangle_T$ の大きさに等しい．

調和波の場合，(2.58) 式から，$\langle S \rangle_T$ は，

$$\langle S \rangle_T = c^2 \varepsilon_0 |\boldsymbol{E}_0 \times \boldsymbol{B}_0| \langle \cos^2(\omega t - \boldsymbol{k} \cdot \boldsymbol{r}) \rangle$$

であり，$T \gg \tau$ では $\langle \cos^2(\omega t - \boldsymbol{k} \cdot \boldsymbol{r}) \rangle_T = 1/2$ から，次式が得られる．

$$I \equiv \langle S \rangle_T = \frac{c^2 \varepsilon_0}{2} |\boldsymbol{E}_0 \times \boldsymbol{B}_0| = \frac{c \varepsilon_0}{2} E_0^2 \quad \left(= \varepsilon_0 c \langle E^2 \rangle_T \right) \tag{2.62}$$

非磁性体を対象とする光学では，電場が物質と相互作用するので，電場 $\boldsymbol{E}$ で光の強度を表すのが一般的である．強度 I は，電場の振幅の 2 乗に比例する．

2.5 偏光の記述

2.5.1 偏光とは

光は，互いに直交する電場 $\boldsymbol{E}$ と磁場 $\boldsymbol{B}$ が振動しながら $\boldsymbol{E} \times \boldsymbol{B}$ 方向に伝搬する横波である．その電場は波数ベクトル $\boldsymbol{k}$ と電場 $\boldsymbol{E}$ が張る平面内で振動しながら進む．この電場振動面を光の振動面 (偏光面) と定義する．

偏光 (polarization) とは，光の電場振動面が空間的に偏った状態を表す．任

(a) 直線偏光　　　　(b) 円偏光　　　　(c) 楕円偏光

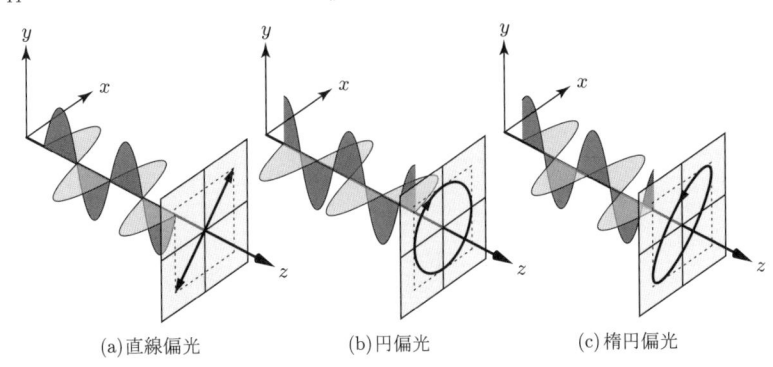

図 2.25　位相差と偏光状態

$\delta y - \delta x = 0$　　$\delta y - \delta x = \pi/4$　　$\delta y - \delta x = \pi/2$　　$\delta y - \delta x = 3\pi/4$　　$\delta y - \delta x = \pi$

$\delta y - \delta x = 5\pi/4$　$\delta y - \delta x = 3\pi/2$　$\delta y - \delta x = 7\pi/4$　$\delta y - \delta x = 2\pi$

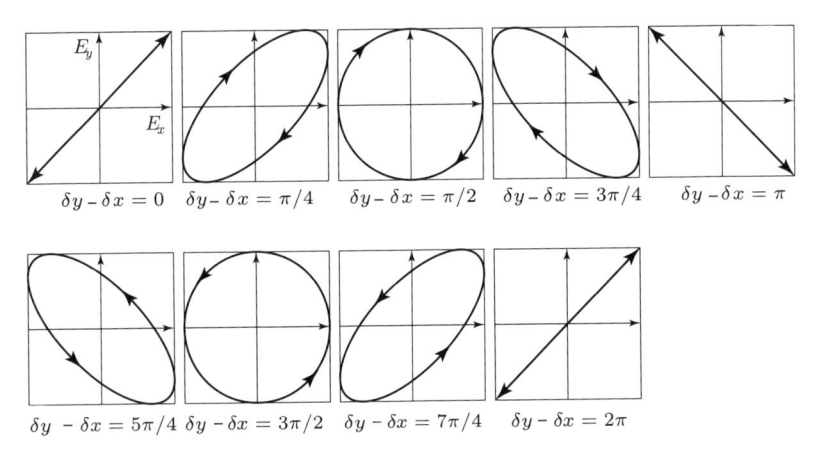

図 2.26　位相差 $\delta = \delta_y - \delta_x$ に対応する偏光状態 ($E_x = E_y$ の場合)

意の偏光は，2 つの基本的な偏光 E_x, E_y のベクトル和で表せる．偏光状態を決めるパラメータは，2 つの偏光 E_x, E_y の位相差 δ と E_x, E_y の振幅の比である．図 2.25 は，$E_x = E_y$ として，位相差 $\delta = \delta_y - \delta_x$ を変化させた場合の偏光状態変化を示している．2 つの偏光 E_x, E_y が同じ位相 ($\delta = \delta_y - \delta_x = 0°$) の場合，合成される偏光は xy 平面上 $45°$ 方位の直線偏光になる (図 2.25(a))．E_y が進むか，E_x が遅れるかして，位相差 $\delta = \delta_y - \delta_x = 90°(= \pi/2 = \lambda/4)$ が生じた場合の合成波は，合成電場ベクトルが時間とともに円周上を右回転する右回り円偏光になる (図 2.25(b))．逆に，位相差が $\delta = \delta_y - \delta_x = -90°(= -\pi/2 = -\lambda/4)$ の場合には，左回り円偏光になる．一般的には，偏光 E_x, E_y が任意の振幅強

度と位相をとるため，合成される偏光は楕円偏光になる (図 2.25(c)).

位相差 $\delta = \delta_y - \delta_x$ を 0 から 2π まで変化させたときの偏光状態変化を，図 2.26 に示す．図では，振幅強度を $E_x = E_y$ としてプロットしてある．位相差の変化に伴って，(45°方位の直線偏光)⇒(右回り円偏光)⇒(−45°方位の直線偏光)⇒(左回り円偏光)⇒(45°方位の直線偏光) の順に，連続的に大きく変化し，$\delta = 2\pi$ で元の偏光状態に戻ることがわかる．E_x と E_y の振幅比が変わった場合には，単に，図 2.26 に示した偏光状態の縦横比が変わると考えればよい．

2.5.2 ジョーンズベクトル

前項で述べたように，任意の偏光状態は，直交する 2 つの基本的な偏光のベクトル和として表すことができる．アメリカの物理学者ジョーンズ (R.C. Jones) によって考案されたジョーンズベクトル (Jones vector) は，直交する電場 E_x と E_y から定義される行列で，偏光状態の記述が簡略であるという利点をもつ．

ジョーンズベクトル $\boldsymbol{E}$ は，

$$\boldsymbol{E}(z,t) = \begin{bmatrix} E_{0x} \exp\{i(\omega t - kz + \delta_x)\} \\ E_{0y} \exp\{i(\omega t - kz + \delta_y)\} \end{bmatrix}$$

$$= \exp[i(\omega t - kz)] \begin{bmatrix} E_{0x} \exp(i\delta_x) \\ E_{0y} \exp(i\delta_y) \end{bmatrix}$$

で表される．ここで，振幅 E_{0x}, E_{0y} は正の値である．実際の測定では，位相差 $\delta = \delta_y - \delta_x$ だけが考慮されるため，$\exp[i(\omega t - kz)]$ を省略し，位相差 δ を用いて式を書き換えると，

$$\boldsymbol{E}(z,t) = \begin{bmatrix} E_{0x} \exp(i\delta_x) \\ E_{0y} \exp(i\delta_y) \end{bmatrix} = \begin{bmatrix} E_{0x} \\ E_{0y} \exp(i\delta) \end{bmatrix} \tag{2.63}$$

となる．たとえば，水平方向および垂直方向の偏光状態はそれぞれ，

$$\boldsymbol{E}_{\parallel} = \begin{bmatrix} E_{0x} \\ 0 \end{bmatrix}, \quad \boldsymbol{E}_{\perp} = \begin{bmatrix} 0 \\ E_{0y} \exp(i\delta) \end{bmatrix} \tag{2.64}$$

で与えられる．これら 2 つの偏光の和 $\boldsymbol{E} = \boldsymbol{E}_{\parallel} + \boldsymbol{E}_{\perp}$ は，$E_{0x} = E_{0y}$, $\delta = 0$ とすると，

表 2.1 基本的な偏光状態のジョーンズベクトル表示

直線偏光 (x 軸方向)	直線偏光 (y 軸方向)	直線偏光 (45° 方向)	円偏光 (右回り)	円偏光 (左回り)
$\begin{bmatrix} 1 \\ 0 \end{bmatrix}$	$\begin{bmatrix} 0 \\ 1 \end{bmatrix}$	$\dfrac{1}{\sqrt{2}} \begin{bmatrix} 1 \\ 1 \end{bmatrix}$	$\dfrac{1}{\sqrt{2}} \begin{bmatrix} 1 \\ i \end{bmatrix}$	$\dfrac{1}{\sqrt{2}} \begin{bmatrix} 1 \\ -i \end{bmatrix}$

$$\boldsymbol{E} = \begin{bmatrix} E_{0x} \\ E_{0y}\exp(i\delta) \end{bmatrix} = \begin{bmatrix} E_{0x} \\ E_{0x}\exp(i0) \end{bmatrix} = \begin{bmatrix} E_{0x} \\ E_{0x} \end{bmatrix} = E_{0x}\begin{bmatrix} 1 \\ 1 \end{bmatrix} \quad (2.65)$$

これは，45° 方位の直線偏光である．

多くの光学測定系では，光の反射/透過による相対的な変化だけを取り扱うため，強度を $I = 1$ として，ジョーンズベクトルを規格化する．光強度は $I = E_{0x}{}^2 + E_{0y}{}^2$ と表せることから，$E_{0x} = E_{0y}$ の場合には $I = 2E_{0x}{}^2 = 1$ となるので，(2.65) 式の両辺を $\sqrt{2}E_{0x}$ で割って，

$$\boldsymbol{E}_{+45°} = \frac{1}{\sqrt{2}}\begin{bmatrix} 1 \\ 1 \end{bmatrix} \quad (2.66)$$

が得られる．これは，規格化ジョーンズベクトルで表した 45° 方位の直線偏光である．

同様の規格化を，水平および垂直方向の直線偏光を表すジョーンズベクトルに対して行うと，

$$\boldsymbol{E}_{\|} = \begin{bmatrix} 1 \\ 0 \end{bmatrix}, \quad \boldsymbol{E}_{\perp} = \begin{bmatrix} 0 \\ 1 \end{bmatrix} \quad (2.67)$$

が得られる．

また，右回り円偏光を表すジョーンズベクトルは，(2.63) 式に $\delta = \pi/2$ を代入し，オイラーの公式 (2.3.2 項参照) から求めることができる．右回り円偏光，左回り円偏光は，それぞれ，

2.5 偏光の記述　　47

図 2.27 偏光のジョーンズベクトル表示

$$E_R = \frac{1}{\sqrt{2}} \begin{bmatrix} 1 \\ i \end{bmatrix}, \quad E_L = \frac{1}{\sqrt{2}} \begin{bmatrix} 1 \\ -i \end{bmatrix} \tag{2.68}$$

と表される．

表 2.1 に，基本的な偏光状態のジョーンズベクトルをまとめる．

2.5.3　ジョーンズ行列

ジョーンズベクトル E_i で表される偏光ビームが，ある光学素子に入射したときに，光学素子から新たな偏光状態のベクトル E_t が出射されたとする．この光学素子による入射偏光 E_i から出射偏光 E_t への変換は，ジョーンズ行列 (Jones matrix) と呼ばれる 2×2 行列を用いて数学的に記述できる過程である．光学素子のジョーンズ行列を A と表すと，光学素子による偏光の変換過程は，

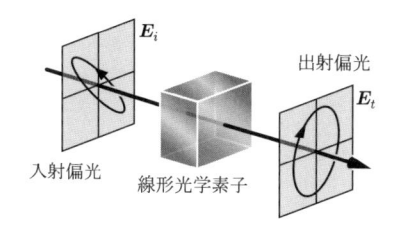

$$E_t = AE_i \quad \text{ただし，} A = \begin{bmatrix} a_{11} & a_{12} \\ a_{21} & a_{22} \end{bmatrix} \tag{2.69}$$

と書ける (図 2.27)．(2.69) 式を書き下して展開すると，次のようになる．

$$\begin{bmatrix} E_{tx} \\ E_{ty} \end{bmatrix} = \begin{bmatrix} a_{11} & a_{12} \\ a_{21} & a_{22} \end{bmatrix} \begin{bmatrix} E_{ix} \\ E_{iy} \end{bmatrix} \Rightarrow \begin{cases} E_{tx} = a_{11}E_{ix} + a_{12}E_{iy} \\ E_{ty} = a_{21}E_{ix} + a_{22}E_{iy} \end{cases}$$

いくつかの代表的な偏光素子のジョーンズ行列を見ていくことにしよう．

a. 偏　光　子

偏光子 (polarizer) は，入射光の偏光状態にかかわらず，出射光が必ず直線偏光になる素子である．偏光子のジョーンズ行列 P は，x 軸方向を透過軸にとって，図 2.28 のように与えられる．光検出器の直前で使用される偏光子を，特に検光子 (analyzer) と呼び，ジョーンズ行列 A で表す．偏光子 (または検光子)

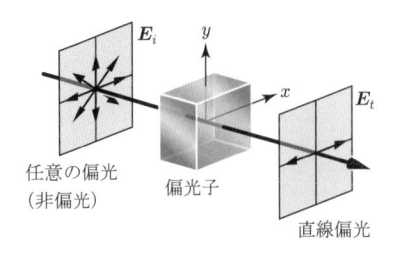

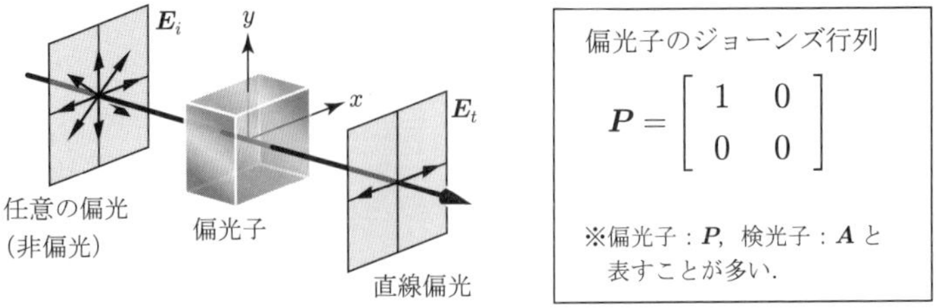

図 2.28 偏光子のジョーンズ行列

偏光子のジョーンズ行列
$$P = \begin{bmatrix} 1 & 0 \\ 0 & 0 \end{bmatrix}$$

※偏光子：P, 検光子：A と表すことが多い．

・偏光子は，x 軸方向の光のみを透過させる．
・x 軸方向の透過光強度（$I = |E_{tx}|^2$）は，1/2 になる．

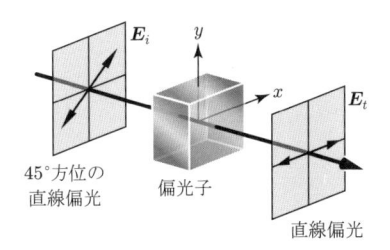

図 2.29 偏光子に対する 45° 方位の直線偏光の入射

から出射する偏光は，次の行列計算から求められる．

$$\begin{bmatrix} E_{tx} \\ E_{ty} \end{bmatrix} = \begin{bmatrix} 1 & 0 \\ 0 & 0 \end{bmatrix} \begin{bmatrix} E_{ix} \\ E_{iy} \end{bmatrix} = \begin{bmatrix} E_{ix} \\ 0 \end{bmatrix} \tag{2.70}$$

偏光子では，E_i がどんな偏光であっても，出射光は必ず $(E_{ix}, 0)$ である．

偏光子に，特定方位の偏光を入射した場合のジョーンズ行列計算を見ていこう．たとえば，偏光子に 45° 方位の直線偏光を入射したとする．その場合の偏光子からの出射偏光は，

$$\begin{bmatrix} E_{tx} \\ E_{ty} \end{bmatrix} = \frac{1}{\sqrt{2}} \begin{bmatrix} 1 & 0 \\ 0 & 0 \end{bmatrix} \begin{bmatrix} 1 \\ 1 \end{bmatrix} = \frac{1}{\sqrt{2}} \begin{bmatrix} 1 \\ 0 \end{bmatrix} \tag{2.71}$$

で与えられる．偏光子は，x 軸方向の光だけを透過させるために $E_{ty} = 0$ となり，x 軸方向を透過する光の強度（$I \propto |E_{tx}|^2$）は 1/2 になる．

実用的な偏光子には，いくつかの異なる原理に基づくものがあるが，ここでは代表的なプリズム型偏光子の例を挙げておく．図 2.30 は，グラン・テーラープリズム（Glan–Taylor prism）と呼ばれる偏光子である（透過軸を x 軸に合わせて描いてある）．グラン・テーラープリズムは，方解石のプリズムを 2 つ組み

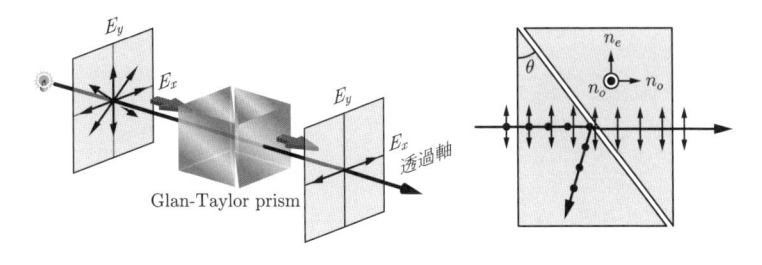

図 2.30 グラン・テーラープリズム

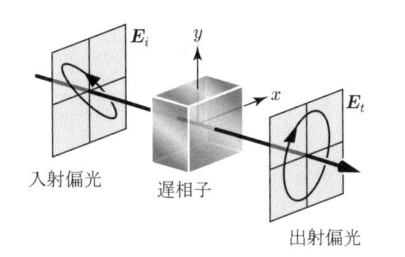

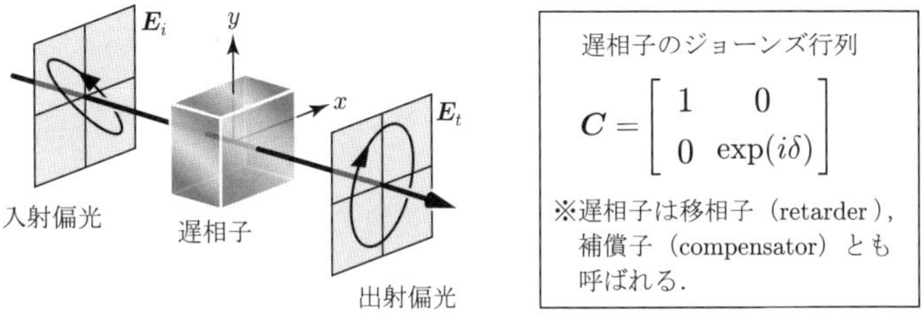

図 2.31 遅相子のジョーンズ行列

合わせた構造をしている．方解石の常光線と異常光線の屈折率差を利用して，y軸方向の偏光を全反射させ，x軸方向の偏光だけを通すように設計されており，消光比 (extinction ratio) $|E_{tx}|^2/|E_{ty}|^2$ は 10^5 以上が得られる．また，2つのプリズムの間がエアギャップになっているため，適用波長範囲が広く，損傷しきい値が高いという特長がある．

b. 遅 相 子

遅相子 (wave retarder) は，y軸方向の波動成分のみに位相遅延を与える働きをする．遅相子は，移相子 (retarder)，補償子 (compensator) とも呼ばれる．遅相子の進相軸をx軸とすると，E_{ix}の位相を基準にして，遅相軸のy軸ではE_{iy}がδの位相遅れをもつことになる．遅相子を表すジョーンズ行列Cは，図2.31のとおりである．

遅相子から出射する偏光は，次のジョーンズ行列から求めることができる．

$$\begin{bmatrix} E_{tx} \\ E_{ty} \end{bmatrix} = \begin{bmatrix} 1 & 0 \\ 0 & \exp(i\delta) \end{bmatrix} \begin{bmatrix} E_{ix} \\ E_{iy} \end{bmatrix} = \begin{bmatrix} E_{ix} \\ E_{iy} \exp(i\delta) \end{bmatrix} \quad (2.72)$$

実用的な遅相子の応用は，波長板である．特に，4分の1波長板 ($\lambda/4$板)，2

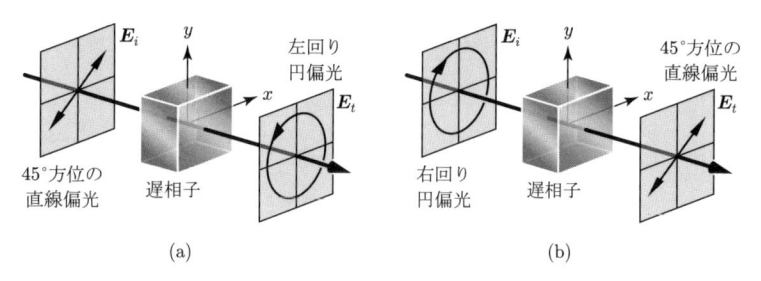

図 2.32 遅相子の例：4 分の 1 波長板

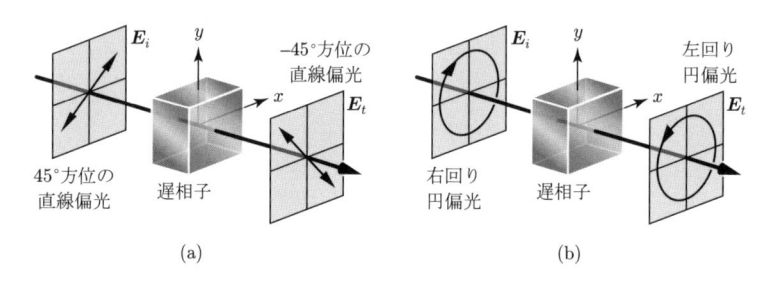

図 2.33 遅相子の例：2 分の 1 波長板

分の 1 波長板 ($\lambda/2$ 板) は，光学系の中で偏光状態の制御に使用される．

y 軸成分の位相遅延が $\delta = -\pi/2$ の遅相子を，4 分の 1 波長板と呼ぶ．典型的な入射偏光に対する 4 分の 1 波長板からの出射偏光状態を図 2.32 に示す．位相遅延 $\delta = -\pi/2$ の遅相子に 45° 方位の直線偏光が入射した場合，遅相子からの出射偏光は左回りの円偏光に変換される（図 2.32(a)）．

$$\begin{bmatrix} E_{tx} \\ E_{ty} \end{bmatrix} = \frac{1}{\sqrt{2}} \begin{bmatrix} 1 & 0 \\ 0 & \exp(-i\pi/2) \end{bmatrix} \begin{bmatrix} 1 \\ 1 \end{bmatrix} = \frac{1}{\sqrt{2}} \begin{bmatrix} 1 \\ -i \end{bmatrix} \quad (2.73)$$

また，位相遅延 $\delta = -\pi/2$ の遅相子に右回り円偏光が入射した場合，遅相子からの出射偏光は 45° 方位の直線偏光になる（図 2.32(b)）．

$$\begin{bmatrix} E_{tx} \\ E_{ty} \end{bmatrix} = \frac{1}{\sqrt{2}} \begin{bmatrix} 1 & 0 \\ 0 & \exp(-i\pi/2) \end{bmatrix} \begin{bmatrix} 1 \\ i \end{bmatrix} = \frac{1}{\sqrt{2}} \begin{bmatrix} 1 \\ 1 \end{bmatrix} \quad (2.74)$$

y 軸成分の位相遅延が $\delta = -\pi$ の遅相子を，2 分の 1 波長板と呼ぶ．典型的な入射偏光に対する 2 分の 1 波長板からの出射偏光の様子を図 2.33 に示す．

位相遅延 $\delta = -\pi$ の遅相子に 45° 方位の直線偏光が入射した場合，遅相子か

2.5 偏光の記述

$$\begin{bmatrix} E_{tx} \\ E_{ty} \end{bmatrix} \Leftarrow \begin{bmatrix} 1 & 0 \\ 0 & 0 \end{bmatrix} \begin{bmatrix} \cos\alpha & -\sin\alpha \\ \sin\alpha & \cos\alpha \end{bmatrix} \begin{bmatrix} 1 & 0 \\ 0 & 0 \end{bmatrix} \begin{bmatrix} E_{ix} \\ E_{iy} \end{bmatrix}$$

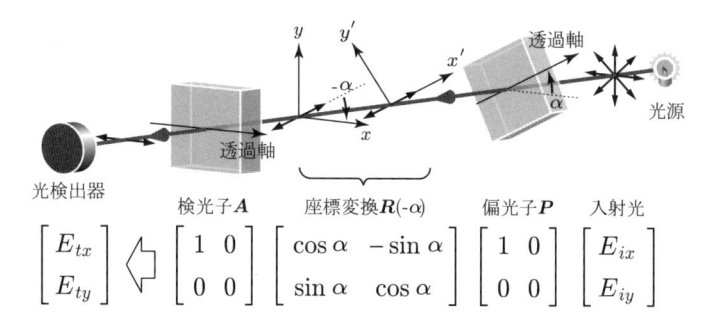

検光子 A　　座標変換 $R(-\alpha)$　　偏光子 P　入射光

図 2.34　偏光子回転を伴う偏光測定系

らの出射偏光は $-45°$ 方位の直線偏光に変換される (図 2.33(a))．

$$\begin{bmatrix} E_{tx} \\ E_{ty} \end{bmatrix} = \frac{1}{\sqrt{2}} \begin{bmatrix} 1 & 0 \\ 0 & \exp(-i\pi) \end{bmatrix} \begin{bmatrix} 1 \\ 1 \end{bmatrix} = \frac{1}{\sqrt{2}} \begin{bmatrix} 1 \\ -1 \end{bmatrix} \quad (2.75)$$

また，位相遅延 $\delta = -\pi/2$ の遅相子に右回り円偏光が入射した場合，遅相子からの出射偏光は左回りの円偏光に変換される (図 2.33(b))．

$$\begin{bmatrix} E_{tx} \\ E_{ty} \end{bmatrix} = \frac{1}{\sqrt{2}} \begin{bmatrix} 1 & 0 \\ 0 & \exp(-i\pi) \end{bmatrix} \begin{bmatrix} 1 \\ i \end{bmatrix} = \frac{1}{\sqrt{2}} \begin{bmatrix} 1 \\ -i \end{bmatrix} \quad (2.76)$$

2.5.4　マリュスの法則

簡単な測定系をジョーンズ行列で表してみよう．図 2.34 は，光路中に偏光子と検光子が挿入された光学系である．この系では，光源を出た光が回転する偏光子によって直線偏光になり，検光子透過後，光検出器により強度が測定される．偏光子の透過軸は，xy 座標に対して角度 α で回転し，検光子の透過軸は x 軸方向に固定されている．偏光子と一緒に角度 α で回転する座標系を $x'y'$ とし，x' 軸方向を透過軸方位にとる．この，$(x'y') \Rightarrow (xy)$ の座標回転は，次式のジョーンズ行列 $R(-\alpha)$ で与えられる (付録 A.1.6 参照)．

$$R(-\alpha) = \begin{bmatrix} \cos\alpha & -\sin\alpha \\ \sin\alpha & \cos\alpha \end{bmatrix} \quad (2.77)$$

最後に，検光子を透過した光だけが光検出器まで到達する．この系のジョーンズ行列 $E_t = A\, R(-\alpha)\, P\, E_i$ を計算すると次のようになる．

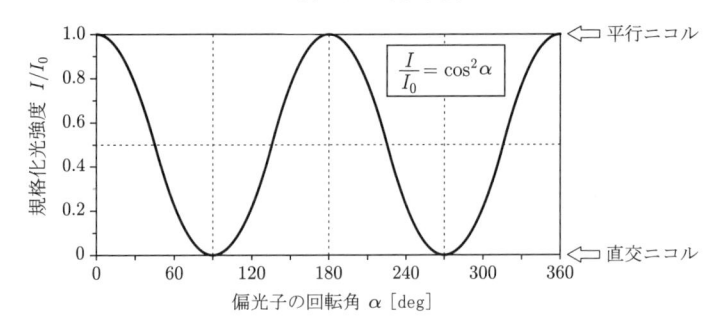

図 2.35 偏光子の回転角 α に対する光強度

$$\begin{bmatrix} E_{tx} \\ E_{ty} \end{bmatrix} = \begin{bmatrix} 1 & 0 \\ 0 & 0 \end{bmatrix} \begin{bmatrix} \cos\alpha & -\sin\alpha \\ \sin\alpha & \cos\alpha \end{bmatrix} \begin{bmatrix} 1 & 0 \\ 0 & 0 \end{bmatrix} \begin{bmatrix} E_{ix} \\ E_{iy} \end{bmatrix}$$
$$= \begin{bmatrix} E_{ix}\cos\alpha \\ 0 \end{bmatrix} \tag{2.78}$$

ジョーンズ行列計算では,光学系中の複数の素子を表すジョーンズ行列を順に掛けていくことで,最終的な偏光状態を求めることができる.(2.78) 式から,$E_{tx} = E_{ix}\cos\alpha$, $E_{ty} = 0$ が得られ,検出される光強度は,

$$I \propto |E_{tx}|^2 = |E_{ix}|^2 \cos^2\alpha \tag{2.79}$$

と表される.この偏光子と検光子の相対角度 α と透過する光強度 I の関係は,マリュスの法則 (Malus' law) として知られる.

図 2.35 は,偏光子の回転角 α に対する規格化光強度をプロットしたものである.I/I_0 は,偏光子の透過軸が検光子の透過軸方位と直交する $\alpha = 90°$, $270°$ で 0 になる.この偏光子と検光子を直交させる配置を,スコットランドの物理学者ニコル (W. Nicol) の名から,直交ニコル (crossed Nicols) と呼ぶ.また,直交ニコルで光強度がゼロになる状態を消光という.一方,偏光子の透過軸が検光子の透過軸方位と一致する $\alpha = 0°$, $180°$ で,光強度は最大になる.これを平行ニコル (parallel Nicols) という.

図 2.36 は,偏光フィルターを使って撮影した直交ニコルと平行ニコルの画像である.偏光フィルターは,2 色性物質 (吸収に異方性がある物質) を使って,直交する 2 つの偏光成分のうち一方を吸収して直線偏光にするフィルム型の偏

2.5 偏光の記述

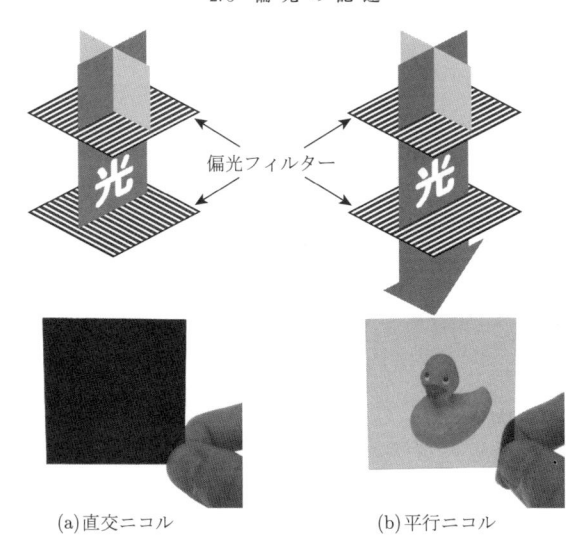

(a)直交ニコル　　(b)平行ニコル

図 2.36　直交ニコルと平行ニコル

光子である．直交ニコルでは消光状態になり背後の画像は見えないが，平行ニコルでは見ることができる．この原理は，液晶ディスプレイの光スイッチングなどに利用されている．

Chapter 3

媒質中の光の伝搬

　我々は，すべての物質が電子を含む原子からできていることを知っている．物質中を光が進むとき，光の電場が原子に働いて電子を揺り動かし，揺り動かされた電子は電場を作り，それが新たな光の放射を生むというプロセスが繰り返される．一見何でもない光の透過という現象は，実は，こうした膨大な数の微視的な光と電子の相互作用によって成り立っている．本章では，物質中を光が透過するメカニズムを，光と電子の相互作用という観点から考察していく．

3.1　分極と誘電率

　ガラスなどの物質に電場が加えられたとしよう（電場は，コンデンサ内の電場でも，光の電場でもかまわない）．物質中の原子や電子は，化学結合などによって互いに強く束縛されているため，電場によって電荷が自由に動くことはないが，正負の電荷が平衡位置からわずかにずれることで物質内に「電荷の偏り」が生じる．これを分極 (polarization) と呼び，その大きさは誘電率 ε (dielectric constant) で表される．また，ガラスなど，分極を起こす物質を誘電体という．
　分極によって作られる電荷対を電気双極子 (electric dipole) と呼ぶ．電気双極子の電荷を q，負電荷から正電荷に向かう距離を l とすると，電気双極子モーメント (electric dipole moment) は，$\boldsymbol{\mu}_i = q\boldsymbol{l}$ で与えられる（図 3.1）．分極 $\boldsymbol{P}$ は，単位体積中の電気双極子モーメント $\boldsymbol{\mu}_i$ のベクトル和，

$$\boldsymbol{P} = \sum_i \boldsymbol{\mu}_i \tag{3.1}$$

である．分極 $\boldsymbol{P}$ は，電場 $\boldsymbol{E}$ とは逆に，負電荷から正電荷に向かうベクトルで

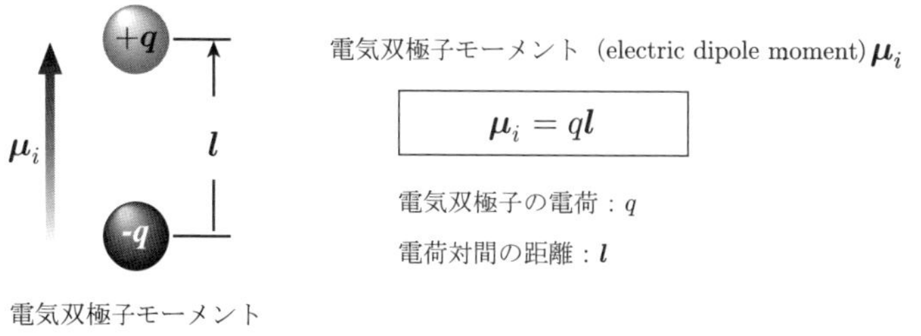

3.1 分極と誘電率

電気双極子モーメント (electric dipole moment) $\boldsymbol{\mu}_i$

$$\boldsymbol{\mu}_i = q\boldsymbol{l}$$

電気双極子の電荷 : q

電荷対間の距離 : l

電気双極子モーメント

図 3.1 電気双極子モーメント

ある.

誘電体で埋められた空間に電荷 q があるとすると,真の電荷 q による電場と誘電体の分極 $\boldsymbol{P}$ によって生じた逆符号の電荷 q_p が作り出す電場の影響が重なって,全体として電場が弱くなる.

この状況を表すためには,積分型のガウスの法則 (付録 A.1.5 参照) の式,

$$\int \varepsilon_0 \boldsymbol{E} \cdot \boldsymbol{n} dS = q \quad :積分型のガウスの法則 \tag{3.2}$$

に,分極 $\boldsymbol{P}$ によって現れた電荷 q_p を足してやる必要がある.一方,誘電体内部の分極電荷密度を ρ_p とすると,div $\boldsymbol{P} = -\rho_p$ であるから,分極によって生じた電荷 q_p は,ガウスの定理 (付録 A.1.5 参照) を利用して,

$$q_p = \int \rho_p \, dV = -\int \mathrm{div} \boldsymbol{P} \, dV = -\int \boldsymbol{P} \cdot \boldsymbol{n} \, dS \tag{3.3}$$

と表せる.したがって,分極 $\boldsymbol{P}$ を加えたガウスの法則式は,

$$\int \varepsilon_0 \boldsymbol{E} \cdot \boldsymbol{n} dS = q + q_p = q - \int \boldsymbol{P} \cdot \boldsymbol{n} dS \tag{3.4}$$

となる.(3.4) 式を変形し,

$$\int (\varepsilon_0 \boldsymbol{E} + \boldsymbol{P}) \cdot \boldsymbol{n} dS = q \tag{3.5}$$

その物質の誘電率を ε_p として,電束密度 $\boldsymbol{D}$ の定義と比較すると,

$$\boldsymbol{D} = \varepsilon_p \boldsymbol{E} = \varepsilon_0 \boldsymbol{E} + \boldsymbol{P} \tag{3.6}$$

が得られる.物質が線形応答する場合,$\boldsymbol{P} = \varepsilon_0 \chi \boldsymbol{E}$ と置くことができる.ただ

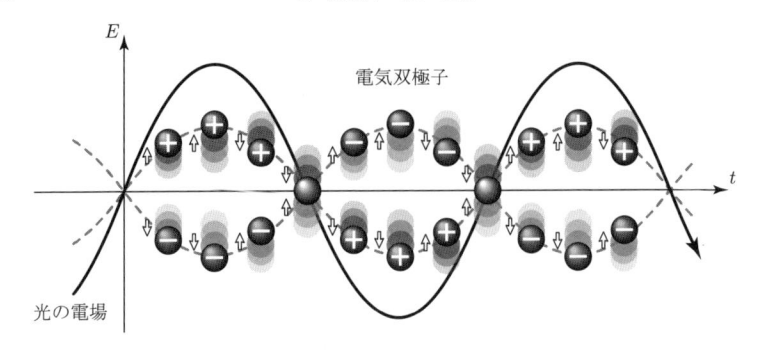

図 3.2 電気双極子振動

し，χ は電気感受率 (electrical susceptibility) と呼ばれる物質固有の定数である．分光学では，一般的に，ε_p を ε_0 で割って無次元化した比誘電率 (relative dielectric constant) ε が広く用いられる．

$$\varepsilon = \frac{\varepsilon_p}{\varepsilon_0} = 1 + \frac{\boldsymbol{P}}{\varepsilon_0 \boldsymbol{E}} = 1 + \frac{\varepsilon_0 \chi \boldsymbol{E}}{\varepsilon_0 \boldsymbol{E}} = 1 + \chi \qquad \text{：比誘電率} \quad (3.7)$$

(3.7) 式からわかるように，物質の誘電率は，真空中の誘電率に分極の寄与が足された形になっており，分極が大きい物質ほど誘電率 ε は大きくなる．

3.2　電気双極子放射のミクロな重ね合わせ

3.2.1　電気双極子振動

前節では，媒質に入射された光の電場振動によって引き起こされる分極により，物質の誘電率が決まることを見てきた．ここでは，光の電場振動により形成される原子レベルの電気双極子振動がどのようなものか調べていこう．

a. 減衰振動子

図 3.2 は，光の電場振動によって励起される電気双極子振動のイメージ図である．電気双極子は，外部から加えられた電場の振動周波数と同じ周波数で振動する．ここでは，入射光の電場と同位相で振動する電気双極子の様子が描かれている．

電気双極子を形成する代表的な分極機構は，正電荷をもつ原子核と原子核に束縛されている負電荷の電子である．これを電子分極という（分極機構の種類と

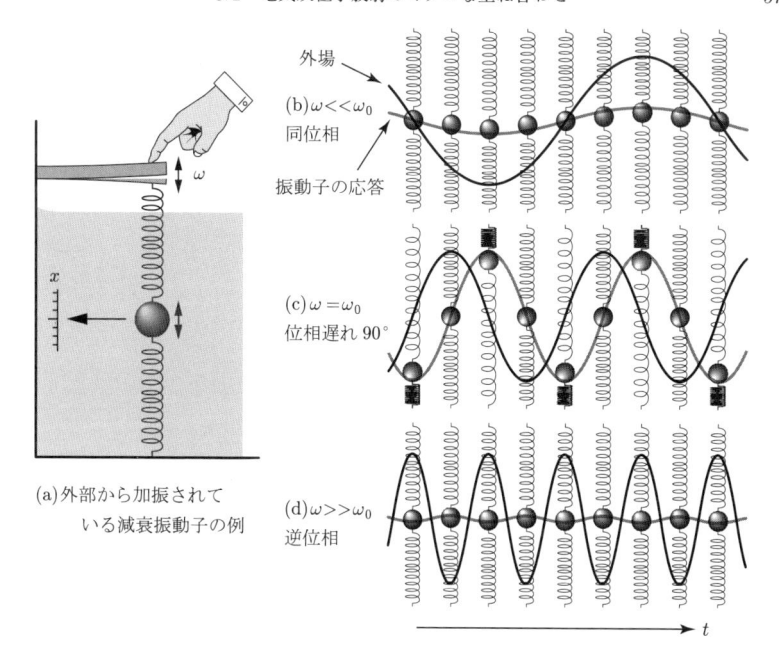

図 3.3 バネの振動モデル (ローレンツモデル) の応答とその周波数依存性

その周波数応答性については，3.3.4 項でまとめる)．電子分極は，正電荷をもつ原子核と負電荷をもつ電子がバネで束縛されている古典的なバネの振動モデル (ローレンツモデル，Lorentz model) で表すことができる．ローレンツモデルでは，質量の大きい原子核が固定され，電子だけが粘性流体中を振動すると仮定される．光の電場などの外場から与えられるエネルギーと粘性抵抗で失われるエネルギーが釣り合う状態で振動が安定する．これを減衰振動子 (damped oscillator) と呼ぶ．

b. 減衰振動の周波数特性

このようなバネの振動モデルは，たとえば，図 3.3(a) のようなものを想像すればよい．ここで，与える外場の角周波数 ω を変化させたときの振動子の応答について考察してみよう．バネの共振角周波数 ω_0 (共鳴角周波数ともいう) は，フックの法則 ($F = -k_F x$) から $\omega_0 = \sqrt{k_F/m}$ と与えられる．ただし，m はおもりの質量である．

- まず，$\omega \ll \omega_0$ の共振より十分に低い周波数領域では，振動子は外場に追

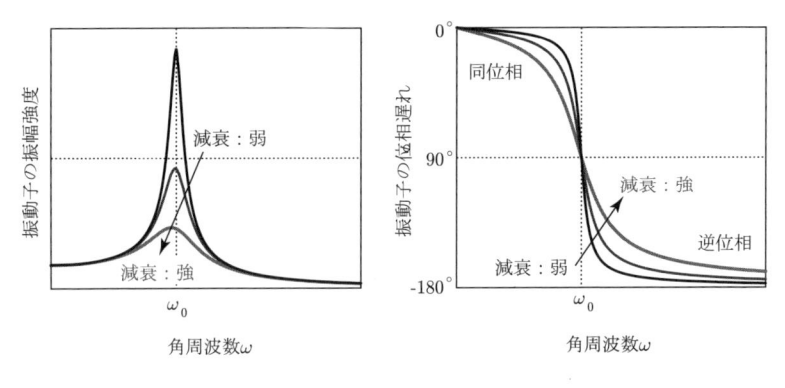

図 3.4 減衰振動子の振幅と位相遅れ

従して，外場とほぼ同位相でわずかに振動する．外場から振動子に移動するエネルギーが少ないため，変位・振動速度ともに小さく，振動が遅いために粘性抵抗によるエネルギーの散逸も少ない．外場から与えられたエネルギーは，粘性抵抗により散逸するエネルギーと等しく，1 周期の間での振動子がもっている正味のエネルギーは一定である (図 3.3(b)).

- $\omega = \omega_0$ の場合，振動は外場から 90° 位相が遅れる．慣性で行き過ぎるおもりを外場が強引に引き戻すので，多くのエネルギーが外場から振動子に移動し，振幅の増加に寄与する (図 3.3(c))．振動子に移動したエネルギーは，粘性によって散逸するが，もし，そのエネルギー散逸がなければ，振幅は無限に増幅される．

- $\omega \gg \omega_0$，つまり共振より十分に高い周波数領域では，振動の位相はさらに遅れ，外場とは逆位相 (位相遅れ：180°) になる．おもりは，外場の振動数に追従できなくなり，ほとんど動かなくなる (図 3.3(d))．言い換えると，仕事は力 × 距離であるから，変位がほぼ 0 なので，振動子・外場間のエネルギーのやりとりもほぼ 0 である．

図 3.3 の振動子の振幅強度と位相遅れを，横軸を角周波数にとってプロットしたのが図 3.4 である．グラフは，粘性が低い場合 (減衰：弱)，中程度 (減衰：中)，高い場合 (減衰：強) を重ね書きしてある．振動子の振幅強度は，共鳴角周波数 ω_0 でピークをもつ周波数特性を示す．減衰が弱いほど，ピークが急峻になり，振幅は大きくなる．振動子が外場に追従できる低周波数側では小さい振幅ながらも振動できるが，外場に追従できなくなる高周波数側では，周波数

の増加に伴い振幅は0に漸近する．

一方，位相遅れを見ると，外場に追従できる低周波数側では位相遅れ $0°$ であるが，角周波数の増加に伴って遅れが増加し，共鳴角周波数 ω_0 では $-90°$ となる．さらに角周波数が増加すると，高周波数側では位相遅れが約 $-180°$ に達する．減衰が弱いほど共鳴角周波数付近に集中する急峻な位相遅れ変化となる．

c. ローレンツモデル

電子分極を記述するローレンツモデルは，光の電場などの外場に対して，質量の大きい原子核は動かず，原子核とバネでつながれた電子だけが粘性流体中を振動するという古典的な物理モデルを仮定しており，その運動方程式は，

$$m_e \frac{d^2 x}{dt^2} + m_e \Gamma \frac{dx}{dt} + m_e \omega_0^2 x = -eE_0 \exp(i\omega t) \tag{3.8}$$

で与えられる．ここで m_e は電子の質量，e は電子の電荷である．この式は，光の電場振動 $\exp(i\omega t)$ によって電子が強制振動する減衰振動子の運動方程式である．左辺第2項が，粘性流体中の粘性抵抗である．運動速度が遅い場合の粘性抵抗は，速度に比例する．Γ は，粘性抵抗の比例係数で，減衰係数 (damping coefficient) と呼ばれる．左辺第3項の ω_0 はバネの共鳴角周波数 ($\omega_0 = \sqrt{k_F/m_e}$) であり，光の電場によって変位した電子が，フックの法則 ($F = -k_F x$) に従って復元することを表している．単振動の運動方程式 $F = m(d^2x/dt^2) = -k_F x = -m\omega_0^2 x$ と比較すると，(3.8) 式は，粘性抵抗の項と光の電場による強制振動の項が，単振動の運動方程式に付け加わった形をしていることがわかる．

ここで，ローレンツモデルと，金属の自由電子の応答を記述するドルーデモデル (Drude model) を比較しておこう．金属は，自由電子の海に原子核の島が浮いているモデルで説明され，自由電子が電気をよく通す役目をする．ドルーデモデルは，次式で与えられる．

$$m^* \frac{d^2 x}{dt^2} + m^* \Gamma \frac{dx}{dt} = -eE_0 \exp(i\omega t) \tag{3.9}$$

ただし，m^* はキャリアの有効質量である．ドルーデモデルの Γ は，キャリアの平均散乱時間の逆数 $\langle \tau \rangle^{-1}$ で与えられる．ローレンツモデル (3.8) 式とドルーデモデル (3.9) 式を比較すると，第3項の復元力がないだけで，その他は全く同じ形をしている．これは，電場に応答して移動した自由電子に対して，平衡位置に戻そうとする復元力が働かないことを意味している (自由電子なのだか

ら当然である).2.2.1項で触れたように,波が存在するためには変位に対する復元力が必要なので,自由電子に対して復元力が働かない金属中では電場振動が継続できない.つまり,金属は電場を遮蔽する.この金属の電場遮蔽によって,金属内に入り込むことができない電磁波は,完全に反射される(エレベーターの中で携帯電話が使えないのも金属の電場遮蔽が原因である).

しかし,自由電子とはいうものの,電場によって無限に加速されるわけではない.統計的に,平均散乱時間 $\langle \tau \rangle$ 程度で散乱される結果,自由電子の移動速度は一定値に落ち着く.そのため,光の電場周波数がある程度以上に高くなると,自由電子が電場振動に追いつけなくなり,金属中に光が透過し始める.

3.2.2　電気双極子放射

振動する電気双極子は,電磁波を放射する.紫外可視領域では,主に原子や分子の最外殻電子の再配置により光が放出される.こうした物質系からのエネルギー放出過程は,本来量子力学的であるが,古典的な電気双極子振動の放射過程として十分解釈することができる.なお,ここから数項にわたる電気双極子放射の重ね合わせに関する議論では,ヘクトの説明法を参考にした[9].

電気双極子の電荷は,振動する外場によって絶えず加速される.電荷が加速されると,電気双極子からは電磁波が放出される.これは,高速荷電粒子に加速度を与えたときに発生するシンクロトロン放射 (synchrotron radiation) と同じ原理である.こうした電気双極子からの電磁波の放射を,電気双極子放射 (electric dipole radiation) と呼ぶ.

図3.5は,電気双極子の振動に伴う電気双極子放射の様子を表したものである.図3.5(a)〜(e)に示した電気双極子放射の時間経過を追ってみよう.上下方向に振動する正電荷と負電荷の間には,電場が生じる.図では,発生した電場の状態を,電気力線で描いてある.外部電場振動が0となる瞬間,図3.5(d)のように電気双極子は平衡点を過ぎ,電場は閉じた電気力線の輪として空間に放出される.こうした過程が,連続的に繰り返されると,図3.5(f)のように,電気双極子から外に向かって放出される電磁波になる.放出される電磁波の周波数は,電気双極子の振動周波数,すなわち,電気双極子振動を励起した外部電場の周波数に等しい.

電気双極子放射の空間的な強度分布は,図3.6のようなドーナツ状のパター

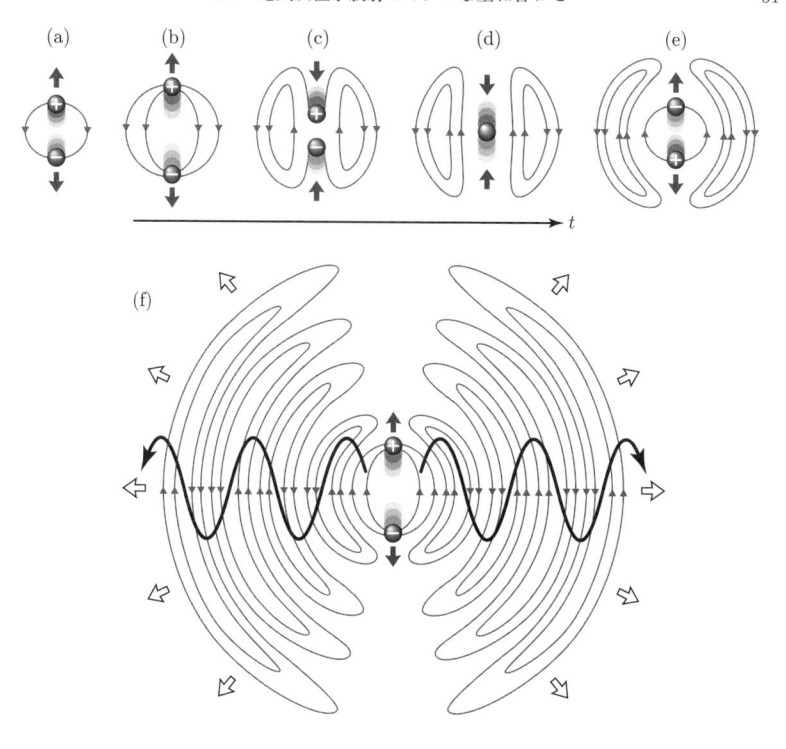

図 3.5 電気双極子放射

ンになる．電気双極子の振動方向を z 軸にとると，電気双極子からの放射強度 $I(\theta)$ は z 軸からの角度 θ の関数である (付録 A.2.1 参照)．電気双極子の振動方向と一致する $\theta = 0°$, $180°$ で放射光強度は 0 となり，振動と直交する xy 面内 ($\theta = 90°$, $270°$) で最大となる．

3.2.3 空の青，夕日の赤

光が媒質を透過するとき，光の電場によって電気双極子が作られ，振動する電気双極子が新たな光放射を生み出すことがわかった．この電気双極子放射を身近に目にすることができるのは，晴れた日の青空である．

大気中の窒素や酸素などの気体分子は，可視領域に共鳴吸収がなく透明である．太陽からの光が大気中を通過するとき，これらの気体分子は光の電場により電気双極子を形成し，ただちに電気双極子放射で光を再放出する．そのとき放出される光の周波数は，電気双極子を作り出した元の光の周波数と同じであ

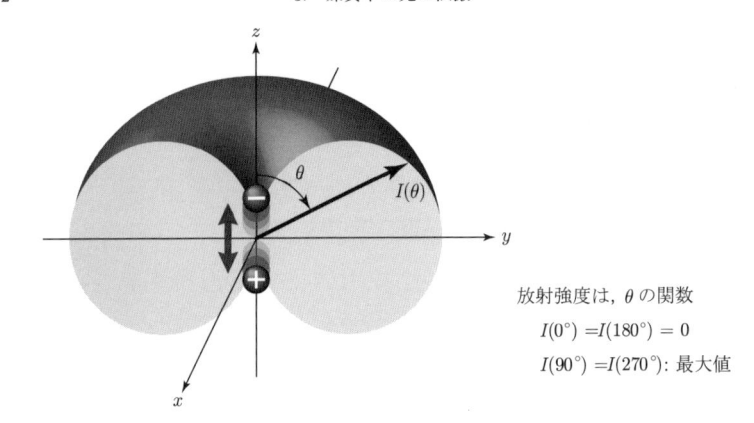

放射強度は，θ の関数
$I(0°) = I(180°) = 0$
$I(90°) = I(270°)$: 最大値

図 3.6　ドーナツ状の放射強度パターン

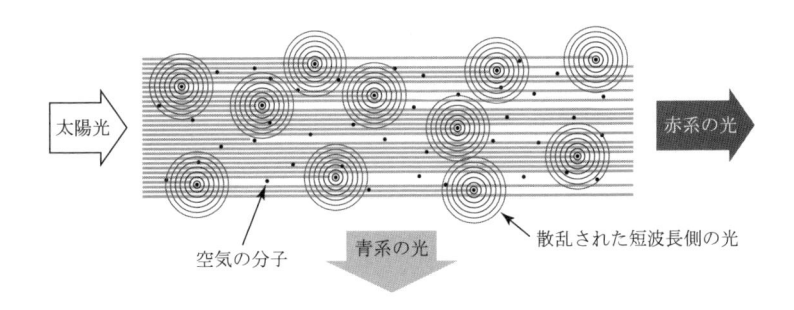

図 3.7　大気によるレーリー散乱

る．つまり，光は弾性的に散乱される．また，電気双極子放射自体はドーナツ状の放射強度パターンで光を放出するが，太陽光が非偏光で，それに応答する気体分子の電気双極子の方向がランダムなので，光はあらゆる方向に散乱される．青空を作り出す散乱は，希薄な大気圏上層の気体分子によるレーリー散乱 (Rayleigh scattering) と，大気中高層における大気の密度揺らぎに起因する散乱とに分けられる．密度揺らぎによる散乱については後で触れるとして，ここでは，レーリー散乱から見ていくことにしよう．

図 3.7 は，大気による光散乱のモデルである．分子振動の観点から太陽光の散乱を研究したレーリー卿 (Lord Rayleigh: JW. Strutt) にちなみ，空間にランダムに配置された波長より十分に小さい独立な粒子 (波長の約 1/10 以下) が起こす弾性散乱をレーリー散乱と呼ぶ．可視領域の中心波長が 500 nm 程度な

のに対して，大気中の気体分子のサイズは 0.1 nm 程度なので，レーリー散乱の条件を十分に満たす．レーリー散乱では，散乱光の強度が周波数の 4 乗に比例するので，短波長にいくほど強く散乱される (付録 A.2.1 参照)．空が青く見えるのは，透過する太陽光のうち，波長の短い青系の光がより多く散乱されるためである．逆に，大気による散乱の結果，透過する光の短波長成分が減少し，長波長成分がより多く生き残る結果，透過光は赤みを帯びてくる．これが，沈む夕日が赤く見える理由である (口絵 2, 3 参照)．

3.2.4　散乱光の重ね合わせ

　大気によるレーリー散乱や，大気の密度揺らぎによる散乱は，気体分子濃度が濃い地上の大気では発生しない．仮に，地表近くの大気でも散乱しているならば，景色が遠ければ遠いほど赤みがかって見えるはずであるが，実際にはそんなことは起こらない．これは，光を散乱する分子 (電気双極子となる分子) の密度が高くなると，横方向への散乱がなくなるためである．ここでは，散乱源となる分子の密度と散乱光の伝わり方の関係について考察していこう．

a.　希薄な媒質におけるレーリー散乱

　まず，希薄な媒質を透過する光によって生じる散乱について考える．「希薄な媒質」とは，散乱源となる分子の間隔が平均的に 1 波長以上離れている希薄なガスを想像すればよい．図 3.8 は，そのような媒質に，平面波の光ビームが左から右に透過していく様子を示している．この入射光を 1 次波と呼ぼう．互いに波長程度の距離を隔ててランダムに存在する気体分子 1〜4 を仮定する．気体分子はランダムに動き回っているため，図 3.8 は，ある時刻におけるスナップショットと考えてよい．分子 1〜4 は，透過する 1 次波の電場によって作られた電気双極子を介して，光を散乱する (これを 2 次波と呼ぶことにする)．

　これらの散乱光を光ビーム側方の点 P で観察したとする．それぞれの分子から点 P までの距離はまちまちであり，その距離差は波長に比べて十分に大きい．また，ランダムな分子運動によって，各分子から点 P までの距離は時間とともに変わり，それに伴って点 P に到着する光の位相もランダムな時間変化をする．つまり，各分子は全く独立の電気双極子として 2 次波を放射するので，点 P では個々の 2 次波が足し合わされた合成散乱光の時間平均を観察することになる．もちろん，実際には，数え切れない気体分子が散乱源となって 2 次波を放射す

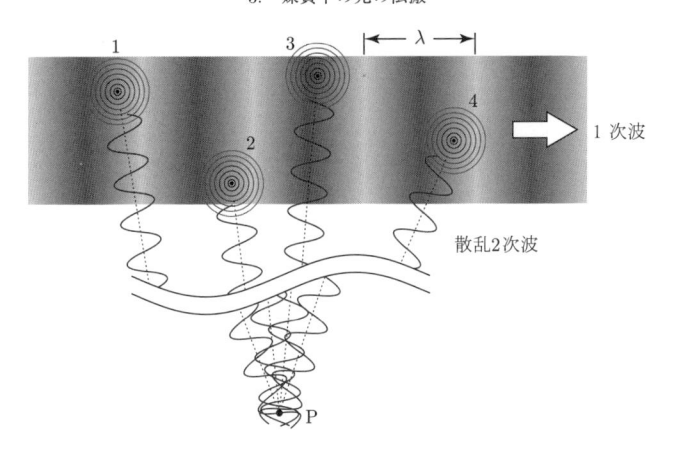

図 3.8　希薄な媒質におけるレーリー散乱

るので，その足し合わせは膨大な数にのぼる．

　希薄な媒質，すなわち，散乱源となる分子が空間的にランダムで波長よりまばらに配置された媒質における側方散乱 2 次光は，他の 2 次波と干渉することなく，独立の散乱光として空間を伝搬するのである．

b. 2 次波の前方伝搬

　それでは，光ビーム側方以外の散乱光はどうであろうか．図 3.9(a) 〜 (d) の時間変化を追いながら，考察していこう．右方向に進行する平面波の光ビーム (1 次波) によって，媒質中の 3 つの分子 A, B, C から 2 次波が散乱されるとする．ここでの 1 次波は，紙面を貫く方向に振動する偏光であると仮定する．したがって，分子 A, B, C の電気双極子も紙面を貫く方向に振動し，紙面上では円形 (3 次元的にはドーナツ状) の 2 次波を放出する．白線で描かれている円弧は 2 次波の山，黒線で描かれている円弧は谷である．

　まず，図 3.9(a) では，1 次波の山となる波面が分子 A に当たり，A から円形をした 2 次波の山が放出される．通常，2 次波の位相は 1 次波からずれるが，ここでは 2 次波を 1 次波と同位相の光としている．少し時間が経過した図 3.9(b) では，1 次波の波面の進行に伴い，まず B が 2 次波の山を散乱し，続いて C も 2 次波の山を散乱する．最後に，1 次波の谷となる波面が分子 A に当たって，A から 2 次波の谷が放出される．A, B, C いずれの分子から散乱された山の 2 次波も，1 次波の波面進行に同期して放出されるため，前方散乱成分は 1 次波と

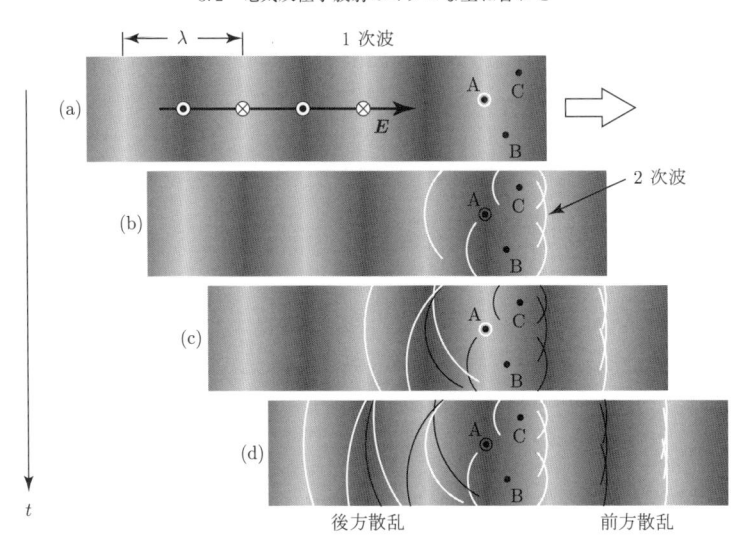

3.2 電気双極子放射のミクロな重ね合わせ　　65

図 3.9　散乱 2 次波の前方伝搬

同位相で，1 次波とともに前に進む．さらに時間が進んだ図 3.9(c) では，B が 2 次波の谷，C も 2 次波の谷，最後に A が 2 次波の山の順に散乱が起こる．1 次波の 2 つ目の谷が分子 A に当たるタイミングでは，図 3.9(d) のような散乱状態になる．すなわち，2 次波のうち前方に散乱する成分は，散乱源となる分子の位置や数とは無関係に，同位相で 1 次波と同じ方向に進む．その結果として，2 次波の前方散乱成分は互いに強め合う．

一方，各分子からの後方散乱成分は，分子の位置の違いを反映して位相がばらばらになり，2 次波の後方散乱成分は互いに弱め合う．後方散乱成分が強め合う条件は，散乱源となる分子が，同位相の後方散乱成分を放射する位置にいることである．たとえば，図 3.9 で，1 次波の光ビームに垂直な面上に分子 A，B, C が並んでいたとすると，後方散乱成分も同位相となり前方散乱と同様，強め合うことになる．これは，平坦な物質表面で光が反射されることに対応する (4.1 節参照)．

c. 高密度媒質の側方散乱

次は，高密度な媒質中の散乱について考えよう．希薄な媒質中の分子が波長程度以上に散らばっているのに対して，高密度媒質中の原子や分子は，桁違いに高い密度で密集している．たとえば，水の平均分子間距離は 0.3 nm 程度，

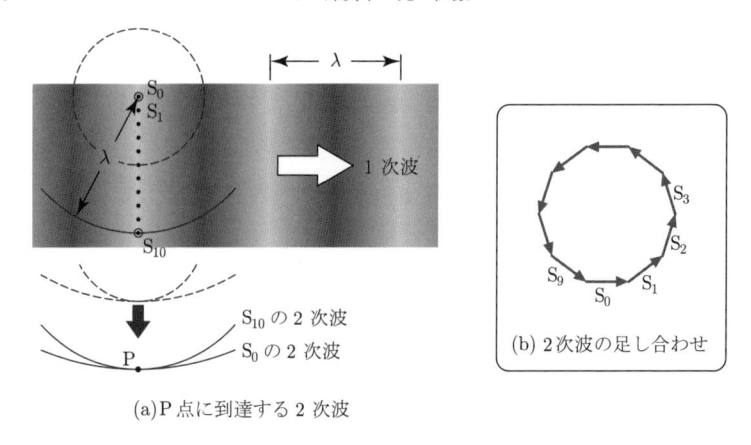

図 3.10 高密度媒質の側方散乱

標準状態の空気ですらその距離は約 3.3 nm と非常に近く, 可視光の波長 (約 400〜800 nm) の 100 分の 1 以下である. このような高密度媒質中の散乱では, 希薄な媒質における散乱と違い,「ランダムな距離に散らばった独立の散乱源」と仮定することができず, 密集した原子や分子から散乱する膨大な数の 2 次波の干渉を考慮する必要がある.

先に確認したように, 前方散乱は強め合い, 後方散乱は打ち消し合うことは, 分子の密度に関係なく成り立つので, ここでは, 各原子からの散乱光が干渉する結果, 側方散乱が打ち消し合うことを, 図 3.10 を使って検証していくことにする.

図の左から平面波の光ビームが入射されるとする. 1 次波は, 図 3.9 と同じ偏光である. ここでは, 話を単純化するために, 散乱源である原子 $S_0, S_1 \cdots, S_{10}$ が, 1 次波の波面に沿う方向 (1 次波の光ビームに直交する方向) で, かつ, 距離 $\overline{S_0 S_{10}} = \lambda$ を 10 分割するように, 等間隔に配置されているものとする. 図では, S_0 と S_{10} が散乱した 2 次波の波面 (実線の円弧は山, 点線の円弧は谷) のみが描かれていて, $S_1, \cdots, S_9$ の波面は省略されている. 図 3.10(a) は, S_0 と S_{10} が散乱した 2 次波の山が P 点に到達した瞬間のスナップショットと考えていただきたい.

P 点で 2 次波を観察するとしよう. 距離がちょうど波長 λ 分隔たった S_0 と S_{10} が散乱する 2 次波は, 1 次波の光ビームに直交する方向に同位相で進む. こ

3.2 電気双極子放射のミクロな重ね合わせ

の 2 つの波だけを見る限り，P 点で足し合わされた結果は強め合うことになる．それでは，同時に $S_1, \cdots, S_9$ から散乱された 2 次波の波面はどこにあるのだろうか．たとえば，S_1 の波面について考えると，S_1 は S_0 より $\lambda/10$ だけ P に近いので，波面は P を $\lambda/10$ 通り過ぎた位置にある．これは，「P で観察した S_1 の位相は，S_0 を基準にして $2\pi/10$ だけ進んでいる」と言い換えてもよい．$S_2, S_3 \cdots, S_9$ の順番で散乱源が P に近づくたびに，位相は $2\pi/10$ ずつ増していく．最終的に S_{10} で，位相が 2π 進む結果，S_0 と同位相になるのである．

ここで，位相子の足し合わせ (2.3.3 項) を思い出していただきたい．$S_0, \cdots, S_9$ から散乱された，振幅が等しく，位相が $2\pi/10$ ずつ累進的に進む 2 次波の位相子を足し合わせると，図 3.10(b) に示すとおり，矢印はぐるりと 1 回りして，S_0 の始点と S_9 の終点を結んで得られる最終矢印の長さはゼロになる．つまり，1 波長の距離の中に並んだ原子から散乱される 2 次波を足し合わせると，完全に打ち消し合うのである．この考え方は，散乱源の原子数を増やしても，領域を広く取っても，同様に成り立つ．

以上の考察で，高密度な媒質では側方散乱が皆無であることがわかった．また，前項で後方散乱も打ち消し合うことをすでに学んだ．つまり，高密度媒質中では，1 次波の伝搬方向と一致する前方散乱以外の散乱は皆無である．

ところが，実際の光学実験では，高密度媒質からの散乱光にしばしば遭遇する．その典型例が，媒質表面における散乱である．媒質の表面は，媒質を 2 つに切り分けて後ろの半分を取り去った状態と考えればよく，2 次波の打ち消し合いが不完全になる．消え残った 2 次波は反射光を形成するが，媒質表面が荒れている場合には，表面散乱光として我々の目に入ってくるのである．

散乱光が消え残る原因は，他にもある．媒質中に欠陥，ボイド（媒質に含まれる微小な空洞），不純物，局所的な密度揺らぎなどがある場合，図 3.11 のように打ち消し合いが不完全になり，散乱光として観測される．たとえば，光ファイバーのように，非常に長距離にわたって透明媒質中を光が伝搬する場合，密度の不均一性による散乱を抑えることが重要になる．

散乱についてのまとめを少し修正しておこう．「高密度で均一な媒質では，前方散乱以外の散乱は皆無」であり，高密度媒質からの散乱が観察されるのは，欠陥，不純物，局所的な密度揺らぎなどの媒質の不均一性がその原因である．

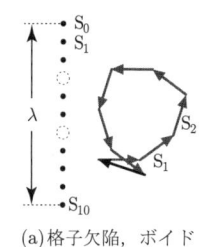

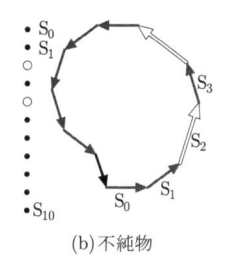

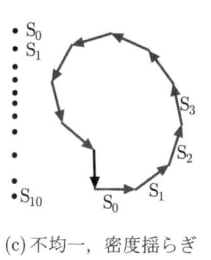

(a) 格子欠陥，ボイド　　(b) 不純物　　(c) 不均一，密度揺らぎ

図 3.11　物質中の散乱原因

3.3　媒質中の光の位相速度と屈折率

誘電体などの透明媒質中では，前方に散乱された 2 次波が 1 次波と一緒に光速 c で前方に伝搬する．この 1 次波と 2 次波の足し合わされたものが透過光である．一方，媒質は 1 以外の屈折率をもち，透過光の位相速度 v は光速 c より小さい値 ($n > 1 \rightarrow v < c$) にも，大きい値 ($n < 1 \rightarrow v > c$) にもなりうる．透過媒質中のこの不思議な光の振る舞いも，原子が散乱する 2 次波の重ね合わせで解釈することができる．

3.3.1　2 次波の位相遅れ

図 3.9 では，話を簡単にするため，2 次波を 1 次波と同位相の光として議論した．本項では，2 次波の位相について調べることにしよう．数学的な記述は文献[15]をご参照いただくとして，ここでは定性的な考察をしていく[16]．

1 次波の波面に沿う xy 面内に 2 次元的に配列された原子面を仮定する (図 3.12)．1 次波がこの原子面に入射すると，それぞれの原子が電気双極子放射を起こし 2 次波が散乱される．ここでは，前方に散乱される 2 次波だけについて考えることにする．原子面の前方に位置する P 点における 2 次波は，原子面にあるすべての電気双極子放射を足し合わせることで求められる．

xy 面内の半径 r_{m-1} の円と $r_{m-1} + \delta r$ の円で囲まれる領域を A_m，z 軸近傍の半径 r_1 の円領域を A_1 とする．領域 A_m からの 2 次波が P において電場を作るとすると，その振幅 $E(A_m)$ は，

$$E(A_m) = |E(A_m)| \exp\left[i\{\omega t + \delta(A_m)\}\right]$$

3.3 媒質中の光の位相速度と屈折率

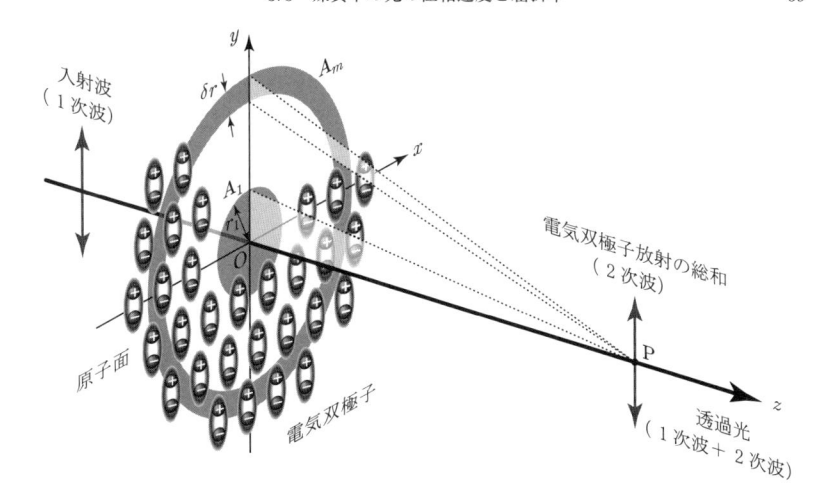

図 3.12 面状電気双極子からの 2 次波

で与えられる．ここで，時刻を $t = 0\,(\omega t = 0)$ に固定し，$E(A_1)$ は 1 次波と同位相と見なせるので $\delta(A_1) = 0$ と置くと，2 次波 $E(A_1)$ の位相子は，複素平面の実数軸に平行な矢印になる（図 3.13(a)）．次に，A_1 の 1 つ外側の領域 A_2 からの 2 次波 $E(A_2)$ を考える．$E(A_2)$ は，$E(A_1)$ が伝搬する距離 $\overline{OP}$ よりも若干長い距離を伝搬した後，P に到達するため，位相が遅れる．そのため，位相 $\delta(A_2)$ は $\delta(A_1)$ から若干マイナスにシフトする．ここで，δr は一定なので，波動 $E(A_m)$ と波動 $E(A_{m-1})$ の位相差も一定になる．この位相遅延量を，δ と表すことにする．$E(A_1), E(A_2), \cdots$ と加算する領域が外に移動するのに伴い，その領域からの波動は δ ずつ遅延することになり，位相子は δ ずつ右に回りながら足し合わされていく（図 3.13(a)）．

また，電気双極子放射は図 3.13(b) に示すようなドーナツ状に放射されるので，原子面の y 軸方向の外周部では 2 次波が弱くなる（3.2.2 項参照）．さらに，2 次波は，領域 A_m から P までの平均距離 l_m の逆数で減衰するため，l_m が大きいほど $E(A_m)$ は弱くなる．これらの理由から，外周部へいくほど $E(A_m)$ の振幅は小さくなる．

原子面から散乱される 2 次波の位相子を，$E(A_1)$ から順番に $E(A_\infty)$ まで足し合わせたのが，図 3.13(c) である．位相子は，右回りしながら足し合わされていくが，位相子の矢印が次第に短くなるため，足し合わせの結果は螺旋を描

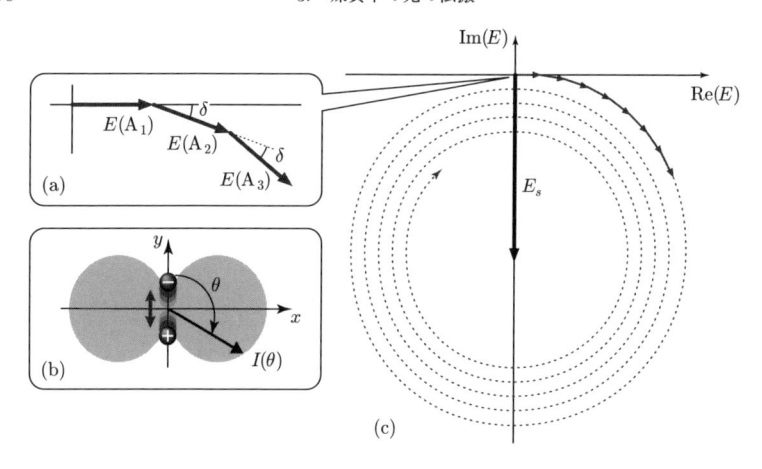

図 3.13　2 次波の位相遅れ

きながら虚数軸上のある点に収束する．図から明らかなように，得られる最終矢印は，1 次波の位相から 90° 遅れることになる．

これが，求めていた 2 次波 E_s の位相遅れである．すなわち，透過媒質に 1 次波 E_i が入射された場合に，ある原子面からの電気双極子放射が重ね合わせられてできる 2 次波 E_s は，E_i に対して 90° 位相が遅れる．

3.3.2　透過光の伝搬

1 次波と 2 次波が足し合わされて，媒質中の透過光が合成される．ここでは，位相子を用いて 1 次波と 2 次波の足し合わせを行い，透過光の位相と振幅がどうなるのか見ていくことにする．

まず，2 次波の振幅 E_s と位相 δ_s の特性を確認しよう．1 次波の電場振動に対する電気双極子の応答は，図 3.4 に示した振幅強度と位相遅れの周波数特性をもつ (3.2.1 項参照)．また，前項では，2 次波が 1 次波に対して 90° 位相が遅れることを確認した．この両者を足し合わせることで，2 次波の位相 δ_s の周波数特性が得られる．

図 3.14(a) は，図 3.4 で示された中程度の減衰曲線を使って描いた 2 次波の振幅 E_s および位相 δ_s の周波数特性である．振幅は，図 3.4 の縦軸を規格化して描いてある．電気双極子は，低周波数側では 1 次波に追従できることに対応して小さいながらも振幅をもつ．ω の増加とともに E_s は増加して共鳴角周波

(a) 2次波の振幅強度と位相遅れ   (b) 1次波と2次波の位相子の加算

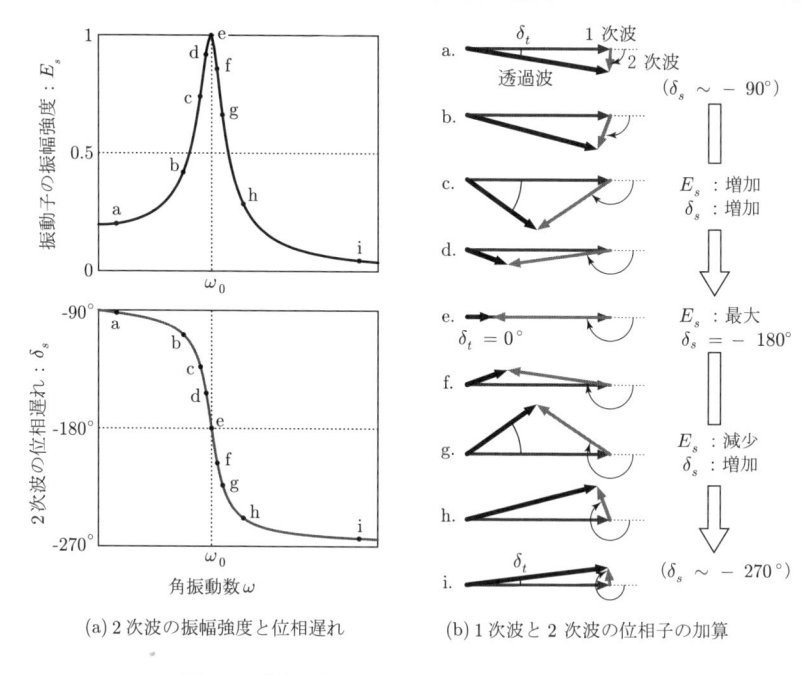

図 3.14 位相子を用いた 1 次波と 2 次波の足し合わせ

数 ω_0 でピークをもち，ω_0 通過後は ω の増加に伴い振幅が 0 に漸近する ω_0 に対して非対称な周波数特性を示す．一方，2 次波の位相遅れ δ_s は，図 3.4 の特性カーブから，さらに 90° 位相が遅れた特性になっている．つまり，低周波数側での位相遅れは $-90°$ で，角周波数の増加により遅れが増加し，共鳴角周波数 ω_0 で $-180°$ をよぎって，高周波数側での位相遅れは約 $-270°$ に達する．

さて，図 3.14(a) に記した a から i それぞれの角周波数で，1 次波と 2 次波を加算していこう．図 3.14(b) に示すように，1 次波と 2 次波の加算は，2 つの位相子の矢印をつなげるだけの簡単な操作である．図 3.14(b) では，1 次波の位相を $\delta_i = 0$ として，1 次波の矢印を実数軸と平行にとってあり，わかりやすくするために矢印の長さをデフォルメして描いてある．

a. 2 次波の振幅は小さく，位相遅れは約 $-90°$ である．位相子による加算で求められた透過波の矢印は，1 次波とほぼ同じ長さである．また，1 次波に比べ若干位相が遅れるので，透過波の位相は $\delta_t < 0$ となる．

b. ω の増加とともに 2 次波の振幅も増加し，位相遅れが増加する．位相

子の加算を見ると，2次波の位相遅れが増加した分，透過波の振幅が減り，位相遅れが増加している．

- **c.** 2次波の振幅と位相遅れはさらに増加する．その結果，透過波の振幅はさらに小さくなり，位相遅れはさらに増加する．ここで透過波の位相 δ_t は極小値をとる．
- **d.** 2次波の振幅と位相遅れはさらに増加する．透過波の振幅はさらに小さくなるが，位相遅れは減少へと転じる．
- **e.** ω が共鳴角周波数 ω_0 に一致すると，2次波の振幅は最大となり，位相遅れは $-180°$ になる．その結果，透過波の振幅 E_t は最小となり，その位相は $\delta_t = 0°$，つまり1次波と同位相になる．
- **f.** 2次波の振幅は減少し始めるが，位相遅れはさらに増加する．透過波の振幅は増加し，その位相は1次波より進む $(\delta_t > 0)$．
- **g.** 2次波の振幅はさらに減少し，位相遅れはさらに増加する．透過波の振幅はさらに大きくなり，位相の進みはさらに増加して，透過波の位相 δ_t は極大値となる．
- **h.** 2次波の振幅はさらに減少し，位相遅れはさらに増加する．透過波の振幅はさらに大きくなる．位相の進みは減少に転じる．
- **i.** 2次波の振幅はほとんど0になり，位相遅れは約 $-270°$ に達する．透過波の振幅は1次波とほぼ等しく，位相 δ_t は若干進んでいるものの，ほぼ1次波と同じになる．

透過波の振幅強度 E_t と位相 δ_t を ω に対してプロットしたのが，図3.15である．透過波の振幅 E_t は，共鳴角周波数 ω_0 から遠くはなれた角周波数 a $(\omega \ll \omega_0)$ や i $(\omega \gg \omega_0)$ では，1次波の振幅 E_i とほぼ等しいが，ω が ω_0 に近づくに従い急激に減少し，共鳴角周波数と一致する $\omega = \omega_0$ では極小値になる．一方，位相は，$\omega < \omega_0$ の領域では $\delta_t < 0$，共鳴角周波数 $\omega = \omega_0$ で $\delta_t = 0$ となり，$\omega > \omega_0$ の領域では $\delta_t > 0$ になる．また，ω_0 近くの角周波数 c で極小値，g で極大値をとる独特の周波数特性を示す．

図3.16は，(a) $\omega \ll \omega_0$ $(\delta_t < 0)$ の領域，および，(b) $\omega \gg \omega_0$ $(\delta_t > 0)$ の領域における透過波の伝搬モデルである．2次波を放射する原子面は点線で描かれており，左から入射してきた1次波は，数多くの原子面に遭遇し，2次波との干渉を繰り返しながら媒質中を透過していく．図3.16(a) に示す $\omega \ll \omega_0$ の

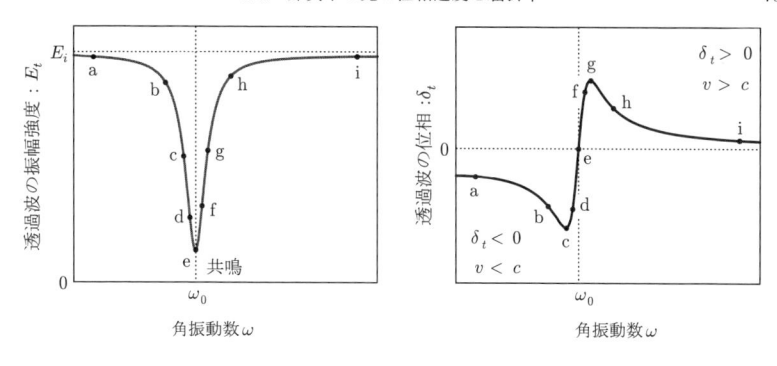

図 3.15 透過波の振幅 E_t と位相 δ_t

領域では，$\delta_t < 0$ であり，透過波が原子面に遭遇するたびに，透過光の位相が δ_t ずつ累進的に遅れる．その結果，透過波の位相速度 v は，1次波の速度 (つまり，光速 c) に比べて減少する．すなわち，$\omega \ll \omega_0$ の領域における媒質の屈折率は 1 より大きい ($n = c/v > 1$)．これは同時に，透過光の波長 λ_t が $1/n$ に縮まることを意味する．

図 3.16(b) の $\omega \gg \omega_0$ の領域 ($\delta_t > 0$) についても，同様の議論が成り立ち，透過光の位相が δ_t ずつ累進的に進むため，透過波の位相速度は $v > c$ となり，媒質の屈折率は 1 を下回る．それに伴い，透過光の波長 λ_t は $1/n$ 倍に長くなる．

以上見てきたように，媒質中の透過光は，共振角周波数 ω_0 と一致しない限り $v \neq c$ で伝搬し，その速度 v は周波数に依存して大きく変化する．

3.3.3 透過光の伝搬と屈折率

屈折率 n の媒質中では，透過光の波長が $\lambda_t = \lambda/n$ となることから，x 軸正方向に進行する波動関数は，一般的に，

$$E = E_0 \exp[i(\omega t - kx + \delta)] = E_0 \exp\left[i\left(\omega t - \frac{2\pi n}{\lambda}x + \delta\right)\right] \quad (3.10)$$

と表すことができる．

これまでは，透過光の位相と屈折率 n の因果関係について調べてきたが，共鳴角周波数における透過光振幅の減衰と屈折率の関係には触れてこなかった．ここで，媒質による光吸収の効果を含めた複素屈折率 (complex refractive index) N を次のように定義する．

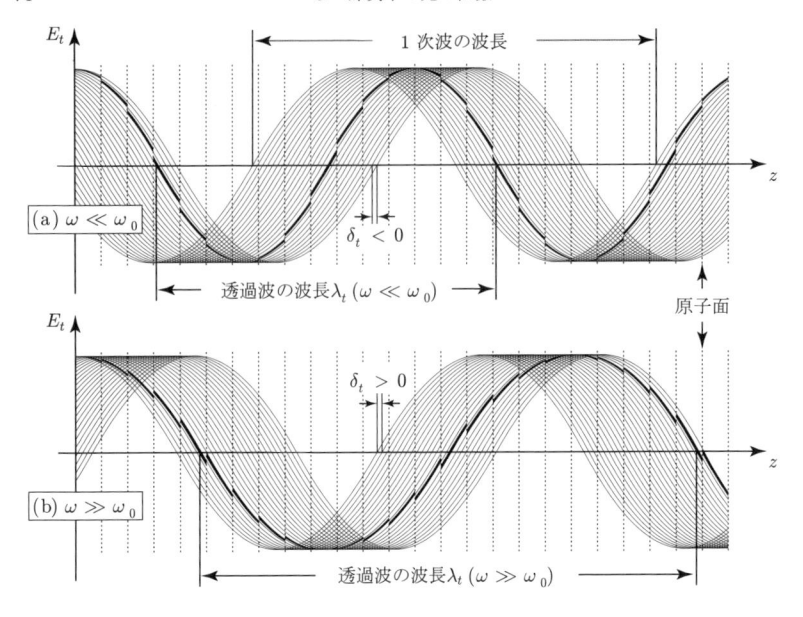

図 3.16 透過波の位相遅れと波長

$$N \equiv n - i\kappa \tag{3.11}$$

N の実部 n は屈折率,虚部 κ は消衰係数 (extinction coefficient) と呼ばれる光吸収の強さを表す項である.屈折率 n および消衰係数 κ は,光学定数 (optical constant) とも呼ばれる.(3.10) 式の n を N で置き換えることで,光吸収する媒質中の透過光を

$$\begin{aligned} E &= E_0 \exp\left[i\left(\omega t - \frac{2\pi N}{\lambda}x + \delta\right)\right] \\ &= E_0 \exp\left(-\frac{2\pi\kappa}{\lambda}x\right) \exp\left[i\left(\omega t - \frac{2\pi n}{\lambda}x + \delta\right)\right] \end{aligned} \tag{3.12}$$

と求めることができる.

(3.12) 式が n を含む指数項と κ を含む指数項に分離できることに注目して,(3.12) 式と透過光の伝搬状態の関係を見ていくことにしよう.図 3.17 は,n を含む指数項と κ を含む指数項が透過光の伝搬状態にどのように効いてくるかを示したものである.透過光の振幅は,媒質表面の反射分だけ E_0 より小さくなるため,媒質内での実効的な振幅を E_{0t} としている.

3.3 媒質中の光の位相速度と屈折率

$$E = E_{0t} \exp\left(-\frac{2\pi\kappa}{\lambda}x\right) \exp\left[i\left(\omega t - \frac{2\pi n}{\lambda}x + \delta\right)\right]$$

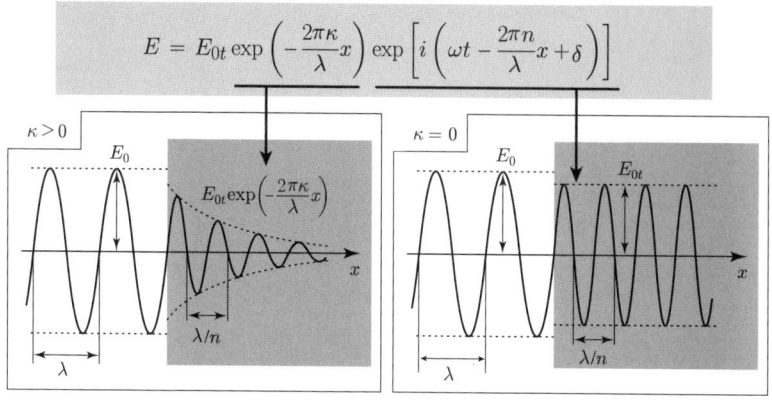

(a)吸収媒質における光の減衰 (b)透明媒質における光の伝搬

図 3.17 消衰係数 κ と媒質中の透過光の伝搬

最初に，$\kappa = 0$ では，$\exp(-2\pi\kappa x/\lambda) = 1$ であり，(3.12) 式は振幅 E_{0t} と n を含む指数項の積になる (図 3.17(b))．これは，(3.10) 式と全く同じであり，屈折率 n の透明媒質中を，波長 λ/n で減衰なく x 軸正方向に進行する透過光を示している．一方，$\kappa > 0$ の場合には，指数 $\exp(-2\pi\kappa x/\lambda)$ が，x の増加に伴って振幅 E_{0t} を減衰させる項になる (図 3.17(a))．

光強度は，比例定数を無視すれば，$I = |E|^2 = EE^*$ なので，

$$I = \left|E_{0t}\exp\left(-\frac{2\pi\kappa}{\lambda}x\right)\right|^2 = |E_{0t}|^2 \exp\left(-\frac{4\pi\kappa}{\lambda}x\right) \tag{3.13}$$

と表すことができる．

一方，媒質の光吸収による光強度変化は，ランバート・ベールの法則 (Lambert–Beer law，ブーゲ・ベールの法則ともいう) に従うことが知られている．

$$I = I_0 \exp(-\alpha x) \quad :\text{ランバート・ベールの法則} \tag{3.14}$$

ただし，α は吸光係数 (absorption coefficient)，x は光が透過する媒質の厚さである．(3.13) 式と (3.14) 式の比較から，吸光係数 α と消衰係数 κ の関係が得られる．

$$\alpha = \frac{4\pi\kappa}{\lambda} \tag{3.15}$$

また，媒質伝搬中に吸収によって光強度が $I/I_0 = 1/e \sim 37\%$ になる距離 $d_p \equiv 1/\alpha$ を侵入深さ (penetration depth) と呼ぶ．

3.3.4 誘電関数

比誘電率を ε として，屈折率と誘電率の関係を表す (2.47) 式を書き直すと，

$$N^2 \equiv \varepsilon \tag{3.16}$$

になる．前項で定義した複素屈折率 N に対応する ε を複素誘電率 (complex dielectric constant) と呼び，

$$\varepsilon \equiv \varepsilon_1 - i\varepsilon_2 \tag{3.17}$$

と定義する．(3.16) 式と (3.17) 式から，次の関係が得られる．

$$\varepsilon_1 = n^2 - \kappa^2, \quad \varepsilon_2 = 2n\kappa \tag{3.18}$$

これらの式から，光吸収がない $\kappa = 0$ のときには，ε_2 も 0 であり，$\varepsilon_1 = n^2$ となるので，n が大きくなると ε_1 も大きくなることが理解できる．

3.3.2 項では，電気双極子としてローレンツモデルを仮定した媒質の屈折率が，角周波数 ω に依存して大きく変化することを確認した．この屈折率の角周波数特性 $N(\omega)$ が，ローレンツモデルの誘電率分散 $\varepsilon(\omega)$ によって決定されていることは，明らかである．ここでは，ローレンツモデルの運動方程式 (3.8) 式から求めた，誘電率 $\varepsilon(\omega)$ の特性を見ていくことにしよう (付録 A.2.2 参照)．

図 3.18 は，ローレンツモデルから計算される複素誘電率 $\varepsilon(\omega)$ の例である．このような角周波数に依存する誘電率 $\varepsilon(\omega)$ を誘電関数と呼ぶ．ε_2 ピークの半値幅は，減衰係数 Γ であり，減衰が強いほどピーク幅は広がり，減衰が弱くなるとピークは急峻になる．

誘電関数の虚部 ε_2 の形状は，共鳴角周波数 ω_0 で最大値をとり，$\omega \ll \omega_0$ および $\omega \gg \omega_0$ の角周波数領域で 0 に漸近するローレンツ分布 (Lorentzian) になる．この形状は，図 3.15(a) に示した透過光の振幅強度 E_t と対応している．すなわち，光の角周波数 ω が電気双極子の共鳴角周波数 ω_0 に近づくと，光のエネルギーが双極子振動の振幅の増加に使われるために，透過光の振幅は弱くなるのである．また，(3.18) 式からわかるように，ε_2 は光吸収を表す消衰係数 κ を含んでいるので，ε_2 のピークは共鳴角周波数 ω_0 で光が吸収される．つまり，「物質が光を吸収する」ことの実体は，光のエネルギーが電気双極子の振動の増加に使われた結果生じる透過光振幅の減少に他ならない．

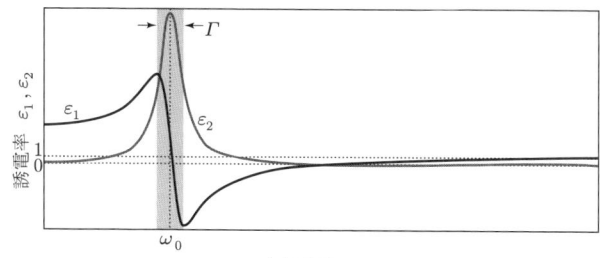

図 3.18 ローレンツモデルから計算される誘電関数

　一方,実部 ε_1 は,図 3.15(a) に示した透過光の位相 δ_t の形状に対応している.ε_1 の極大値,極小値をとる角周波数は,それぞれ,$\omega_0 \pm \Gamma/2$ である.角周波数領域 $\omega < \omega_0 - \Gamma/2$ および $\omega > \omega_0 + \Gamma/2$ で ε_1 の勾配が正の場合を正常分散,$\omega_0 \pm \Gamma/2$ の領域内で勾配が負になる場合を異常分散と呼ぶ.

　このように,誘電率の実部 ε_1 と虚部 ε_2 は,互いに独立ではなく,光が入射することによって物質が応答するという因果律によって結びつけられている.この ε_1 と ε_2 の関係は,クラマース・クローニッヒの関係式 (Kramers–Kronig relation) で表される.

$$\varepsilon_1 = 1 + \frac{2}{\pi} P \int_0^\infty \frac{\omega' \varepsilon_2(\omega')}{\omega'^2 - \omega^2} d\omega' \tag{3.19}$$

$$\varepsilon_2 = -\frac{2\omega}{\pi} P \int_0^\infty \frac{\varepsilon_1(\omega') - 1}{\omega'^2 - \omega^2} d\omega' \tag{3.20}$$

ただし,P は積分の主値であり,次式で示される.

$$P \int_0^\infty d\omega' \equiv \lim_{\delta \to 0} \left(\int_0^{\omega - \delta} d\omega' + \int_{\omega + \delta}^\infty d\omega' \right) \tag{3.21}$$

(3.19) 式と (3.20) 式は,ε_1 と ε_2 が互いの積分式に入り合う形になっている.ω が 0 から ∞ の領域で一方がわかっていれば,他方は計算で求めることができる.クラマース・クローニッヒの関係式の導出は,複素積分を使う数学的なものなので,本書では式を紹介するにとどめる[17]．

　実際の物質では,複数種類の分極の寄与によって誘電関数の形が定まるので,図 3.18 より複雑なものになる.図 3.19 は,複数の分極が関与する誘電関数モ

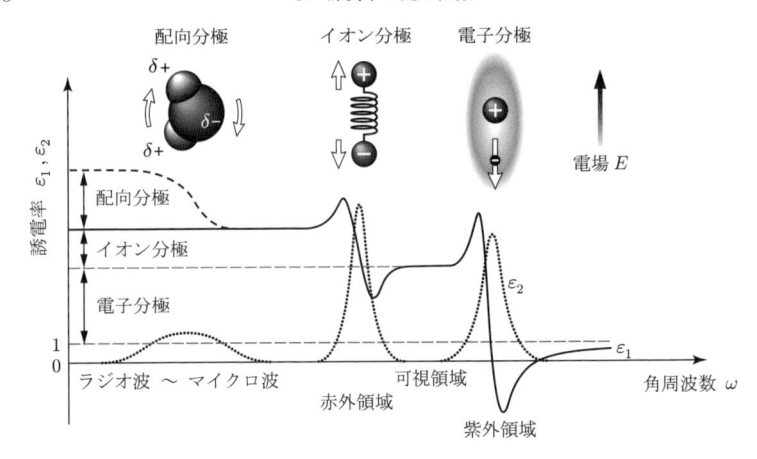

図 3.19 誘電体の分極機構と誘電関数

デルである．図の上部には，分極のタイプを図示してある．3種類の分極タイプ，すなわち，配向分極，イオン分極（原子分極），電子分極は，電気双極子振動に関与する有効質量の違いを反映して，それぞれに特有な共鳴吸収角周波数をもつ．

H_2O などの分子では，電気陰性度の違いによって分子内に分極が生じ，光の電場振動に対して分子自体が回転応答する．これが配向分極である．配向分極は，振動に関与する有効質量が大きいために，低い角周波数にしか応答できず，マイクロ波領域の電磁波を吸収する．電子レンジは，H_2O の配向分極によるマイクロ波の共鳴吸収を利用して，食品を加熱する．なお，分子・原子が動くことのできない誘電体などの固体では，配向分極は起こらない．赤外領域では，分子配列内の電荷を帯びた原子により引き起こされるイオン分極の共鳴吸収が起こる．さらに角周波数の高い紫外可視領域では，原子内の電子と原子核により引き起こされる電子分極の共鳴により光が吸収される．

固体の場合，角周波数が低い赤外領域における ε_1 は，すべての分極からの寄与が足し合わされた値になる．光の角周波数を赤外領域から増加させていくと，イオン分極の電気双極子振動は光の振動数に追従できなくなり，イオン分極は起こらなくなる．そのため，ε_1 は減少する．角周波数がさらに高くなると，やがて電子分極も追いつけなくなり，最終的に，ε_1 の値は真空中と同じ 1 になる．

図 3.20 に，いくつかの重要な誘電体材料の屈折率分散を示す．誘電体では，

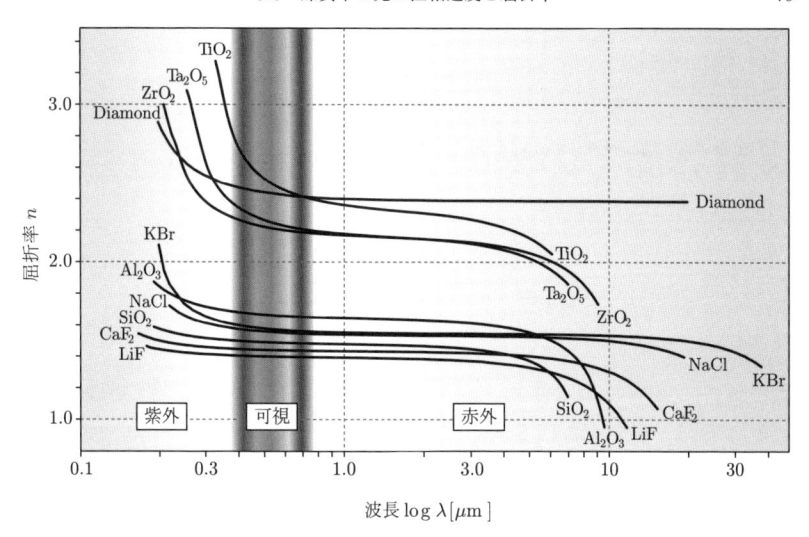

図 3.20 代表的な誘電体の屈折率スペクトル
屈折率スペクトルは，分光エリプソメトリーの測定結果と文献値[18]から作成したもので構成される．分光エリプソメトリー測定は，ジェー・エー・ウーラム・ジャパン株式会社のご厚意による．誘電体材料は，株式会社オプトクエスト，エム・イー・エス・アフティ株式会社からご提供いただいた．

紫外領域における電子分極 (誘電体内部の電子バンド間遷移) の共鳴吸収と赤外領域におけるイオン分極 (分子や結晶格子の分極振動) の共鳴吸収の間に，大きなエネルギーギャップが存在する．そのため，可視から近赤外にかけての波長領域では，透明 ($\kappa = 0$) で，長波長から短波長に向かって n が徐々に増加する正常分散を示す．この領域における屈折率の大きさや分散は，紫外領域における電子分極の共鳴吸収によって実効的に決定されているといってよい．

Chapter 4

媒質界面での光の振る舞い（反射と屈折）

　光が媒質の界面に出会うと，膨大な数の微視的な散乱と干渉の結果として，光の進行方向が変化する．我々が理科の授業で習う「光の反射，光の屈折」とは，こうした原子レベルの光と物質の相互作用が巨視的に顕在化したものである．本章では，光の反射，光の屈折といった媒質界面における基本的な光の振る舞いについて学んでいくことにしよう．

4.1　反射の法則，屈折の法則

4.1.1　媒質界面における光の振る舞い

　高密度媒質中では，原子が散乱した膨大な数の2次波が干渉し合って，前方散乱以外はすべて打ち消される．しかし，媒質が平坦な表面や異なる媒質との平坦な境界面をもつ場合には，後方散乱も強め合う条件を満たし，後ろ向きに進行する光ビームを形成する (3.2.4 項参照)．このような平坦な媒質表面/媒質境界面で後方に進行する光ビームが形成される現象を，反射 (reflection) と呼ぶ．ここでは，ひとまず透過光のことは忘れて，反射光についてだけ考えることにしよう．

　図 4.1 は，光波の表面反射の様子を，物質表面の原子が散乱する2次波の重ね合わせとして示したものである．図 4.1(a)～図 4.1(d) の順に，時間が経過する．図をわかりやすくするために，入射する光は2周期分の平面波とし，最表層の原子から後方に散乱される2次波のみを描いてある．作画の都合上，原子間隔が波長と同程度に書いてあるが，実際の高密度媒質の原子間隔 (約 $0.2\,\mathrm{nm}$) は，可視光の波長 (約 $400\sim800\,\mathrm{nm}$) に比べ数千分の1程度である．また，図のように格子状に並んでいる必要はない．

4.1 反射の法則，屈折の法則

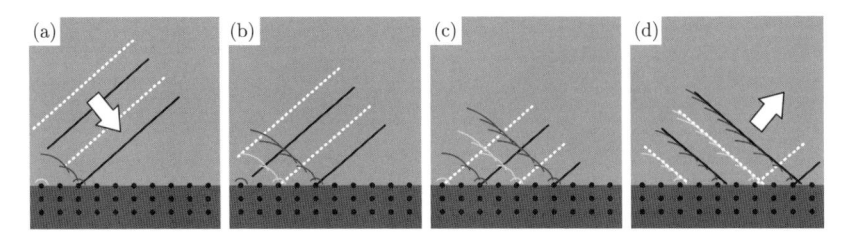

図 4.1 ミクロな散乱の重ね合わせとしての反射

物質表面で反射波が形成される過程は，おおよそ次のような流れである．

- 左上空から入射された光ビームが表面原子に当たり，原子からは2次波が散乱される (図 4.1(a) 〜 図 4.1(b))．
- 後方散乱の2次波が重ね合わされた結果，右上方に向かう同位相の波面が形成されていく (図 4.1(b) 〜 図 4.1(c))．
- 最終的に，反射された光ビームとなって，右上方に進行していく (図 4.1(d))．

反射光の進行する方向は，後述するように，入射光の進行方向を反射面法線で折り返した方向になる (反射の法則：入射角と反射角は等しい)．もちろん，原子から後方に散乱された2次波は全方位に広がるが，膨大な数の重ね合わせの結果，反射方向以外ではすべて打ち消し合うことになる．

反射光は，物質内部のすべての原子からの2次波が足し合わされた結果であるが，ある程度以上奥の原子から散乱される2次波は，媒質中の後方散乱同士で互いに打ち消し合うために，反射光には寄与しない．実際の反射では，表面から $\lambda/2$ 程度までの原子により散乱された2次波の干渉によって，反射光が形成される．

透明な物質 ($\kappa = 0$) では，(3.18) 式の $\varepsilon_1 = n^2 - \kappa^2$ からわかるように，屈折率が大きいほど分極が大きく，電気双極子から放射される2次波が強くなるため，反射光も強くなる．また，吸収の大きい媒質の共鳴角周波数付近における電気双極子放射は，入射光から位相が $180°$ ずれているものの，大きな振幅強度をもつため，高い反射率になる (3.2.1 項参照)．反射光強度の定量的な扱いについては，4.2.2 項で改めて議論する．

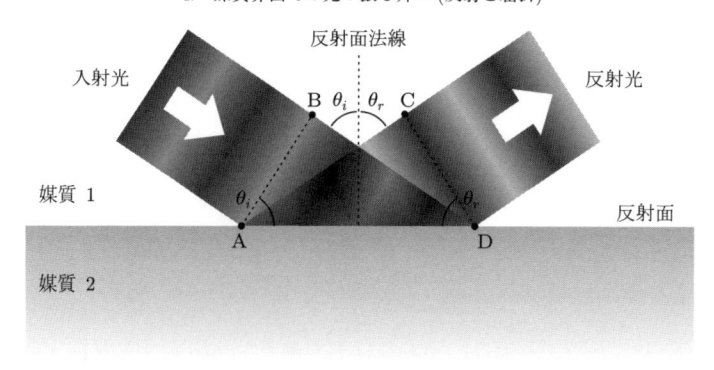

図 4.2 反射の法則

4.1.2 反射の法則

界面における原子レベルの散乱と干渉の結果は，巨視的には光の反射という非常にシンプルな光学現象になる．ここでは，反射の法則を復習しておこう．

反射光が示す次の2つ性質をまとめて反射の法則と呼ぶ．

① 入射角と反射角は等しい．

② 入射光と反射光と反射面法線は，同一の平面内にある．

入射角と反射角が等しいことは，図4.2から容易に確認することができる．入射光と反射光および反射面法線を含む面 (入射面と呼ぶ) を紙面方向にとる．入射光と反射面法線がなす角 θ_i を入射角，反射光と反射面法線がなす角 θ_r を反射角とする．光は左上空から入射角 θ_i で入射され，表面で反射角 θ_r 方向に反射された後，右上方に進む．線分 $\overline{AB}$ は入射光の波面であり，反射後の同じ波面を線分 $\overline{CD}$ で表す．つまり，波面 $\overline{AB}$ は，反射によって波面 $\overline{CD}$ に変換される．光が反射されるとき，入射光が距離 $\overline{BD}$ を進む間に，A で反射された光は距離 $\overline{AC}$ を進むので $\overline{AC} = \overline{BD}$ である．また，線分 $\overline{AD}$ は共通なので，

$$\overline{AD} = \frac{\overline{BD}}{\sin\theta_i} = \frac{\overline{AC}}{\sin\theta_r} \quad \Rightarrow \quad \sin\theta_i = \sin\theta_r \quad \Rightarrow \quad \theta_i = \theta_r \quad (4.1)$$

が得られる．

4.1.3 屈折の法則

透明な媒質1および媒質2の境界面に，ある角度で光を入射すると，一部の光は媒質界面で反射され，残りは媒質2内部に入り込んで前方散乱し，透過光

4.1 反射の法則，屈折の法則　　　　　83

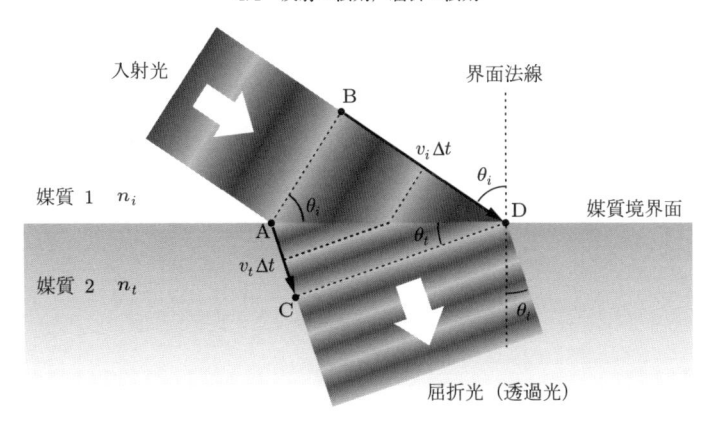

図 4.3　スネルの法則

を形成する．その際，媒質 1 と媒質 2 の屈折率に依存して，媒質界面において透過ビームの方向が曲がる．この現象を屈折 (refraction) と呼ぶ．微視的には，媒質内の原子によって散乱された膨大な数の 2 次波が干渉するときに，透過光の位相速度によって強め合う方向 (つまり透過光の進行方向) が変わることが屈折の起源である．

a. スネルの法則

図 4.3 を使って，屈折の法則を確認していこう．屈折率 n_i の媒質 1 側から屈折率 n_t の媒質 2 との界面に，入射角 θ_i で入射された光ビームを考える．図では，$n_i < n_t$ の場合を想定している．この典型的な例が，空気 (真空) から物質の表面に光が入射する場合である (媒質 1 の屈折率は $n_i = 1.0$)．界面法線と透過ビームのなす角を屈折角 θ_t とすると，媒質界面に入射された光ビームは，一部が界面で反射され，残りの光は屈折して，屈折角 θ_t の方向に進む光ビームになる．なお，図では，見やすさのために反射光を省いてある．

線分 $\overline{\mathrm{AB}}$ を入射光の波面，線分 $\overline{\mathrm{CD}}$ を屈折光 (透過光) の波面とする．媒質 1 における光の位相速度を v_i，媒質 2 における光の位相速度を v_t とすると，入射光の波面 $\overline{\mathrm{AB}}$ が距離 $\overline{\mathrm{BD}} = v_i \Delta t$ を進む間に，A を出発した光は距離 $\overline{\mathrm{AC}} = v_t \Delta t$ を進んで C に達し，透過光の波面 $\overline{\mathrm{CD}}$ を形成する．三角形 ABD と ACD は斜辺 $\overline{\mathrm{AD}}$ を共有しているので，

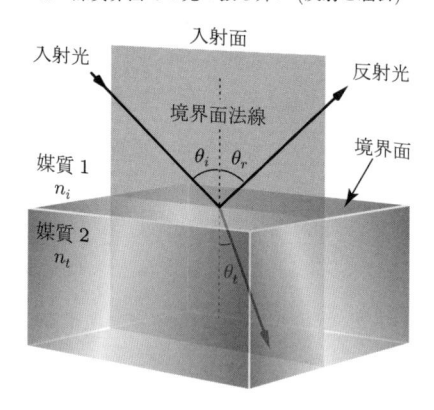

図 4.4 入射光,反射光,屈折光

$$\left.\begin{array}{rl}\overline{\mathrm{AD}} &= \dfrac{\overline{\mathrm{BD}}}{\sin\theta_i} = \dfrac{v_i\Delta t}{\sin\theta_i} = \dfrac{c\Delta t}{n_i\sin\theta_i} \\[2mm] \overline{\mathrm{AD}} &= \dfrac{\overline{\mathrm{AC}}}{\sin\theta_t} = \dfrac{v_t\Delta t}{\sin\theta_i} = \dfrac{c\Delta t}{n_t\sin\theta_t}\end{array}\right\} \quad n_i\sin\theta_i = n_t\sin\theta_t \qquad (4.2)$$

が得られる.この入射角と屈折角の関係を表す式が,屈折の法則である.(4.2) 式は,1621 年,オランダのスネル (W. Snell) により提唱されたので,スネルの法則 (Snell's law) と呼ばれる.

図 4.3 のように,低屈折率媒質から高屈折率媒質に光が入射する場合 ($n_i < n_t$),界面を超えると急に光の伝搬速度が遅くなるために,波面は媒質界面で立ち上がるように折れ曲がる.高屈折率媒質から低屈折率媒質に光が入射する場合 ($n_i > n_t$) には,逆に光の伝搬速度が速くなるため,波面は逆向きに折れ曲がる.

b. 入射光,反射光,屈折光の位置関係

ここで,入射ビーム,反射ビーム,屈折ビームの空間的な位置関係をまとめておこう (図 4.4).入射光と媒質境界面法線を含む面を入射面と定義すると,反射光も屈折光も入射面内を進む.つまり,入射光,反射光,屈折光は,すべて入射面内にある.また,入射角,反射角,屈折角は,すべて境界面法線を基準に決められている.反射角 θ_r は入射角 θ_i に等しく (反射の法則),屈折角 θ_t は媒質 1,媒質 2 の屈折率と入射角 θ_i によって決まる (スネルの法則).

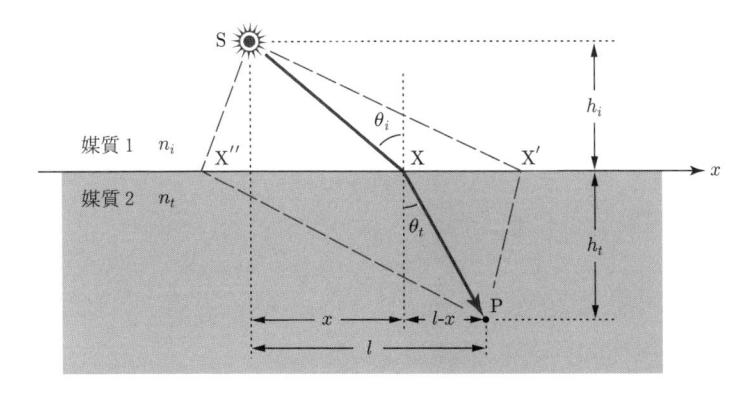

図 4.5　フェルマーの原理 (最小時間原理)

4.1.4　フェルマーの原理

ここまで紹介してきた反射の法則やスネルの法則は，光の進み方を全く異なる視点から説明したフェルマーの原理 (Fermat's principle) を使って導くことができる．フェルマーの原理とは，「光がある点を出て別の点に向かって進むとき，光が実際にたどる経路は最小時間で到達できる経路である」というもので，最小時間原理 (principle of least time) とも呼ばれる．フランスの数学者フェルマー (P. de Fermat) が 1661 年に発見した．

フェルマーは，古代ギリシャの幾何学者ユークリッド (Euclid) が「光がある点を出て別の点に向かって進むとき，光は距離が最短となる経路を通る」と唱えた内容を，「最小時間となる経路」と言い換えた．反射を議論する場合，「S から出た光が表面で反射して P に至る経路は，入射角と反射角が等しくなる経路を通る」という反射の法則を，「光は最短距離となる経路を通る」といっても，「最小時間で到達できる経路を通る」といっても全く同じである．なぜなら，反射の場合の最短経路は，最小時間で到達できる経路に他ならないからである．しかし，屈折を議論する場合，一般に「最短距離となる経路」と「最小時間となる経路」は一致せず，光は (なぜか) 最小時間となる経路を通るのである．

a. フェルマーの原理による屈折の説明

フェルマーの原理を，屈折の場合に応用してみよう．図 4.5 のように，空気中にある光源 S から出た光が，水中の点 P まで進む状態を考えることにする．光は，空気と水の界面で屈折するわけだが，どの位置で水に入る経路が最小時

間となるのであろうか.

最小時間となる経路は，S から P に到達する所要時間を，界面上の光の通過位置 x の関数 $t(x)$ と表したときに，$t(x)$ が最小となる変数 x を通る経路である (付録 A.3.1). たとえば，SX'P, SX''P の経路のように，x の値を正負どちらの方向に大きく振っても，到達に要する所要時間が余分に掛かることは明白で，$t(x)$ は x に関して極小値をとることは容易に想像がつく. $dt/dx = 0$ として極小値を与える x を求めてから，図と見比べながら式を書き換えると，

$$\frac{\sin\theta_i}{v_i} = \frac{\sin\theta_r}{v_r} \tag{4.3}$$

が得られる. これは，まさに (4.2) 式のスネルの法則である.

b. 蜃 気 楼

屈折率が連続的に変化する媒質を伝わる光の経路についても，フェルマーの原理が成り立ち，光は最小時間となる経路をたどる. ここでは，その例として蜃気楼を挙げておこう.

気体の屈折率 n は，温度や圧力によって変化し，気体の絶対温度を T, 圧力を P とすると，次の近似式で計算することができる.

$$n - 1 = (n_0 - 1)\frac{P}{P_0}\frac{T_0}{T} = (n_0 - 1)\frac{P}{1013}\frac{273+15}{T}$$

ここで，n_0, P_0, T_0 は，それぞれ，標準気体の屈折率，圧力，温度である. 式からわかるように，温度が低いほど気体の屈折率は高くなり，温度が高いほど屈折率は低くなる.

蜃気楼は，大気に生じた屈折率分布によって光が屈折して起こる現象である. 蜃気楼の発生パターンは，上空と比べて低空の方が温度が低い上位蜃気楼 (図 4.6(a)) と，逆に，上空の方が低空の比べ温度が低い下位蜃気楼 (図 4.6(b)) の 2 つが代表的である. 上位蜃気楼の場合，温度の低い海水によって海面近くの空気が冷やされ，上空の暖かい空気との間に屈折率差が生じる. こうした連続的な屈折率変化がある場合でも，光は最小時間になる経路を通ろうとする. すなわち，遠回りでも，暖かく屈折率の低い空気を通る経路が最小時間になるため，光がたどる経路は湾曲する. このような光を受け取った人にとっては，その光は当然まっすぐ進んできたものとして，視線の先に船を見ることになる (図 4.6(a)). その結果，元の船の上方に蜃気楼が出現するのである (日本ではオホー

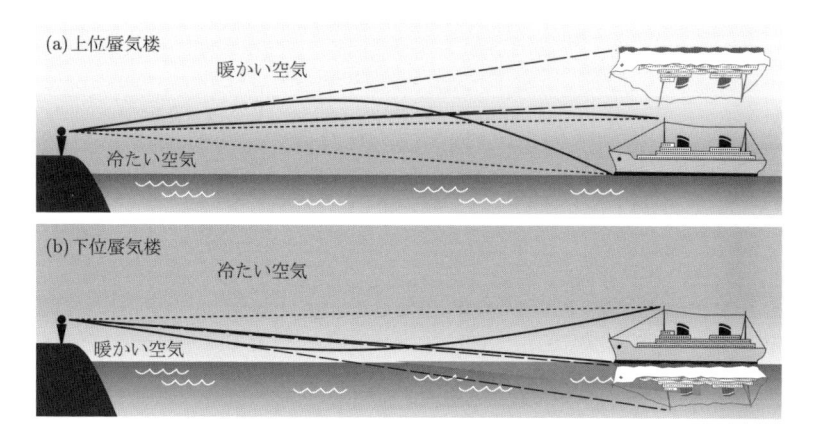

図 4.6 蜃気楼

ツク海沿岸，富山湾周辺，琵琶湖周辺でしか見られない)．

　一方，下位蜃気楼は，大気が反転した温度分布 (上空に冷たい空気，地表近くに暖かい空気) をもつ場合に見られる蜃気楼である．このタイプの蜃気楼は海や砂漠で発生するが，最も身近な例は，夏の炎天下のアスファルト上で見られる逃げ水であろう．高温のアスファルトにより熱せられた路面近くの暖かい空気中を通る経路が最小時間になるため，青空からの光が路面近くの湾曲した経路をたどって観測者の目に届く．そのため，あたかも水たまりで光が反射したように，空が映って見えるのである (口絵 4 参照)．

　このように，蜃気楼などの光学現象は，光が 2 点間の最短距離ではなく，2 点間を最小時間で通過できる経路をたどると解釈しなければ，現象を説明することができない．

4.1.5　位相子を使った「フェルマーの原理」の解釈

　これまで，反射の法則と屈折の法則を幾何学的に解釈し，それらがフェルマーの原理から説明しても同じ結論に至ることを示した．ここでは，見方を変えて，媒質中の原子によって散乱される 2 次波の足し合わせとして，反射と屈折を考察していくことにする．なお，ここでの議論は，ファインマンが市民向けに行った量子電磁力学の初等講義での説明[19]を，あえて波動の位相子に置き換えたものである (文献では，光子の確率振幅と経路積分の概念が，専門用語を使わずに明快に説明されているので，一読されることをお薦めする)．

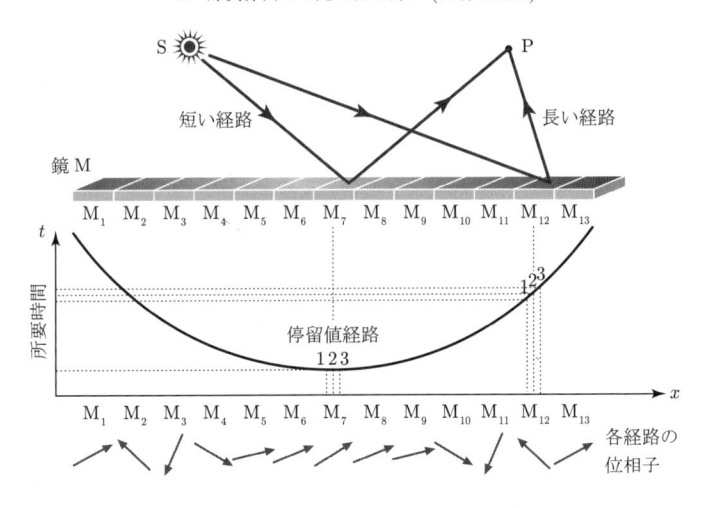

図 4.7 反射位置の異なる経路に対する所要時間

a. 反射における位相子の足し合わせ

　反射面では，膨大な数の原子から後方に散乱される 2 次波が互いに干渉し合って，それらが強め合う方向に反射光が形成される．この様子を，もう少し細かく見ていくために，光源 S を出た光が鏡面で反射し，点 P の検出器に到着する様子を観察しよう (図 4.7)．光の経路計算をやさしくするために，鏡は紙面左右方向の 1 次元だけを考え，鏡全体を微小ないくつかの領域 ($M_1 \sim M_{13}$) に区切ることにする．光源 S から広がった光は，鏡面のすべての微小領域 $M_1 \sim M_{13}$ をまんべんなく照らしているので，領域をそれほど広く取らなければ，微小領域 $M_1 \sim M_{13}$ には同じ強度の光が入射すると考えてよい．

　左端から m 番目の微小領域 M_m に光源 S から光が入射すると，入射光の電場によって M_m の原子が電気双極子放射を起こして，あらゆる方向に 2 次波を散乱させる．その散乱光の一部は，検出器 P にも向かう．同様に考えると，すべての微小領域 $M_1 \sim M_{13}$ で散乱される 2 次波の一部は，検出器 P に届き，検出器は鏡面全体からの 2 次波が足し合わされた光を受けることになる．ここで注意すべきことは，位相を考慮した 2 次波の足し合わせを行う必要があるということだ．問題となる 2 次波の位相は，光源から M_m を経て検知器に至る経路 SM_mP を光が通過する所要時間で決まる．所要時間を反射場所に対してプロットしたのが図 4.7 である．所要時間のグラフは，鏡中央の SM_7P で停留値

4.1 反射の法則，屈折の法則

(a)SM$_7$P

(b)SM$_{12}$P

(c)全領域の位相子の足し合わせ

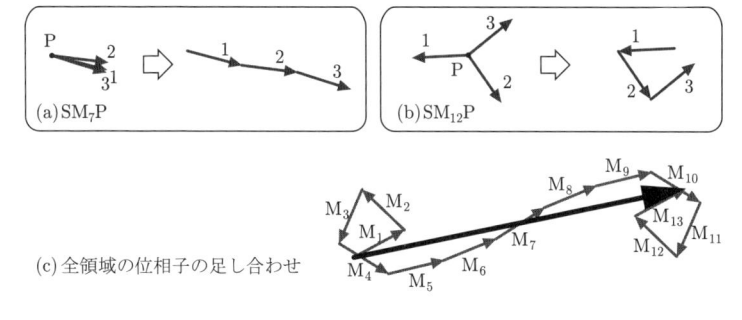

図 4.8 反射光に対する位相子の足し合わせ

(極小値)をもつすり鉢状になる．たとえば，鏡の端の方の M$_{12}$ で散乱される 2 次波は，鏡中央の M$_7$ で散乱される 2 次波と比べると，明らかに所要時間が長くなる．

ここで，微小領域 M$_m$ をさらに 3 つに分け，左からの 2 次波 (位相子 1)，中心からの 2 次波 (位相子 2)，右からの 2 次波 (位相子 3) の足し合わせをしてみよう (図 4.8(a))．領域 M$_7$ では，所要時間が停留値となっているため，3 つの位相子はほぼ同位相で P に到達する．つまり，図 4.8(a) のように，位相子の加算によって得られる合成波は大きな振幅をもつことになる．一方，鏡の端の M$_{12}$ について，同様の位相子の足し合わせを行ったのが図 4.8(b) である．M$_{12}$ では，微小領域内でも所要時間に大きな差があり，3 つの位相子の位相角は異なる値をもつため，足し合わせで得られる合成波の振幅は小さい．

M$_1$ 〜 M$_{13}$ 全域に渡り位相子を足し合わせると，図 4.8(c) のようになる．鏡の周辺部における位相子は，位相角変化が大きく互いに打ち消し合うために，最終矢印の長さには寄与しない．これに対して，停留値を中心とした位相角変化が緩やかな領域の位相子はほぼ同位相であり，この領域の位相子が最終矢印の長さを決めていることがわかる．もちろん，現実的な光の経路に対する合成波の計算には，膨大な数の小さな位相子を足し合わさなければならないが，単純化された図 4.7，図 4.8 による説明でも一般性は失われない．つまり，鏡全域からの膨大な数の散乱光をすべて足し合わせた結果，停留値近傍の光以外はすべて打ち消し合い，停留値近傍の光だけが P で検出される．結果的に，光がたどる経路は最小時間の経路であり，そのときの入射角と出射角は等しくなる．

ここで，フェルマーの原理に修正を加えておこう．すなわち，「光が実際にた

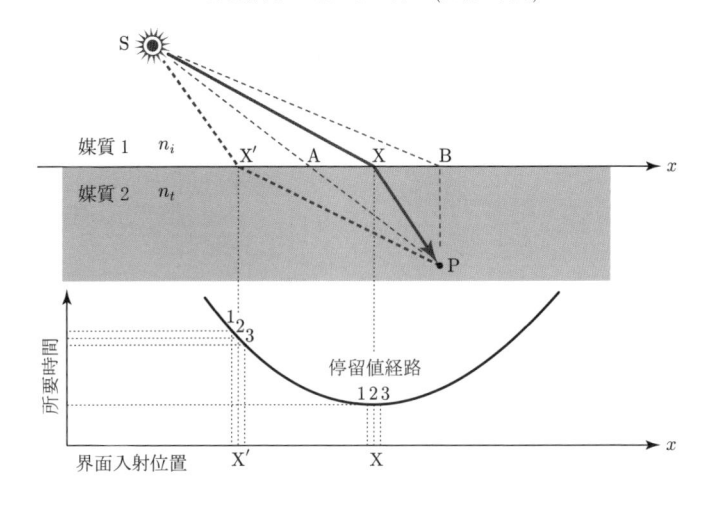

図 4.9 経路の異なる屈折光に対する所要時間

どる 2 点間の経路は，所要時間が"停留値"となる経路」であり，最小時間である必要はない．実際，最小時間とは程遠い鏡の端 (たとえば図 4.7 の M_1) からの反射光が P に到達する事例について，6.5.3 項で再び議論することになる．

b. 屈折における位相子の足し合わせ

屈折の場合も，基本的には全く同様の位相子の足し合わせで考えることができる (図 4.9)．たとえば，光源 S から X′ に光が入射すると，入射光の電場によって媒質 2 表面付近の原子が電気双極子放射を起こし，前方散乱成分は媒質 2 のあらゆる方向に広がっていく．もちろん，その散乱光の一部は，検出器 P にも向かう．反射の場合と状況が違うのは，媒質 1 を進む散乱波の速度 $v_i = c/n_i$ と媒質 2 を進む散乱波の速度 $v_t = c/n_t$ が異なることである．そのため，幾何学的な最短距離となる経路 SAP が最小時間にはならない．$n_i < n_t$ として描かれた図 4.9 の場合，最小時間の経路 SXP は，媒質 2 を進む距離 BP を最短にとった経路 SBP と幾何学的な最短経路 SAP の間のどこかである．

媒質界面の入射位置 x に対する所要時間の概念図は，最小時間の経路 SXP で停留値となる図 4.9 のような曲線になる．所要時間の長い経路 SX′P と停留値経路 SXP を例にして，経路近傍の位相子同士を足し合わせたのが図 4.10 である．経路 SX′P は，所要時間が長いのと同時に微小な位置 x の変化に対して所要時間が大きく変化する．その結果，位相角がばらばらな位相子を足し合わ

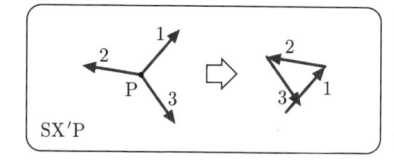

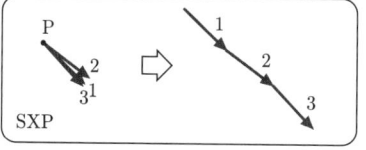

図 4.10　屈折光に対する位相子の足し合わせ

せることになり，合成波の振幅は小さい．一方，停留値近傍では，3つの位相子の位相角はほぼ揃っているので，合成波は大きな振幅をもつ．結果として，停留値経路以外の経路からの散乱合成波はすべて打ち消し合い，停留値経路の散乱合成波だけが屈折光としてPに到達することになる．

ここで取り上げた反射と屈折の例では，停留値経路で最小所要時間となるが，位相子の足し合わせでわかるように停留値近傍でのみ2次波の位相がそろって強め合うことが本質的であって，最小時間である必要はない．

4.2　振幅反射係数と振幅透過係数

媒質の界面に入射された光は，一部が反射し，残りが屈折して2つの光ビームに分割される．前節の考察で，反射光，屈折光が，それぞれどの方向に進むかがわかった．本節では，どのような比率で分配されるのかについて学んでいく．

4.2.1　p偏光とs偏光

まず，媒質界面における光の振る舞いを記述する際に使用される偏光方向の定義について復習しておく．

図4.11に，媒質界面に光が入射する際の偏光方位の定義を示す．図では，左上空から入射された光が，媒質1(屈折率 n_i) と媒質2(屈折率 n_t) の界面で反射されるものとして描いてある．

反射面法線と入射光を含む面を入射面と呼び，入射光，反射光，屈折光はすべて入射面内にある．光の電場振動面(つまり偏光面)が入射面と同一面内にある直線偏光をp偏光と呼び，p偏光と直交する直線偏光をs偏光と呼ぶ．なお，偏光方位を示す添え字 "p" および "s" は，それぞれ，ドイツ語 "parallel(平行)" と "senkrecht(垂直)" の頭文字である．すべての偏光状態は，p偏光とs偏光の

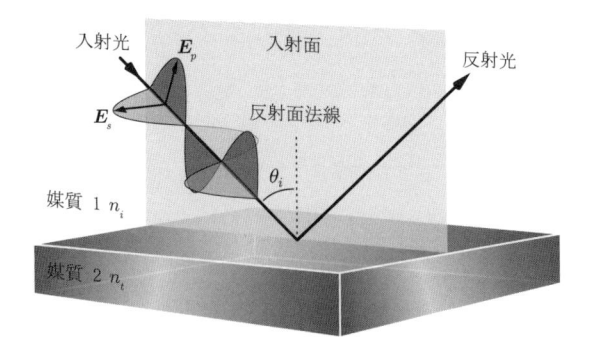

図 4.11 p 偏光と s 偏光

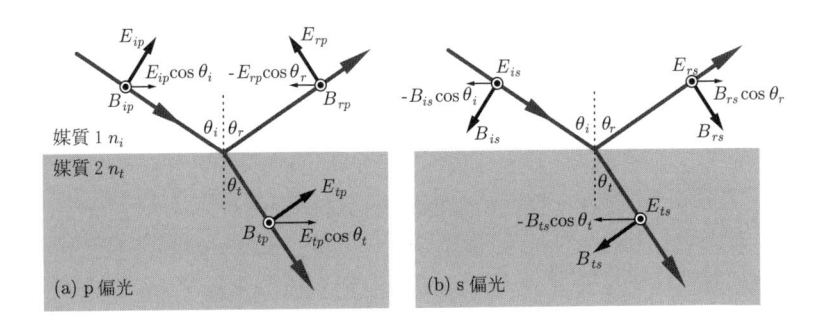

図 4.12 フレネルの反射係数,透過係数

ベクトル和で表すことができる.たとえば,図 4.11 に示されている入射光の場合,等しい振幅をもつ p 偏光成分と s 偏光成分を合成すると,45° 方位の直線偏光になる (2.5 節参照).

4.2.2 フレネルの式

光が媒質界面で反射・屈折する際に満足すべき境界条件は,「媒質境界面に平行な電場成分と磁場成分が,境界面を越えても連続でなければならない」ということである.

図 4.12 は,入射光,反射光,屈折光の電場ベクトル $\boldsymbol{E}$ および磁場ベクトル $\boldsymbol{B}$ の様子を示したものである.ここでは,p 偏光および s 偏光それぞれの入射光,反射光,屈折光の各電場振幅を E_{ip}, E_{rp}, E_{tp} および E_{is}, E_{rs}, E_{ts},各磁場振幅を B_{ip}, B_{rp}, B_{tp} および B_{is}, B_{rs}, B_{ts} と表すことにする.図中,(a) の

磁場 B と (b) の電場 E は，紙面奥から手前に向かっている．図 4.12 から，電場の水平成分と磁場の水平成分について境界条件の式を立てる．すなわち，p 偏光，s 偏光，それぞれに対して，媒質 1 の電場水平成分の和と媒質 2 の電場水平成分の和が等しいこと，媒質 1 の磁場水平成分の和と媒質 2 の磁場水平成分の和が等しいことから，電場と磁場に関する境界条件は次の 4 式にまとめられる．

p 偏光 $\begin{cases} 電場 E_p の水平成分： & E_{ip}\cos\theta_i - E_{rp}\cos\theta_r = E_{tp}\cos\theta_t \\ 磁場 B_p の水平成分： & B_{ip} + B_{rp} = B_{tp} \end{cases}$

s 偏光 $\begin{cases} 電場 E_s の水平成分： & E_{is} + E_{rs} = E_{ts} \\ 磁場 B_s の水平成分： & -B_{is}\cos\theta_i + B_{rs}\cos\theta_r = -B_{ts}\cos\theta_t \end{cases}$

これらの境界条件から，反射振幅強度，透過振幅強度を表す次式が得られる (付録 A.3.2 参照)．

$$r_p \equiv \frac{E_{rp}}{E_{ip}} = \frac{n_t\cos\theta_i - n_i\cos\theta_t}{n_i\cos\theta_t + n_t\cos\theta_i} \tag{4.4}$$

$$t_p \equiv \frac{E_{tp}}{E_{ip}} = \frac{2n_i\cos\theta_i}{n_i\cos\theta_t + n_t\cos\theta_i} \tag{4.5}$$

$$r_s \equiv \frac{E_{rp}}{E_{ip}} = \frac{n_i\cos\theta_i - n_t\cos\theta_t}{n_i\cos\theta_i + n_t\cos\theta_t} \tag{4.6}$$

$$t_s \equiv \frac{E_{ts}}{E_{is}} = \frac{2n_i\cos\theta_i}{n_i\cos\theta_i + n_t\cos\theta_t} \tag{4.7}$$

ここで，r_p は，入射 p 偏光の電場振幅 E_{ip} に対する反射光の電場振幅 E_{rp} の比であり，p 偏光の振幅反射係数 (amplitude reflection coefficient) と呼ばれる．同様に，t_p を p 偏光の振幅透過係数 (amplitude transmission coefficient)，r_s を s 偏光の振幅反射係数，t_s を s 偏光の振幅透過係数と呼ぶ．(4.4) 式～(4.7) 式は，フランスの物理学者フレネル (A.J. Fresnel) の名から，フレネルの式 (Fresnel equation)，またはフレネル係数 (Fresnel coefficient) と呼ばれる．

フレネルの式は，屈折率 n を複素屈折率 N で置き換えても，そのまま成り立つ．

a. 空気/ガラス界面 ($n_i < n_t$) の反射

空気/ガラス界面の反射を例に，入射角 θ_i に依存した各振幅係数の形状を調べてみよう．図 4.13 は，横軸を入射角 θ_i にとり，フレネルの式の各振幅強度をプ

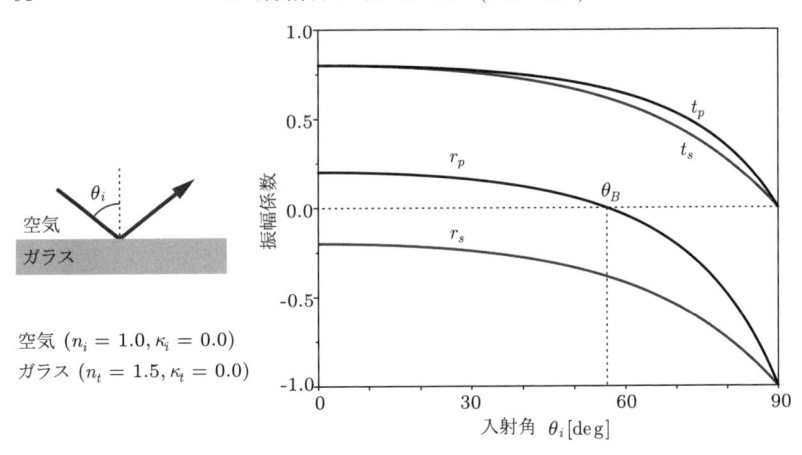

図 4.13 空気/ガラス界面における振幅係数の入射角依存性

ロットしたものである．ここでは，空気の屈折率を $n_{\text{air}} = 1.0, \kappa_{\text{air}} = 0.0$，ガラスの屈折率を $n_{\text{glass}} = 1.5, \kappa_{\text{glass}} = 0.0$ として，フレネルの式 (4.4) 式～(4.7) 式を使って値を求めている．

図 4.13 が示すように，振幅透過係数 t_p, t_s は，入射角 $\theta_i = 0°$ でともに 0.8 の値をもち，θ_i の増加に伴って緩やかに値が減少して $\theta_i = 90°$ で 0 になる．t_p, t_s は，すべての θ_i 領域で正の値をもつ．

一方，振幅反射係数 r_s は，$\theta_i = 0°$ の値 -0.2 から単調に減少して，$\theta_i = 90°$ で -1 になる．r_s は，すべての θ_i 領域で負の値をもつ．また，r_p の場合は，$\theta_i = 0°$ で正の値 0.2 をもち，単調に減少して図中の θ_B で 0 を通過して，$\theta_i = 90°$ で -1 になる．r_p は，低入射角では正の値，θ_B を境に高入射角では負の値をとる．r_p が 0 をよぎる入射角 θ_B をブリュスター角 (Brewster angle) と呼ぶ (4.2.3 項で後述する)．

図 4.13 に示した振幅係数の絶対値は，入射光と反射光 (透過光) の電場振幅比を表している．たとえば，振幅透過係数 t_p の場合の垂直入射では，透過光の振幅は 0.8 倍程度と比較的大きいが，入射角が 90° 近くになると振幅はほとんど 0 になる．つまり，ほとんど透過しなくなる．逆に，振幅透過係数 r_s の場合，垂直入射では透過光の振幅は 0.2 倍程度と比較的小さいが，入射角が 90° 近くになるとほとんどすべての光を反射することがわかる．

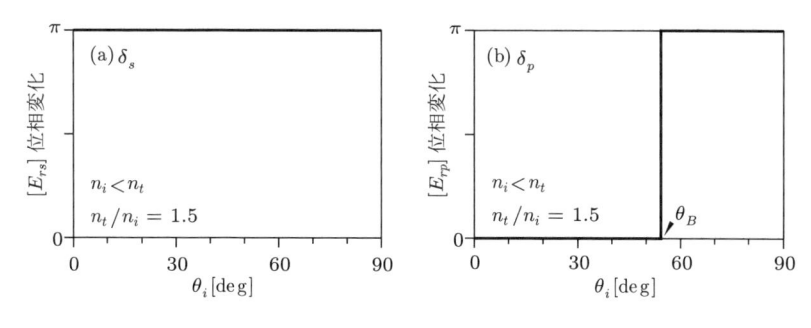

図 4.14 反射に伴う電場の位相変化 ($n_i < n_t$ の場合)

b. 反射に伴う電場の位相変化

図 4.13 に示した振幅係数の符号は,光が界面で反射される際の位相変化を示している.透明な物質 ($\kappa = 0$) では,常に,振幅係数の符号が正の場合には位相変化 δ は 0,振幅係数の符号が負の場合には π (180°) になる.図 4.14 は,図 4.13 の振幅反射係数に対応した位相変化を示したものである.振幅反射係数が常時負の値になる r_s では,反射に伴う位相変化 δ_s は常に π (180°) である.これは,s 偏光が固定端で反射することを意味している.一方,r_p の場合,θ_B の前後で符号が逆転しており,低入射角側では位相変化 $\delta_p = 0$,高入射角側では $\delta_p = \pi$ となる.振幅反射係数が 0 となる θ_B を境に,r_p の反射位相が 0 から π に飛ぶ.

図 4.13 で,本来,p 偏光と s 偏光の区別がないはずの $\theta_i = 0$ 付近で,符号が逆になっていることに注意する必要がある.入射角 $\theta_i < \theta_B$ の領域では,p 偏光も,s 偏光同様,固定端反射するので,反射による位相変化は π である.しかし,図 4.12 の座標定義[20)] では,$\theta_i = \theta_r = 0$ で E_{ip} と E_{rp} が逆向きになるため,座標定義上,p 偏光の振幅反射係数の符号が反転し,位相が π ずれて表示されることになる (図 4.14(b)).

ここでは,透明な物質 ($\kappa = 0$) の屈折率 n について説明したが,光吸収がある物質 ($\kappa \neq 0$) では,δ_p, δ_s が 0,π 以外の値をもち,入射角に依存した位相変化特性も複雑になる.

c. 反射率と透過率

円形の断面をもつ光ビームが媒質界面に入射するとき,入射角が大きいほど境界面上の照射スポットは楕円になり,その面積は入射ビームのものより大きくな

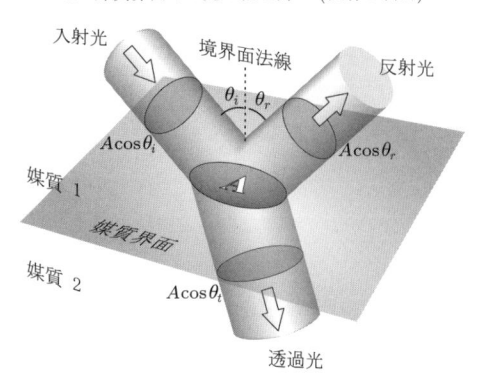

図4.15 ビーム断面積

る．媒質界面上の照射スポットの面積を A とすると，入射ビーム，反射ビーム，透過ビームの断面積はそれぞれ $A\cos\theta_i$, $A\cos\theta_r$, $A\cos\theta_t$ となる．したがって，入射パワー（入射ビーム中を単位時間に流れるエネルギー）は，$I_iA\cos\theta_i$ と表せる．これは媒質界面の領域 A を通過するエネルギーに他ならない．同様に反射ビームのパワーは $I_rA\cos\theta_r$，透過ビームのパワーは $I_tA\cos\theta_t$ である．

反射率 (reflectance) R は，入射パワーと反射パワーの比で定義される．

$$R \equiv \frac{I_r A\cos\theta_r}{I_i A\cos\theta_i} = \frac{I_r}{I_i} \tag{4.8}$$

同様に透過率 (transmittance) T は入射パワーと透過パワーの比と定義され，

$$T \equiv \frac{I_t A\cos\theta_t}{I_i A\cos\theta_i} = \frac{I_t \cos\theta_t}{I_i \cos\theta_i} \tag{4.9}$$

と与えられる．

ここで，ポインティングベクトル $\boldsymbol{S}$ に対して垂直な面を通過する単位面積あたりのパワーは $\boldsymbol{S} = c^2\varepsilon \boldsymbol{E}\times\boldsymbol{B}$ ((2.57)式) であり，同じ単位面積を通過するエネルギーの単位時間平均は，(2.62)式から，

$$I = \langle S\rangle_T = \frac{c\varepsilon}{2n}|E_0|^2 = \frac{v\varepsilon}{2}|E_0|^2 \tag{4.10}$$

で与えられるので，(4.8)式は，$(v_r\varepsilon_r|E_{0r}|^2/2)/(v_i\varepsilon_i|E_{0i}|^2/2)$ に等しい．入射ビームと反射ビームは，同じ媒質1内を進むので，$n_r = n_i$, $\varepsilon_r = \varepsilon_i$ であるから，p偏光およびs偏光の反射率 R_p, R_s は，

$$R_p = \frac{v_r \varepsilon_r |E_{0rp}|^2/2}{v_i \varepsilon_i |E_{0ip}|^2/2} = \left|\frac{E_{0rp}}{E_{0ip}}\right|^2 = |r_p|^2 \tag{4.11}$$

$$R_s = \frac{v_r \varepsilon_r |E_{0rs}|^2/2}{v_i \varepsilon_i |E_{0is}|^2/2} = \left|\frac{E_{0rs}}{E_{0is}}\right|^2 = |r_s|^2 \tag{4.12}$$

となる．同様に，$\mu_i = \mu_t = \mu_0$ を仮定し，$\mu_0 \varepsilon_t = 1/v_t^2$, $\mu_0 v_t \varepsilon_t = n_t/c$ の関係を使って (4.9) 式を書き直すと，

$$T_p = \frac{v_t \varepsilon_t |E_{0tp}|^2/2}{v_i \varepsilon_i |E_{0ip}|^2/2} = \frac{n_t \cos\theta_t}{n_i \cos\theta_i}\left|\frac{E_{0tp}}{E_{0ip}}\right|^2 = \left(\frac{n_t \cos\theta_t}{n_i \cos\theta_i}\right)|t_p|^2 \tag{4.13}$$

$$T_s = \frac{v_t \varepsilon_t |E_{0ts}|^2/2}{v_i \varepsilon_i |E_{0is}|^2/2} = \frac{n_t \cos\theta_t}{n_i \cos\theta_i}\left|\frac{E_{0ts}}{E_{0is}}\right|^2 = \left(\frac{n_t \cos\theta_t}{n_i \cos\theta_i}\right)|t_s|^2 \tag{4.14}$$

が得られる．透過率 T は，単純に $|t|^2$ とはならない．透過光のビーム断面積が入射ビームの断面積と異なるために断面積比を反映した余弦項が現れること，透過光が媒質 2 を n_t で決まる速度 v_t で通過するために屈折率比 n_t/n_i が式中に入ってくることがその理由である．

吸収がない媒質 ($\kappa = 0$) の界面における反射，透過では，入射ビームのエネルギーは反射ビーム，透過ビームに分配され，そのエネルギーは保存される．つまり，面積 A に単位時間あたりの流れ込む全エネルギー $I_i A \cos\theta_i$ は，単位時間に A から流れ出すエネルギーに等しいことから，

$$I_i A \cos\theta_i = I_r A \cos\theta_r + I_t A \cos\theta_t \tag{4.15}$$

が成り立つ．これを，(4.8) 式〜(4.14) 式に習って書き直すと，

$$1 = \frac{I_r A \cos\theta_r}{I_i A \cos\theta_i} + \frac{I_t A \cos\theta_t}{I_i A \cos\theta_i} = \left|\frac{E_{0r}^2}{E_{0i}^2}\right|^2 + \left(\frac{n_t \cos\theta_t}{n_i \cos\theta_i}\right)\left|\frac{E_{0t}^2}{E_{0i}^2}\right|^2$$

$$= |r|^2 + \left(\frac{n_t \cos\theta_t}{n_i \cos\theta_i}\right)|t|^2 = R + T \tag{4.16}$$

が得られる．(4.16) 式は，p 偏光/s 偏光の成分に分けても成り立つので，$R_p + T_p = 1$, $R_s + T_s = 1$ である．一方，吸収がある媒質 ($\kappa > 0$) では，$R_p + T_p < 1$, $R_s + T_s < 1$ となる．

図 4.16 に，空気/ガラス界面における反射率の入射角依存性を示す．図は，

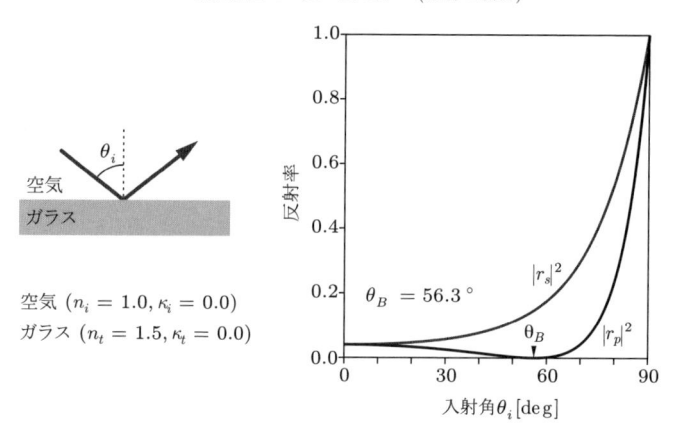

図 4.16 空気/ガラス界面における反射率の入射角依存性

ガラスの屈折率を $N_\mathrm{glass} = 1.5 - i0.0$ として描いてある．s 偏光の反射率 $|r_s|^2$ は，図 4.13 で示した振幅反射係数 r_s が同符号のまま単調減少することに対応して，単調に増加し，$\theta_i = 90°$ で反射率 1 になる．一方，p 偏光の反射率 $|r_p|^2$ は，振幅反射係数 r_p の符号が変わるブリュスター角 θ_B で一度 0 になり，その後増加して $\theta_i = 90°$ で反射率 1 になっている (ブリュスター角の物理的な意味については次項で触れる)．

入射角 $\theta_i = 0°$ の場合，p 偏光の振幅反射係数 (4.4) 式と s 偏光の振幅反射係数 (4.6) 式は同じになる．特に，空気 (真空)/媒質界面における 0° 入射の反射率計算は，物質の反射率を大雑把に比較するのに有効である．(4.4) 式に $\theta_i = 0°$ を代入して得られる次式

$$R = R_p = R_s = r_p r_p^* = \frac{(n-1)^2 + \kappa^2}{(n+1)^2 + \kappa^2} \qquad (4.17)$$

を用いて，媒質の屈折率 n と消衰係数 κ を代入すれば，その媒質の表面反射率を求めることができる．たとえば，図 4.16 の例では，$N_\mathrm{glass} = 1.5 - i0.0$ を (4.17) 式に代入すれば，垂直入射におけるガラスの反射率 4%を容易に求めることができる．

d. ガラス/空気界面 $(n_i > n_t)$ の反射

媒質 1 の屈折率が媒質 2 より高い場合 $(n_i > n_t)$ の反射の様子を見てみよう．ガラス中を進む光が，ガラス/空気界面と出会ったときに生じる反射がその例であり，内部反射 (internal reflection) とも呼ばれる．

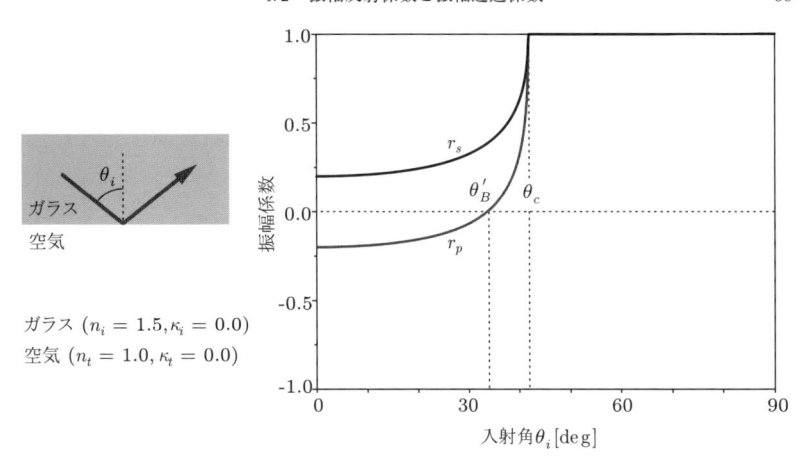

4.2 振幅反射係数と振幅透過係数

図 4.17 ガラス/空気界面における振幅係数の入射角依存性

図 4.17 は，ガラス ($N_{\text{glass}} = 1.5 - i0.0$)/空気 ($N_{\text{air}} = 1.0 - i0.0$) における振幅反射係数を，(4.4) 式と (4.6) 式から計算した結果である．図 4.13 に示した $n_i < n_t$ の場合とは，r_p, r_s ともに符号が逆になっている．すなわち，高屈折率媒質/低屈折率媒質界面での反射では，低屈折率媒質/高屈折率媒質界面の場合とは逆に，自由端反射をすることを意味している．r_s は，$\theta_i = 0°$ の値 0.2 から単調に増加して，やがて 1 になる．この振幅反射係数が 1 に達する入射角を臨界角 (critical angle) θ_c と呼ぶ．臨界角は $\theta_t = \pi/2$ となる入射角で，臨界角以上の入射角では振幅反射係数が 1 になる．つまり，すべての入射光が反射する．これは，全反射 (total reflection) と呼ばれる現象である (全反射の詳細は 4.3 節参照)．一方，r_p の場合，$\theta_i = 0°$ での値 -0.2 から単調に増加して，ブリュスター角 θ'_B で 0 を過ぎた後，臨界角 θ_c で 1 に達する．臨界角以上では，r_s 同様，全反射する．

ガラス/空気界面における反射率の入射角依存性を図 4.18 に示す．図のガラス/空気界面の場合，$\theta'_B \approx 33.7°, \theta_c \approx 41.8°$ である (計算法は後述)．図のような底角が 45° の直角プリズムに，斜面法線方向から光を入射すると，底面には 45° で入射されるので，入射光は底面で全反射する．このようなプリズムを全反射プリズムと呼び，光学実験におけるレーザー光の折り曲げなどに多用される．

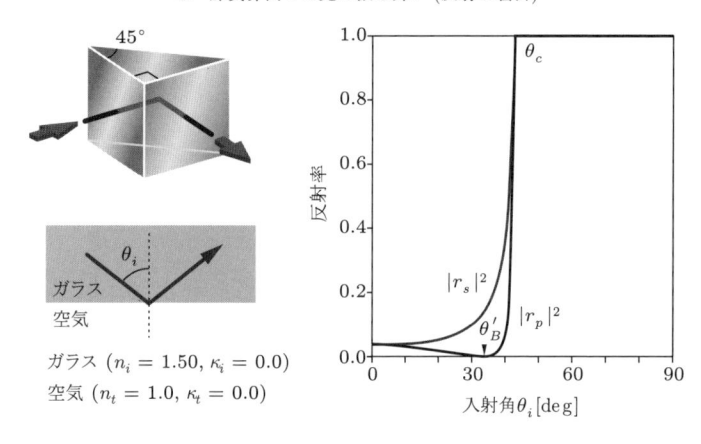

図 4.18 ガラス/空気界面における全反射

4.2.3 ブリュスター角

透明な媒質 ($\kappa = 0$) 同士の界面反射では，振幅反射係数 r_p がブリュスター角 θ_B で0になり，その前後で r_p の符号が反転する．この現象は，媒質界面近傍の電気双極子放射により説明することができる．

図 4.19 は，(a) ブリュスター角より低入射角の場合，(b) ブリュスター角で入射した場合，(c) ブリュスター角より高入射角の場合における電気双極子放射の様子と反射光の電場状態を示している．まず，図 4.19(a) から見ていこう．$\theta_i < \theta_B$ で入射された p 偏光は，媒質2に電気双極子を作り出し，その散乱2次波の干渉の結果，θ_t の方向に進む透過光が形成される．このとき媒質2に生成される電気双極子は透過光と直交する方向に振動する．電気双極子放射のうち媒質1側に散乱された成分が $\theta_i = \theta_r$ 方向で強め合うことによって，反射光が形成される．反射光の進行方向が電気双極子の振動方向 (図中の点線) よりも上方に位置していることから，反射光に寄与している2次光は電気双極子の後方から散乱された成分であることがわかる．つまり，反射光の位相は，透過光とは逆位相になる．$\theta_i = \theta_B$ となる図 4.19(b) の場合，反射光の進行方向が電気双極子の振動方向と一致する．電気双極子の振動方向には，光が放射されないため，p 偏光の反射光は消失する．これが，図 4.13 で $r_p = 0$ となる理由である．一方，$\theta_i > \theta_B$ で入射された場合 (図 4.19(c))，反射光の進行方向は電気双極子の振動方向よりも下方に位置するので，電気双極子の前方から散乱され

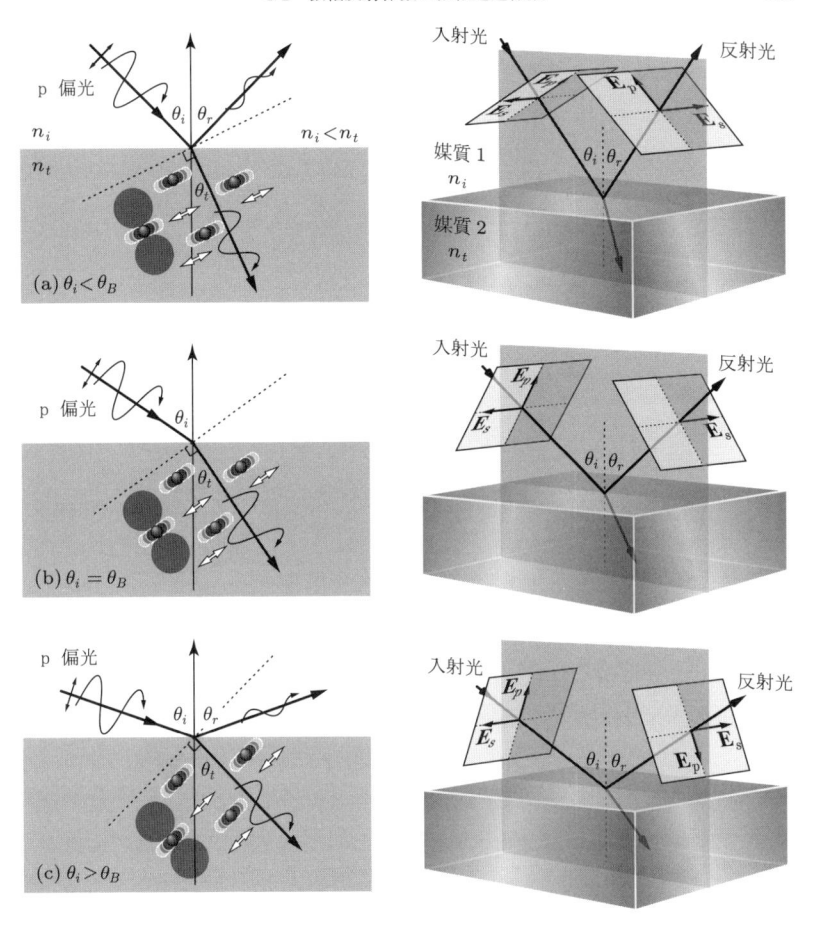

図 4.19 電気双極子放射とブリュスター角

た成分の寄与によって反射光が形成される．つまり，このときの反射光は透過光と同位相になる．ブリュスター角の前後で r_p の符号が変わるのは，こうした理由による．

媒質の屈折率がわかっていれば，その媒質のブリュスター角を求めることは，容易である．ブリュスター角で入射した場合 ($\theta_i = \theta_B$)，図 4.20 のように，反射光の進行方向が電気双極子の振動方向と一致することから，$\theta_B + \theta_t = \pi/2$ となる．これをスネルの法則 (4.2) 式に代入すると次式が得られる．

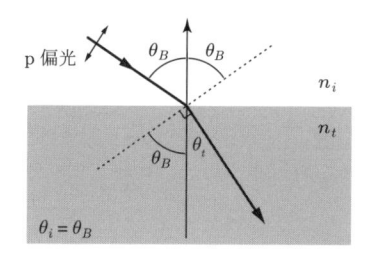

図 4.20 ブリュスター角の算出

(a) (b)

図 4.21 偏光フィルターの方位による画像の違い (口絵 5 参照)

$$n_i \sin\theta_B = n_t \sin\left(\frac{\pi}{2} - \theta_B\right) = n_t \cos\theta_B$$

$$\therefore \tan\theta_B = \frac{n_t}{n_i} \qquad : \text{ブリュスターの法則} \tag{4.18}$$

この式は，スコットランドの科学者ブリュスター (D. Brewster) の名にちなんで，ブリュスターの法則 (Brewster's law) と呼ばれる．たとえば，図 4.13 に示した空気/ガラス界面の場合のブリュスター角を求めると，$\theta_B = \tan^{-1}(1.5/1.0) \sim 56.3°$ である．また，低屈折率媒質から高屈折率媒質に入射される場合のブリュスター角 θ_B(図 4.13) と高屈折率媒質から低屈折率媒質に入射される場合のブリュスター角 θ_B'(図 4.17) の和は，$90°$ になる (付録 A.3.3 参照).

身近にガラスのブリュスター角を実感できるのは，偏光フィルターを用いた写真撮影であろう (図 4.21)．ブリュスター角程度 (約 $56°$) の入射角でガラスに

風景が映るようにカメラをセットして，偏光フィルターの方位を変えていくと，図 4.21 のような写真を撮影することができる．偏光フィルターの透過軸をビルの窓ガラス反射における p 偏光に合わせたときには，p 偏光は窓ガラス面で消失し，s 偏光は偏光フィルターに対して直交ニコルとなるため，ガラスの表面反射をほぼ完全に消すことができる (図 4.21(a))．一方，偏光フィルターの透過軸を s 偏光に合わせたときには，s 偏光の反射成分がガラスに映る風景となって撮影される (図 4.21(b))．車の運転で使用される偏光サングラスは，この応用例であり，対向車のフロントガラスなどで反射する太陽光を軽減する働きをする．

4.3 全 反 射

ガラス/空気界面のような高屈折率媒質/低屈折率媒質界面での反射では，臨界角 θ_c 以上の入射角で全反射する．ここでは，全反射現象について考察していくことにしよう．

4.3.1 全反射とエバネッセント波の発生

ガラス/空気界面を例に，内部反射の様子を入射角ごとに描いたのが，図 4.22 である．入射側の媒質をガラス ($n_i = 1.5$, $\kappa_i = 0.0$)，透過側の媒質を空気 ($n_t = 1.0$, $\kappa_t = 0.0$) として，3 つの入射角に対する透過波面が描かれている．図を見やすくするために，反射波は省略してある．

入射角 $\theta_i = 30°$ の場合の図 4.22(a) から見ていこう．速度 v_i でガラス中を伝搬してきた光が 1 波長分の距離 $\overline{CB} = v_i t$ を進む間に，点 A で散乱された光は空気中を距離 $\overline{AE} = v_t t > v_i t$ だけ進む．線分 $\overline{BE}$ は，界面近傍の電気双極子放射の合成として形成される空気中の透過波面である．スネルの法則から計算される屈折角は $\theta_t = 48.6°$ であり，透過波面 $\overline{BE}$ は界面に対して起きあがるように折れ曲がる．入射角が $\theta_i = 35°$ に増すと，屈折角は $\theta_t = 59.4°$ に増加し，透過波面の折れ曲がりがさらに大きくなる (図 4.22(b))．入射角が臨界角に等しい $\theta_i = \theta_c \approx 41.8°$ では，屈折角は $\theta_t = 90°$ に達する．このとき，空気中を伝搬する透過光は消失し，界面に沿って $\theta_t = 90°$ 方向に進行する波動となる (図 4.22(c))．この波を，エバネッセント波 (evanescent wave)，あるいは，表

(a) $\theta_i = 30°$, $\theta_t = 48.6°$　(b) $\theta_i = 35°$, $\theta_t = 59.4°$　(c) $\theta_i = \theta_c \approx 41.8°$, $\theta_t = 90°$

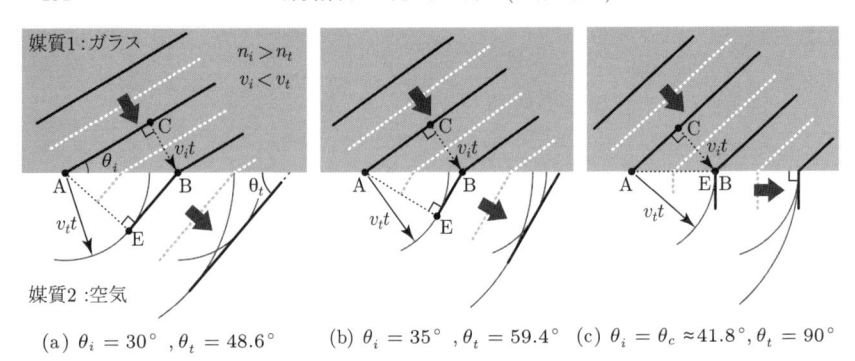

図 **4.22**　入射角と透過波面の関係

面波 (surface wave) と呼ぶ ("evanescent" は,「消えていく」「束の間の」「はかない」といった意味をもつ). 全反射では, 入射光のエネルギーは媒質界面ですべて反射されるが, その過程として, わずかに媒質 2 に浸み出し, 界面に沿って進行するエバネッセント波を形成する.

臨界角 θ_c は, スネルの法則 (4.2) 式に, $\theta_t = 90°$ を代入することで求めることができる.

$$n_i \sin \theta_c = n_t \sin 90° \;\Rightarrow\; \theta_c = \sin^{-1}\left(\frac{n_t}{n_i}\right) \tag{4.19}$$

ただし, $n_i > n_t$ である. ガラス/空気界面の例では, $n_i = 1.5, n_t = 1.0$ から $\theta_c \approx 41.8°$ と求まる.

4.3.2　エバネッセント波

エバネッセント波の性質について, 少し詳しく見ていくことにしよう.

図 4.23 に媒質界面で発生するエバネッセント波の様子を示す[21]. 媒質 1 の屈折率を n_i, 媒質 2 の屈折率を $n_t (n_t < n_i)$ とすると, 臨界角以上の入射角では, 界面に沿って x 軸方向に進行するエバネッセント波が発生する.

a. エバネッセント波の波動関数

入射角が臨界角を超えた場合 ($\theta_c < \theta_i < 90°$), スネルの法則を満足する実数の屈折角 θ_t は存在しない. しかし, 数学的には虚数を使って,

$$\cos \theta_t = \pm i \sqrt{\frac{n_i^2 \sin^2 \theta_i}{n_t^2} - 1} = \pm i \sqrt{\frac{\sin^2 \theta_i}{n^2} - 1} \tag{4.20}$$

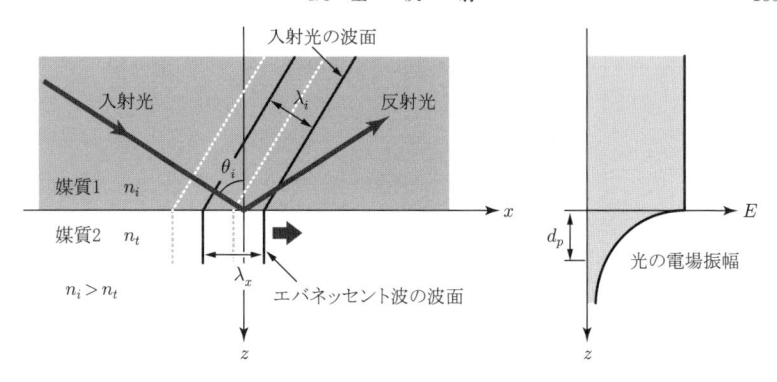

図 4.23 全反射界面におけるエバネッセント波の発生

と表すことができる．ただし，ここでは相対屈折率 $n \equiv n_t/n_i$ と置くことにする．また，全反射における透過電場ベクトルの大きさは，

$$E(x,z) = E_{0t} \exp\left[i\left\{\omega t - (k_x x + k_z z)\right\}\right]$$
$$= E_{0t} \exp\left[i\left\{\omega t - k_t(x\sin\theta_t + z\cos\theta_t)\right\}\right] \quad (4.21)$$

と表せるので，$\sin\theta_t$ の項をスネルの法則 $(\sin\theta_i = n\sin\theta_t)$ で書き換え，$\cos\theta_t$ の項に (4.20) 式を代入すると次式が得られる．

$$E(x,z) = E_{0t} \exp\left(i\omega t - ik_t x \frac{\sin\theta_i}{n} \mp k_t z \sqrt{\frac{\sin^2\theta_i}{n^2} - 1}\right)$$
$$= E_{0t} \exp\left(\mp k_t z \sqrt{\frac{\sin^2\theta_i}{n^2} - 1}\right) \exp\left[i\left(\omega t - k_t x \frac{\sin\theta_i}{n}\right)\right] \quad (4.22)$$

(4.22) 式の $\mp k_t z$ を含む指数項は，z の増加に伴い振幅 E_{0t} が減衰または増幅することを表している．$k_t z$ の符号が "$+$" の場合，$z \to \infty$ で E が発散してしまうため，不合理な "$+$" を破棄し，物理的に意味のある "$-$" を採用する．2つ目の指数項は，媒質界面に沿って x 軸正方向に伝搬する波動を複素指数関数表示したものである．

x 軸方向に進行するエバネッセント波の波長 λ_x は，(4.22) 式から，

$$k_x = k_t \frac{\sin\theta_i}{n} \Rightarrow \frac{2\pi}{\lambda_x} = \frac{2\pi}{\lambda_t}\frac{\sin\theta_i}{n} \Rightarrow \lambda_x = \frac{n\lambda_t}{\sin\theta_i} = \frac{\lambda_i}{\sin\theta_i} \quad (4.23)$$

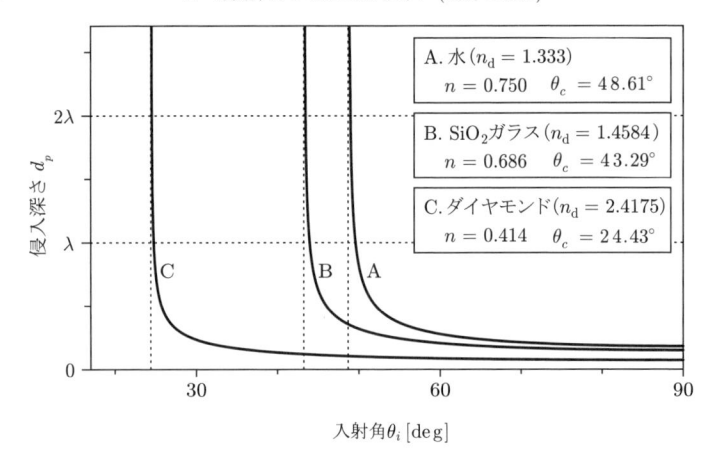

A. 水 ($n_d = 1.333$)
  $n = 0.750$　$\theta_c = 48.61°$
B. SiO$_2$ガラス ($n_d = 1.4584$)
  $n = 0.686$　$\theta_c = 43.29°$
C. ダイヤモンド ($n_d = 2.4175$)
  $n = 0.414$　$\theta_c = 24.43°$

図 4.24 エバネッセント波の侵入深さ

と求まる．また，エバネッセント光の z 軸方向の侵入深さ d_p は，電場振幅が $1/e$ になる条件から，次式のように表せる．

$$d_p = \frac{\lambda_t}{2\pi}\left(\frac{\sin^2\theta_i}{n^2} - 1\right)^{-1/2} \tag{4.24}$$

エバネッセント光の侵入深さは，入射角 θ_i や相対屈折率 n の値に依存して変化する．たとえば，(4.24) 式に，水/空気界面，SiO$_2$ ガラス/空気界面，ダイヤモンド/空気界面，それぞれの相対屈折率 n を代入してプロットすると，図 4.24 に示す d_p の入射角依存カーブが得られる．ダイヤモンドは，屈折率が高く臨界角が小さい．有名なブリリアントカットは，58 面体のカットが全反射条件を満たすように設計されているために，美しく輝いて見える (口絵 6 参照)．

b. グース・ヘンシェンシフト

光は，媒質界面において，侵入深さ d_p 程度媒質 2 に浸み出してから反射すると考えることができる．そのため，入射ビームと反射ビームは，若干ではあるが x 軸正方向にずれが生じることになる．この様子を描いたのが，図 4.25 である．この境界面における入射ビームと反射ビームのずれは，グース・ヘンシェンシフト (Goos–Hänchen shift) と呼ばれている．

c. エバネッセント波の振幅反射係数

エバネッセント波の振幅反射係数を求めよう．フレネルの式 (4.4) 式，(4.6) 式をスネルの法則 ($n_i \sin\theta_i = n_t \sin\theta_t$) を用いて書き換えた次式を使う (付録

4.3 全反射

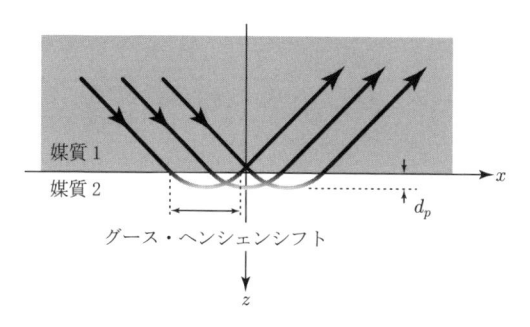

図4.25 グース・ヘンシェンシフト

A.3.2 参照).

$$r_p = \frac{\tan(\theta_i - \theta_t)}{\tan(\theta_i + \theta_t)}, \quad r_s = -\frac{\sin(\theta_i - \theta_t)}{\sin(\theta_i + \theta_t)} \qquad (4.25)$$

(4.25) 式に,全反射における屈折角を表す (4.20) 式を代入する.その際,(4.22) 式で説明した理由から,不合理が生じる "−" を破棄し,"+" を採用する.エバネッセント波の振幅反射係数は,

$$r_p = \frac{n^2 \cos\theta_i - i\sqrt{\sin^2\theta_i - n^2}}{n^2 \cos\theta_i + i\sqrt{\sin^2\theta_i - n^2}} \qquad (4.26)$$

$$r_s = \frac{\cos\theta_i - i\sqrt{\sin^2\theta_i - n^2}}{\cos\theta_i + i\sqrt{\sin^2\theta_i - n^2}} \qquad (4.27)$$

と書くことができる.(4.26) 式,(4.27) 式は複素数なので,指数関数 $r_p \equiv |r_p|\exp(i\delta_p)$, $r_s \equiv |r_s|\exp(i\delta_s)$ と表すことにしよう.全反射では,振幅反射係数の絶対値は p 偏光,s 偏光ともに 1 になり,反射に伴って,p 成分は δ_p, s 成分は δ_s だけ入射光から位相が変化する.

$$|r_p| = 1, \quad \tan\frac{\delta_p}{2} = \frac{\sqrt{\sin^2\theta_i - n^2}}{n^2 \cos\theta_i} \qquad (4.28)$$

$$|r_s| = 1, \quad \tan\frac{\delta_s}{2} = \frac{\sqrt{\sin^2\theta_i - n^2}}{\cos\theta_i} \qquad (4.29)$$

ここで,p 偏光と s 偏光の位相差を $\Delta \equiv \delta_p - \delta_s$ と定義すると,位相差 Δ は (4.28) 式,(4.29) 式から,求めることができる.

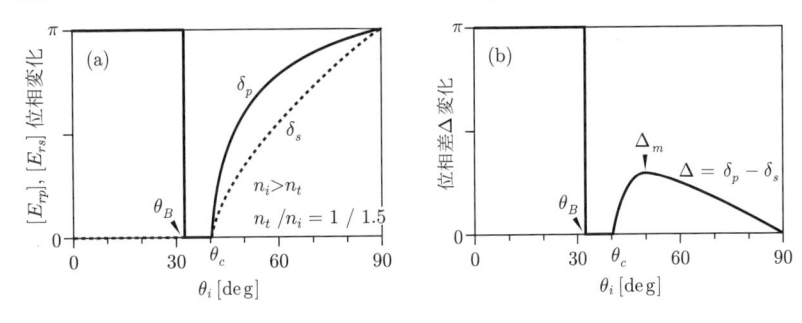

図 4.26 反射に伴う電場の位相変化 ($n_i > n_t$ の場合)

$$\tan\frac{\Delta}{2} = \frac{\cos\theta_i\sqrt{\sin^2\theta_i - n^2}}{\sin^2\theta_i} \tag{4.30}$$

ガラス/空気界面 ($n_i > n_t$) の場合を例に，反射に伴う電場の位相変化をまとめたのが，図 4.26 である．まず，臨界角より低い入射角領域を見ていこう．図 4.26(a) と図 4.14 との比較から明らかなように，$n_i > n_t$ の場合の反射位相は，$n_i < n_t$ の場合の反射位相と比べて，p 偏光，s 偏光ともに π ずれている．この位相の反転は，低屈折率媒質/高屈折率媒質界面での反射が固定端反射であるのに対して，高屈折率媒質/低屈折率媒質界面での反射が自由端反射であることに起因する．臨界角以上の入射角領域では，δ_p, δ_s ともに $\theta_i = \theta_c$ で 0，入射角の増加に伴い位相変化量が次第に増加し，$\theta_i = 90°$ で π に達する．そのときの位相差 Δ の変化は，$\theta_i = \theta_c$ および $\theta_i = 90°$ で $\tan(\Delta/2) = 0$ となり，微係数 $d(\tan(\Delta/2))/d\theta_i$ が 0 となる条件から，$\sin^2\theta_i = 2n^2/(1+n^2)$ のときに極大値 $\tan(\Delta_m/2) = (1-n^2)/2n$ をとる (図 4.26(b))．

d. フレネルロム

全反射するときの位相差を利用して遅相子を作ることができる．その代表例が，フレネルロム (Frenel rhomb) である．フレネルロムは，光学ガラス製の菱形プリズムで，プリズム内面で 2 回全反射させることによって，π/2 の位相差を生じさせる働きをする．図 4.27(a) は，光学ガラス BK7($n_d = 1.517$) を例に，位相差 Δ の入射角特性をプロットしたものである (n_d はナトリウム D 線：$\lambda = 589.3\,\text{nm}$ における屈折率)．BK7 の場合，入射角 55.23° における全反射の位相差が π/4(45°) になる．図 4.27(c) のように，45° 方位の直線偏光を入射すると，円偏光が出射される．フレネルロム 2 つを V 字につなげて，位相差 π

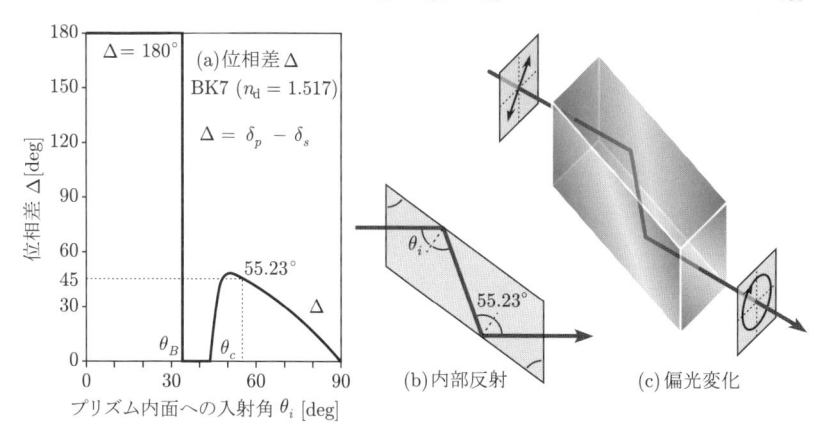

図 4.27 フレネルロム

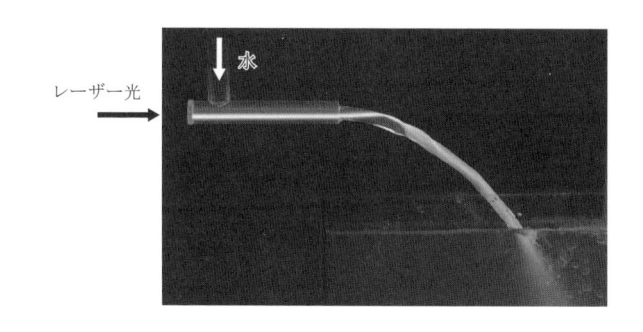

図 4.28 水中を進むレーザー光 (口絵 7 参照)
東京工業大学石川謙准教授に実験のご協力をいただいた.

の遅相子としても利用される.

4.3.3 全反射現象あれこれ
a. 水中を進むレーザー光

光ファイバーを伝送路として一般個人宅に直接引き込む FTTH(fiber to the home) によって,高速な光ネットワークを手軽に利用できるようになった.光ネットワークで使用される光ファイバーでは,全反射現象を利用して長距離光伝送を実現している.

ここでは,水の流れを使って光ファイバーの光伝送を再現した実験画像をお見せしよう.水を吐出するための透明なノズルを,水の流れが弧を描いて水槽

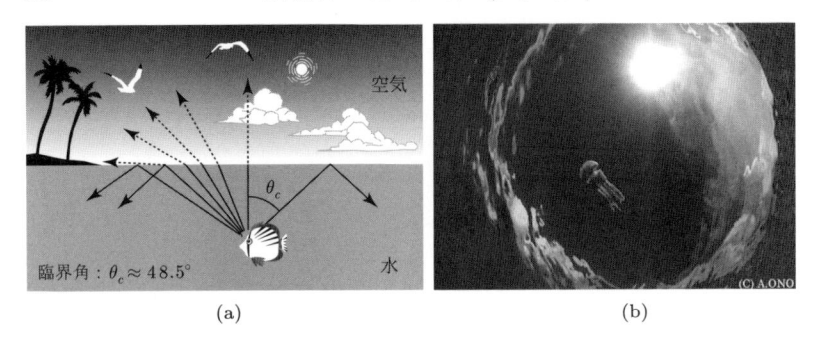

図 4.29 魚が見る天空

写真 (b) は,「ダイブサービス小野にぃにぃ」小野篤司氏のご厚意による. 写真中央に漂っているのはタコクラゲ (口絵 8 参照).

に落ちるようにセットして, 石油用電動ポンプで水を循環させた. ノズルの左側から, レーザー光 (アルゴンイオンレーザー, $\lambda = 514.5\,\mathrm{nm}$) を, 吐出位置に合わせて照射した. レーザー光は, 水 ($n_\mathrm{water} \approx 1.335$)/空気 ($n_\mathrm{air} = 1.0$) 界面で全反射を起こして, 水の流れに閉じ込められたまま進み, 水槽の中に入ってから広がっていることがわかる.

実際の光ファイバーでは, 高屈折率の中心部 (コア) を屈折率の低いクラッドが取り巻く構造をしており, 光はコア/クラッド界面で全反射しながら光ファイバーの中を進んでいく.

b. 魚の見る天空

水中にいる魚にとって, 地上の世界はどのように見えているのだろうか? 水面 (水/空気界面) で起こる屈折/反射の様子を考えてみよう[22]. 図 4.29(a) は, 海水面で発生する全反射の概要を示したものである. 水/空気界面の臨界角は, $\theta_c = \sin^{-1}(n_\mathrm{air}/n_\mathrm{water}) \approx 48.5°$ である. そのため, 水上の全風景は, 臨界角より内側の円に詰め込まれることになる. また, その円の外側の領域 (臨界角以上の入射角領域) では, 水面で全反射を起こすために海底が写り込む. つまり, 魚は, 図 4.29(b) の写真のような風景を見ていることになる. 全方位にわたる水上の風景が臨界角より内側の円に詰め込まれるため, 円形の窓を通して見る水上の風景は, まさに, 魚眼レンズを通して見た映像になる.

Chapter 5

干　渉

　水面の油膜やシャボン玉に見られる鮮やかな虹色が，膜の干渉により作り出されることは，よく知られている．干渉は，2つ以上の光波が空間のある領域で重ね合わされたときに現れる光学現象である．干渉や回折は，光の波動的性質を反映した光学現象であり，波動の重ね合わせの原理という共通の概念基盤で議論することができる．本章では，ヤングの実験，マイケルソン干渉，ファブリ・ペロー干渉など，代表的なタイプの干渉現象が，どのような波動の重ね合わせで成り立っているかを見ていくことにしよう．

5.1　強め合う干渉，弱め合う干渉

　空間を伝搬する光波は重ね合わせの原理に従う (2.3.1項参照)．すなわち，2つ以上の光波が空間のある点で重なることにより生じる電場強度 E は，個々の成分波のベクトル和に等しい．ここでいう成分波のベクトル和とは，各成分波強度の単純な和ではなく，成分波の位相を考慮した波動の加算である．このような成分波の加算では，波動の強め合い/弱め合いが起こるため，合成波は空間的（または時間的）に強度分布をもつことになる．この現象を干渉 (interferance) と呼ぶ．また，干渉により生じた縞状の明暗分布を干渉縞 (interferance fringe) という．

5.1.1　等しい周波数をもつ波の重ね合わせ

　多くの場合，光をベクトルとして取り扱わなくとも干渉を記述できることから，当面，スカラー関数の波動を例にして，干渉の性質を調べていくことにする．最初に，同じ方向に進む周波数が等しい波動の重ね合わせについて考察し

ていこう.

　成分波を表す調和波 $E_j = E_{0j} \cos(\omega t - kx + \delta_j)$ の位相の空間部分を, $\alpha_j = -kx + \delta_j$ とおいた波動 $E_j = E_{0j} \cos(\omega t + \alpha_j)$ を複素表現すると,

$$E_j = E_{0j} \exp\left[i(\omega t + \alpha_j)\right] \tag{5.1}$$

と書くことができる. (5.1) 式で, 波動として物理的な意味をもつのは実部だけである. 調和波の重ね合わせを扱うとき, (5.1) 式のように複素数で波動を表現すると数学的に便利であり, 対応する位相子の加算によって, 波動の合成を視覚的に理解することができる (2.3 節参照).

　さて, x 軸正方向に進む同じ周波数の N 個の成分波 $E_1, \cdots, E_N$ が重ね合わされた場合の合成波は, 次式で与えられる.

$$E = \sum_{j=1}^{N} E_{0j} \exp\left[i(\omega t + \alpha_j)\right] = \left[\sum_{j=1}^{N} E_{0j} \exp\left(i\alpha_j\right)\right] \exp\left(i\omega t\right)$$
$$= E_0 \exp\left(i\alpha\right) \exp\left(i\omega t\right) \tag{5.2}$$

ここで, $E_0 \exp(i\alpha)$ は合成波の複素振幅 (complex amplitude) と呼ばれ, 成分波の複素振幅を単に足し合わせたものに等しい. また, 合成波の強度は,

$$E_0{}^2 = \left[E_0 \exp\left(i\alpha\right)\right]\left[E_0 \exp\left(i\alpha\right)\right]^* \tag{5.3}$$

から求めることができる. * は複素共役を表す.

　ここで, $N = 2$ の場合, つまり, 2 つの成分波によって合成波が生成される場合について計算してみよう. 2 つの成分波 $E_1 = E_{01} \exp(i\alpha_1)$, $E_2 = E_{02} \exp(i\alpha_2)$ を合成した場合, 合成波の強度 $E_0{}^2$ は,

$$E_0{}^2 = \left[E_{01} \exp\left(i\alpha_1\right) + E_{02} \exp\left(i\alpha_2\right)\right]\left[E_{01} \exp\left(i\alpha_1\right) + E_{02} \exp\left(i\alpha_2\right)\right]^*$$
$$= E_{01}{}^2 + E_{02}{}^2 + E_{01} E_{02} \left[\exp\left\{i(\alpha_1 - \alpha_2)\right\} + \exp\left\{-i(\alpha_1 - \alpha_2)\right\}\right]$$
$$= E_{01}{}^2 + E_{02}{}^2 + 2 E_{01} E_{02} \cos(\alpha_1 - \alpha_2) \tag{5.4}$$

となり, 成分波の強度の単純な和 $E_{01}{}^2 + E_{02}{}^2$ にはならない. (5.4) 式の第 3 項目 $2E_{01}E_{02}\cos(\alpha_1 - \alpha_2)$ は, 干渉項 (interference term) と呼ばれ, 合成波の

5.1 強め合う干渉,弱め合う干渉

(a) $\delta = 0, \pm 2\pi, \cdots$
同位相
→ 強め合う干渉

(b) $\delta = \pm\pi, \pm 3\pi, \cdots$
逆位相
→ 弱め合う干渉

図 5.1 強め合う干渉と弱め合う干渉

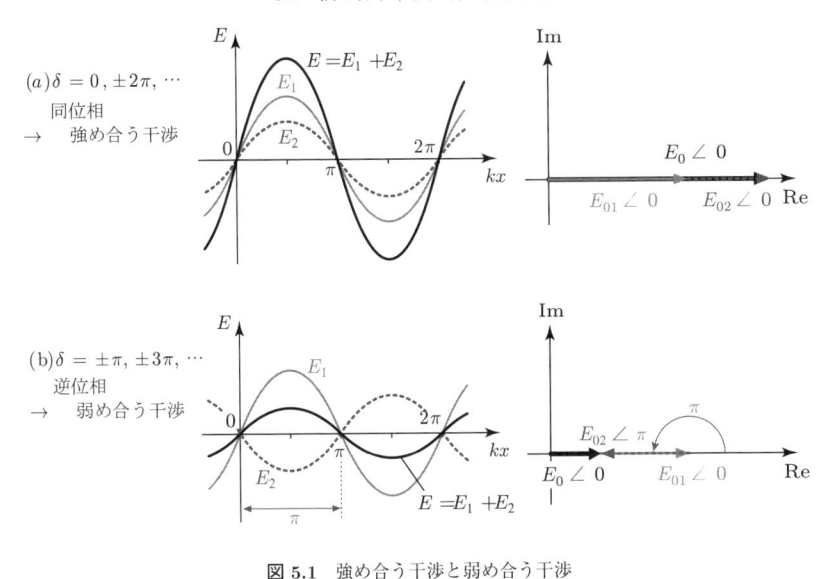

光強度は,干渉項に含まれる α_1 と α_2 の位相差によって変化する.この 2 つの成分波の位相差 $(\alpha_1 - \alpha_2)$ を,干渉項の位相 $\delta \equiv (\alpha_1 - \alpha_2)$ と定義すると,

$\delta = 0, \pm 2\pi, \pm 4\pi, \cdots$: 合成波の振幅は最大 (強め合う干渉)

$\delta = \pm\pi, \pm 3\pi, \pm 5\pi, \cdots$: 合成波の振幅は最小 (弱め合う干渉)

となることがわかる.すなわち,干渉項は,$\delta = 0, \pm 2\pi, \cdots$ のときに最大値 $+2E_{01}E_{02}$ をとり,$\delta = \pm\pi, \pm 3\pi, \cdots$ のときに最小値 $-2E_{01}E_{02}$ となる.

この様子を示したのが,図 5.1 である.図では,$E_{01} = 1.0$, $E_{02} = 0.6$ としている.$\delta = 0, \pm 2\pi, \cdots$ では,2 つの成分波は同位相となり,強め合う干渉になる (図 5.1(a)).一方,$\delta = \pm\pi, \pm 3\pi, \cdots$ における 2 つの成分波は逆位相の弱め合う干渉となり,互いに打ち消し合う (図 5.1(b)).

干渉する成分波が等しい振幅をもつ場合 ($E_{01} = E_{02}$),合成波の最大光強度は $E_0{}^2 = 4E_{01}{}^2$,最小光強度は $E_0{}^2 = 0$ となり,強め合う干渉と弱め合う干渉の明暗の差が最も大きく,干渉縞のコントラストが最も高くなる.

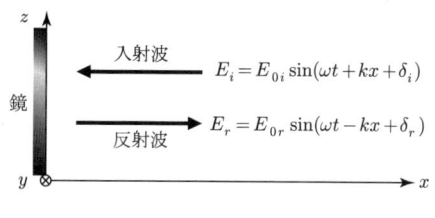

図 5.2 鏡面反射

5.1.2 定在波 (定常波)

次に，反対方向に伝搬する同じ周波数をもつ 2 つの波動の合成について調べてみよう．重ね合わせの原理から，波動関数 $\psi_1 = A_1 f(vt - x)$ と反対方向に進む $\psi_2 = A_2 g(vt + x)$ が微分波動方程式の独立の解であれば，当然，その線形結合，

$$\psi(x,t) = A_1 f(vt - x) + A_2 g(vt + x) \tag{5.5}$$

も微分波動方程式の解である．

a. 鏡の定在波

ここでは，反対方向に伝搬する角周波数の等しい 2 つの調和波の例として，鏡の反射を思い浮かべてみよう．左側に進む入射光 E_i と，鏡面反射後，右側に進む反射光 E_r を，

$$E_i = E_{0i} \sin(\omega t + kx + \delta_i) \tag{5.6}$$

$$E_r = E_{0r} \sin(\omega t - kx + \delta_r) \tag{5.7}$$

と表すことにする．ただし，$E_{0r}, E_{0i} > 0$ とし，E_i, E_r は z 軸方向にとる．鏡表面の法線方向から入射された E_i は鏡表面 ($x = 0$) で反射され，反射光 E_r は入射光 E_i と同じ光路を逆進する (図 5.2)．このとき，鏡の右側のすべての点で，左方向に進む E_i と右方向に進む E_r が同時に存在することになる．

鏡に用いられる金属は，(3.9) 式で示した電場遮蔽効果により，金属表面における電場の接線成分 (z 軸成分) は常にゼロである．すなわち，任意の時刻 t において，$E_{0i} \sin(\omega t + \delta_i) + E_{0r} \sin(\omega t + \delta_r) = 0$ となり，そのためには $E_{0r} = E_{0i}$，$\delta_r = \delta_i + \pi$ が成り立たなくてはならない．これは，入射光が鏡表面で固定端反射し，反射光の位相が π ずれることを意味している．また，入射光の初期位相を $\delta_i = 0$ としても観測開始時刻 $t = 0$ がずれるだけで一般性は失われないた

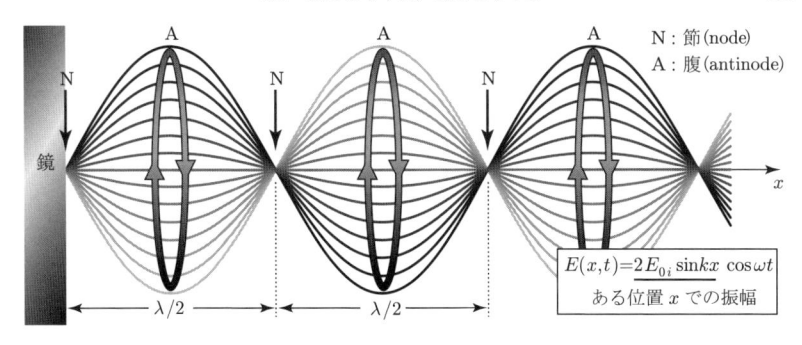

図 5.3 定在波

め，$\delta_i = 0, \delta_r = \delta_i + \pi = \pi$ とおいてよい．これらの条件から，鏡面反射における入射光と反射光の合成波形 E は，

$$E = E_i + E_r = E_{0i}[\sin(\omega t + kx) + \sin(\omega t - kx + \pi)]$$
$$= E_{0i}[\sin(\omega t + kx) - \sin(\omega t - kx)] \tag{5.8}$$

と表すことができる．三角関数の恒等式

$$\sin\alpha - \sin\beta = 2\sin\frac{1}{2}(\alpha - \beta)\cos\frac{1}{2}(\alpha + \beta)$$

を用いて変形すると，次式が得られる．

$$E_z(x,t) = 2E_{0i}\sin kx \cos\omega t \tag{5.9}$$

これは，振幅 $2E_{0i}\sin kx$ が位置 x によって $\pm 2E_{0i}$ の範囲で変化する空間を移動しない波であり，定在波 (standing wave) または定常波 (stationary wave) と呼ばれる．

図 5.3 は，鏡表面付近で定在波が振動する様子を示したものである．鏡表面からの距離が $\lambda/2$ の整数倍となる位置 ($x = 0, \lambda/2, \lambda, 3\lambda/2, \cdots$) では，定在波の振幅が常に 0 になる．この位置を節 (node) と呼ぶ．一方，位置 ($x = \lambda/4, 3\lambda/4, 5\lambda/4, \cdots$) では，振幅が最大値 $\pm 2E_{0i}$ をとる．この位置を腹 (antinode) と呼ぶ．

図 5.4 は，定在波の時間変化を，入射光 E_i と反射光 E_r が同位相となる時刻を $t = 0$ として，1/2 周期分プロットしたものである．図 5.4(h)～図 5.4(n) は，

116   5. 干　　渉

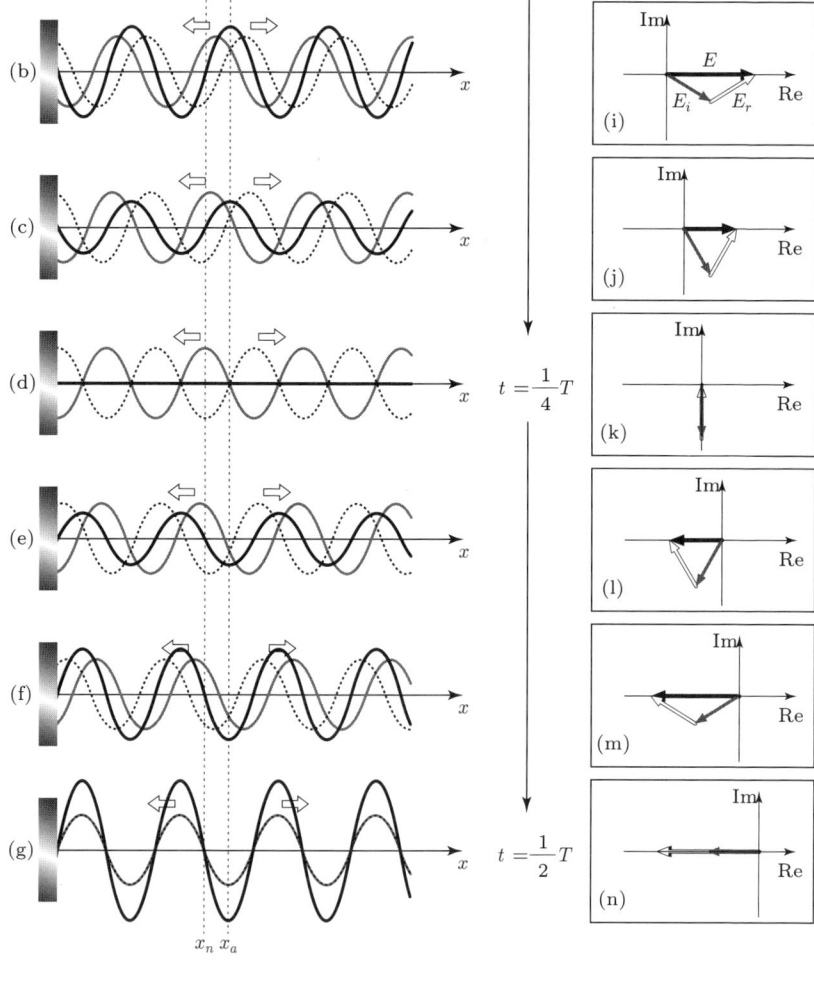

鏡　入射波　反射波　合成波

x_a 点：腹

(a) $t = 0$

(b)

(c)

(d) $t = \dfrac{1}{4}T$

(e)

(f)

(g) $t = \dfrac{1}{2}T$

$x_n\ x_a$

(h)

(i) E_i, E, E_r

(j)

(k)

(l)

(m)

(n)

図 5.4　定在波の時間変化

腹 (x_a) における入射光 E_i と反射光 E_r の位相子の加算を，各時刻に対応させて描いてある．E_i と E_r が同位相の図 5.4(a) では，実数軸上で 2 つの位相子が足し合わされるため，定在波の振幅 E は最大値をとる．時間が経過するに従い，入射光は x 軸 "−" 方向に，反射光は x 軸 "+" 方向に同じ速度で進む．それに伴い，入射光の位相子は角周波数 ω で時計回りに回転し，反射光の位相子は角周波数 ω で反時計回りに回転する．その結果，合成波 E は，位相が変化することなく，常に実数軸上で振動することになる (図 5.4(h)〜図 5.4(n))．一方，節の位置 x_n において E_i と E_r の位相子を加算する場合，$x_n = x_a - \lambda/4$ に対応して，E_i, E_r の位相角が共に $-\pi/2$ ずれるため，合成波 E は虚数軸上で振動し，振幅 E の実数成分は常にゼロとなる．

b. 定在波の磁場成分

ここで，(5.9) 式に示した定在波の磁場成分の様子を調べておくことにしよう．マクスウェルの方程式 $\nabla \times \boldsymbol{E} = -\partial \boldsymbol{B}/\partial t$ を，スカラー方程式に書き下した次式に注目する ((5.10) 式は，(2.49) 式とは座標の取り方が異なる)．

$$\frac{\partial E_z}{\partial x} = \frac{\partial B_y}{\partial t} \tag{5.10}$$

(5.10) 式に (5.9) 式を代入して，t について積分すると，

$$B_y(x,t) = \int \frac{\partial E_z}{\partial x} dt = 2E_{0i} k \cos kx \int \cos \omega t \, dt$$

$$= \frac{2E_{0i} k}{\omega} \cos kx \sin \omega t$$

となる．ここで，$E_{0i} k/\omega = E_{0i}/c = B_{0i}$ を使って式を整理すると，

$$B_y(x,t) = 2B_{0i} \cos kx \sin \omega t \tag{5.11}$$

が得られる．(5.11) 式からわかるように，磁場は，電場 ((5.9) 式) とは逆に，$x = 0, \lambda/2, \lambda, 3\lambda/2, \cdots$ で腹，$x = \lambda/4, 3\lambda/4, 5\lambda/4, \cdots$ で節をもつ．

図 5.5 に，光入射によって鏡表面付近に発生した定在波の電場および磁場の様子を示す．定在波の磁場成分は，電場成分とは $x = \lambda/4$ ずれた状態で振動しており，その節と腹は，電場成分と反対になる．

また，定在波における電磁波の全エネルギー密度 u の時間平均を $\langle u \rangle_T$ とす

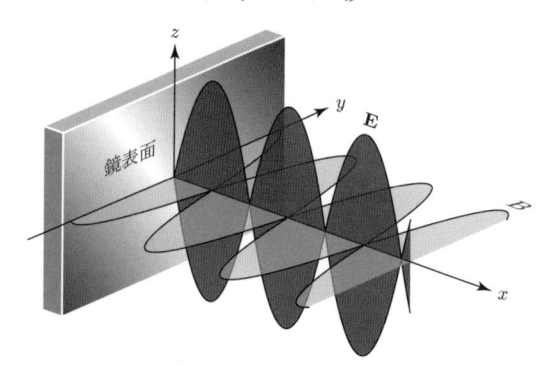

図 5.5 鏡表面での磁場成分

ると，(2.54) 式に (5.9) 式と (5.11) 式を代入して，

$$\begin{aligned}
\langle u \rangle_T &= \langle u_E \rangle_T + \langle u_B \rangle_T \\
&= \frac{\varepsilon_0}{2} \left(4{E_{0i}}^2 \sin^2 kx \, \langle \cos^2 \omega t \rangle_T \right) + \frac{c^2 \varepsilon_0}{2} \left(4{B_{0i}}^2 \cos^2 kx \, \langle \sin^2 \omega t \rangle_T \right) \\
&= \frac{\varepsilon_0}{2} \left(2{E_{0i}}^2 \sin^2 kx \right) + \frac{c^2 \varepsilon_0}{2} \left(2{B_{0i}}^2 \cos^2 kx \right) \\
&= \varepsilon_0 {E_{0i}}^2 \left(\sin^2 kx + \cos^2 kx \right) = \varepsilon_0 {E_{0i}}^2
\end{aligned} \tag{5.12}$$

と求めることができる．当然だが，定在波の全エネルギー密度は，入射波と反射波のエネルギー密度が加算される結果，(2.55) 式を時間平均した値の 2 倍になり，位置 x とは無関係に一定で，任意の位置 x でエネルギー保存則が成り立つ．

5.1.3 ウィーナーの実験

定在波は，1890 年，ウィーナー (O. Wiener) の実験によって，初めてその存在が確かめられた．そのときの実験の様子を示したのが，図 5.6 である．実験では，銀鏡の上に，透明な感光剤を厚さ $d < \lambda/20$ 塗布した写真乾板を，約 10^{-3} rad の傾斜角をもたせて配置し，上方から準単色光の平面波を垂直入射して，定在波を発生させた[14]．現像処理後の写真乾板は，等間隔の帯状に感光し，黒化していた．ウィーナーは，鏡表面では乳化剤の黒化が起きなかったこと，黒化した帯の位置が定在波の腹に対応していたことから，感光を起こさせているのは電場であると結論づけた．

この「光の電場が光化学反応を起こす」という事実は，3.3.4 項で述べた「電

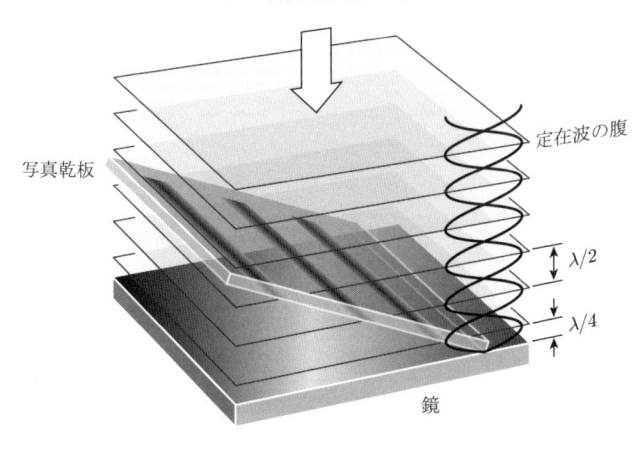

図 5.6 ウィーナーの実験

場と物質の相互作用によって光が物質に吸収されること」から矛盾なく理解することができる.すなわち,電気双極子を介して吸収された光の電場エネルギーが光化学反応に使われるのである.このことから,電場が「光波」であると考えてよく,2.5 節に示した電場振動面を偏光面とする定義が合理的であることがわかる.

5.2 代表的な干渉タイプ

2 つ以上の光波が重ね合わせられると,強め合う干渉,弱め合う干渉により,空間的・時間的に合成波の強度が規則的に変化する.実際の干渉計測では,光源から出た光波を何らかの方法で分割し,異なる光路を通過させた後,再び重ね合わすことで干渉現象を起こさせる.このような干渉計測用の光学系を,干渉計 (interferometer) と呼ぶ.干渉計は,光束を 2 分割する 2 光束干渉 (two-beam interference) と,3 つ以上に分割する多光束干渉 (multi-beam interference) とに分類される.さらに,光束を分割する方式によって,(a) 波面分割型,(b) 振幅分割型,(c) 偏光分割型の 3 つに分けられる (図 5.7).干渉計としては,(a) 波面分割型と (b) 振幅分割型が一般的なので,本章では,その 2 つの光束分割方式を取り上げることにしよう.

主な干渉現象や干渉計をタイプ別に分類したのが表 5.1 である.代表的な波面

120   5. 干　　渉

(a) 波面分割　　　(b) 振幅分割　　　(c) 偏光分割

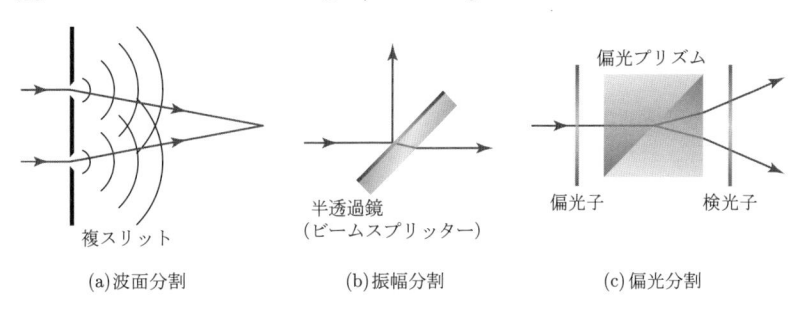

図 5.7 光束の分割

表 5.1 干渉のタイプ

干渉のタイプ・光束の分割手段			現象・計測装置
2光束	波面分割	複スリット	ヤングの実験，レーリーの干渉計
		複鏡	フレネル複鏡，ロイド鏡
		複プリズム	フレネル複プリズム
	振幅分割	ビームスプリッター (等厚干渉)	フィゾーの干渉縞，ニュートンリング，シャボン玉，トワイマン・グリーン干渉計，マッハ・ツェンダー干渉計
		ビームスプリッター (等傾角干渉)	ハイディンガーの干渉縞，薄膜の干渉，マイケルソン干渉計，ジャマン干渉計
		ビームスプリッター (その他)	サニャック干渉計
多光束	波面分割	多重スリット	回折格子
		周期構造	ラウエ像，ブラッグ反射
		波長オーダーの開口	フレネル回折，フラウンホーファー回折
	振幅分割	ビームスプリッター (多重反射多重干渉)	ファブリ・ペローエタロン，誘電体多層膜 (干渉フィルター)，ルンマー・ゲールケ干渉計

分割2光束干渉は，ピンホールまたはスリットを用い，光源が発した1次光の波面の異なる部分から2つの2次光源を作って干渉させる方式で，ヤングの実験として知られる．振幅分割2光束干渉は，ビームスプリッター (beam splitter) を用いて光波を2分割し，別々の光路を通して再結合することにより生じる干渉で，マイケルソン干渉計が有名である．ビームスプリッターと鏡の組み合わせが異なる多くの振幅分割2光束干渉計が光学計測に利用されている．

本書では，紙面の都合により，各干渉計の詳細には触れず，代表的なものの紹介にとどめる (各干渉計については，教科書[14, 23, 24]を参照されたい)．続く5.3節では，波面分割2光束干渉としてヤングの実験 (複スリットによる干渉) を取り上げる．次の振幅分割2光束干渉では，薄膜の干渉を例にして干渉強度の求め方を示し，代表的な振幅分割2光束干渉計であるマイケルソン干渉計を

(a) 単色光源　　　　　　　　　(b) 準単色光源

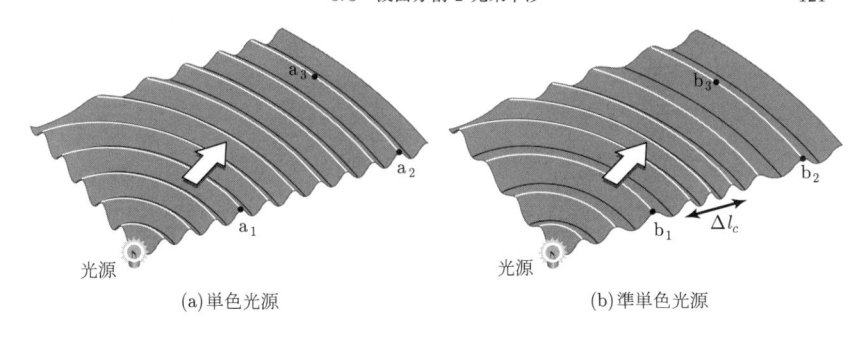

図 5.8　単色光源と準単色光源

取り上げて，その応用例などを紹介する．5.5節では，多光束干渉の例として，ファブリ・ペロー干渉計，誘電体多層膜の多重干渉について考察していくことにする．

また，表5.1では，回折格子，フレネル回折，フラウンホーファー回折を波面分割型の多光束干渉に分類している．干渉と回折は，ともに，2つ以上の光波の重ね合わせにより生じる現象であり，両者の間には明確な境界線はないが，波面分割した多光束の干渉は，慣例的に回折と呼ばれる．回折現象は，第6章で取り扱う．

5.3　波面分割2光束干渉

5.3.1　ヤングの実験

1805年頃，ヤング (T. Young) は，光の波動性を検証する干渉実験を行った．有名なヤングの実験 (Young's experiment) である．古典的なヤングの実験配置を例に，代表的な波面分割2光束干渉である複スリットの干渉について考察していこう．

a. コヒーレント光源

干渉を生じさせるためには，コヒーレンス (可干渉性) の高い光源を用いる必要がある．光のコヒーレンスが高いほど，単一周波数の正弦波に近づき，干渉しやすくなる．

ここで，コヒーレントな光源 (単色光源) とコヒーレンスの低い光源 (ナトリウムランプなどの準単色光源) の違いを確認しよう (図 5.8)．図では，点光源か

ら広がる球面波の一部を切り出して描いてある．まず，図 5.8(b) の準単色光源から見ていくことにする．ナトリウムランプのような準単色光源では，時間の経過とともに波長 (周波数) や位相が揺らいでいる．これは，準単色光源から放射される光が，自然線幅 (natural linewidth) と呼ばれる周波数の広がり $\Delta\nu$ をもっていることに対応する．この周波数の広がりは，光の発生源である電子遷移の継続時間が 1~10 ns であるため，放射される波連が有限の長さをもつこと，原子がランダムな熱運動をしており，放射される波連はドップラー効果の影響を受けることなどに起因している．この周波数の広がりは，波動の重ね合わせの際の位相ばらつきとなって，干渉を阻害する働きをする．$\Delta\nu$ がある程度以上になると，波動の位相ばらつきが 2π 以上にわたるため，干渉は生じなくなる．こうした光波の干渉性を表す指標として，光波が同じ周波数で規則正しく振動している平均時間：コヒーレンス時間 Δt_c，同じ周波数の正弦波が空間的に連なる長さ：コヒーレンス長 Δl_c を次のように定義する．

$$\Delta t_c \approx 1/\Delta\nu \qquad :\text{コヒーレンス時間 (coherence time)} \qquad (5.13)$$

$$\Delta l_c = c\Delta t_c \qquad :\text{コヒーレンス長 (coherence length)} \qquad (5.14)$$

図 5.8(a) のように，周波数が一定の光源を単色光源という．光が理想的に単色であれば，光波は無限のコヒーレンス長をもつ完全な正弦波である．現実には，完全にコヒーレントな光は存在しないが，レーザー光源を用いることで実用上十分なコヒーレンス長を得ることができる．単色光源は，十分に長い時間的コヒーレンス (temporal coherence) をもつため，任意の時刻のある場所における波動状態を正確に予測することができる．たとえば，点 a_1 の波動状態と点 a_2 の波動状態は，位置が異なる同一の波動関数で表される．また，ある時刻に，点 a_2 と同じ波面上にある点 a_3 は，異なる場所にありながら，時間の経過に関係なく，光源からの波動は常に点 a_2 と同位相である．これを，空間的コヒーレンス (spatial coherence) という．

これに対して，コヒーレンスの低い準単色光源 (図 5.8(b)) の場合，時間的に周波数が変動するため，コヒーレンス長 Δl_c 以下では同一周波数と見なせるが，Δl_c より離れた点では相関がない．たとえば，点 b_2 における波動関数から点 b_1 での波動状態を予想することはできない．これを部分的時間的コヒーレンスと呼ぶ．一方，準単色光源の場合でも，同じ波面上にある点 b_2 と点 b_3 は，図

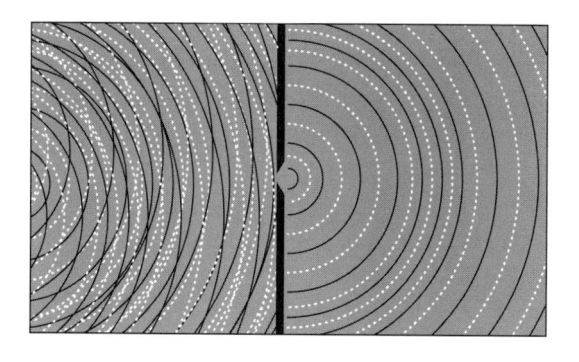

図 5.9 ピンホールから放射される空間的なコヒーレント光
波長に比べて十分に小さいピンホールからは，回折によって空間的にコヒーレントな球面波状の波が広がる．これは，擬似的に，ピンホールの位置に準単色光源が置かれていることと等価である．

5.8(a) の点 a_2 と点 a_3 と同様，常に同位相であり，空間的コヒーレンスは保たれている．

ヤングの干渉実験では，近接して配置された2つのピンホールを2次光源として干渉を起こさせることから，2次光源には空間的コヒーレンスが要求される．レーザー光源などのコヒーレントな光源が存在しない時代に，ヤングは，太陽光とピンホールで空間的にコヒーレントな光源を得ていた(図 5.9)．太陽のような有限の大きさをもつ光源の場合，光源からの光をそのまま2つのピンホールに入射しても，光源各部から放射される無相関な光が重ね合わさる結果，時間的にも空間的にもコヒーレンスが失われて干渉は生じない．このような面積をもつ準単色光源の光は，図 5.9 のようにピンホールを通すことによって，時間的にはコヒーレントではないが，空間的にはコヒーレントな波動を放射する光源にすることができる．なお，現在では，ピンホールの代わりに，より多くの光量を通過させることのできるスリットを用いるのが一般的である．

b. 複スリットの干渉

ヤングの実験の概要を図 5.10 に示す．現在では，コヒーレンスの高いレーザー光源が気軽に使えるため，図 5.9 のピンホールは通常省かれ，レーザー光源からの平面波を複スリットのある開口スクリーン Σ に直接照射する．波長 λ より広い間隔 d で配置された複スリットは，2つの線光源 S_1, S_2 として，同じ周波数の円筒状の波を放射する．ここでは，円筒波同士の重ね合わせを扱うので，

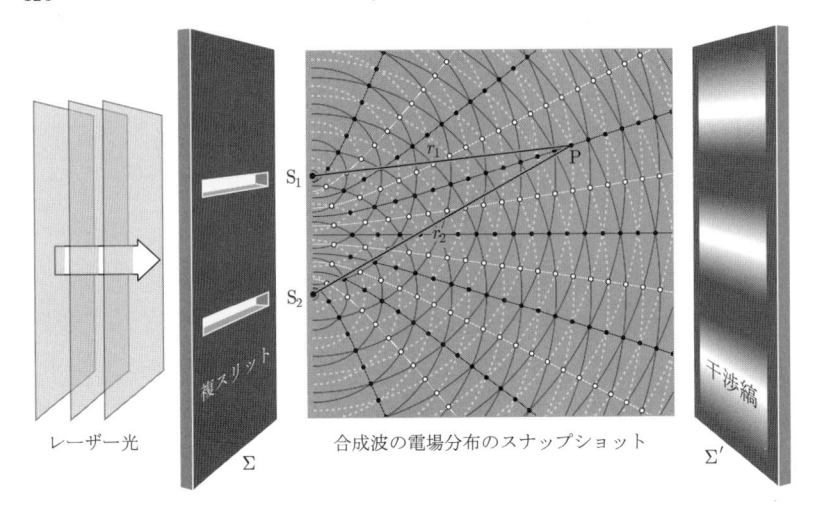

図 5.10 2つの点光源で発生する干渉

スリットの長手方向は無視して，スリット中心を含む平面内のみを考えることにしよう．S_1, S_2 から放射される波動が同位相であるとすれば，任意の点Pにおける合成波の振幅は，それぞれの光源からPまでの距離差 $\overline{S_2P} - \overline{S_1P} = r_2 - r_1$ と2つの成分波の位相差の関係によって決まる．すなわち，$r_2 - r_1$ が波長 λ の整数倍のとき，合成波は最大振幅 (強め合う干渉) となり，$r_2 - r_1$ が半波長の奇数倍のとき，合成波は最小振幅 (弱め合う干渉) になる．

$$r_2 - r_1 = m\frac{2\pi}{k} = m\lambda \quad (m = 0, \pm 1, \pm 2, \cdots) \qquad :強め合う干渉 \quad (5.15)$$

$$r_2 - r_1 = m'\frac{\pi}{k} = \frac{1}{2}m'\lambda \quad (m' = \pm 1, \pm 3, \pm 5, \cdots) \quad :弱め合う干渉 \quad (5.16)$$

図 5.10中に描かれたある瞬間における合成波の電場分布をみてみよう．合成波の振幅が最大になる強め合う干渉位置を ● 付き黒線，振幅が最小になる弱め合う干渉位置を ○ 付き白線で書き入れてある．S_1, S_2 から等距離になる中心線上では，成分波の位相差が常に0なので，必ず強め合う．また，図中の合成波の同位相線 (黒線および白線) は，$r_2 - r_1 = \mathrm{const.}$ の条件から，光源 S_1, S_2 を焦点にもつ双曲線になる．複スリットから適当に離れた位置に投影スクリーン Σ' を置くと，合成波の最大振幅位置が明るく，最小振幅位置が暗い干渉縞が映し出される．

5.3 波面分割2光束干渉

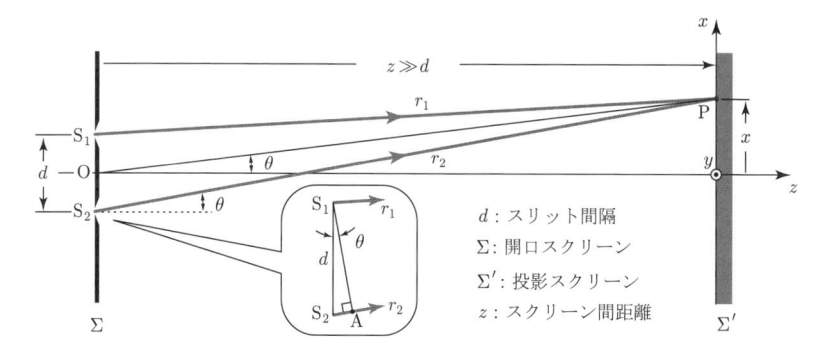

図 5.11 ヤングの実験

c. 干渉縞の間隔

ヤングの実験で得られる干渉縞の間隔を求めていこう．ヤングの実験光学系の座標を，図5.11のように定義する．開口スクリーン Σ と投影スクリーン Σ' 間の距離 z は，2つのスリット S_1, S_2 間の距離 d の数千倍程度に設定する．干渉縞は，投影スクリーン Σ' 中央の座標原点付近を中心に形成される．z 軸に沿って進行するレーザー光源からの平面波が，開口スクリーン Σ の左面を均一に照らしており，S_1, S_2 が同位相で空間的にコヒーレントな2次光源になると仮定して，Σ' 上の点 P における干渉について考察していこう．

$z \gg d$ なので，z 軸と OP のなす角，z 軸と S_2P のなす角を共に θ とすることができる．S_1 から $\overline{S_2P}$ に垂線を下ろした交点を A とすると，$\overline{S_1P}$ を進む光波と $\overline{S_2P}$ を進む光波の光路差は，

$$r_2 - r_1 = \overline{S_2P} - \overline{S_1P} \approx \overline{S_2A} \tag{5.17}$$

と近似できる．さらに，$z \gg d$ の条件から，近似 $\sin\theta \approx \theta$ が成り立つので，

$$\overline{S_2A} = d\sin\theta \approx d\theta \quad \therefore\ r_2 - r_1 \approx d\theta \tag{5.18}$$

となる．また，同様に $z \gg d$ から $\theta = \tan(x/z) \approx x/z$ の関係を使って，

$$r_2 - r_1 \approx \frac{d}{z}x \tag{5.19}$$

が得られる．(5.15)式の強め合う干渉の条件から，明るい干渉縞が現れる位置は，

$$x_m \approx \frac{z}{d}m\lambda \quad (m = 0, \pm 1, \pm 2, \pm 3, \cdots) \tag{5.20}$$

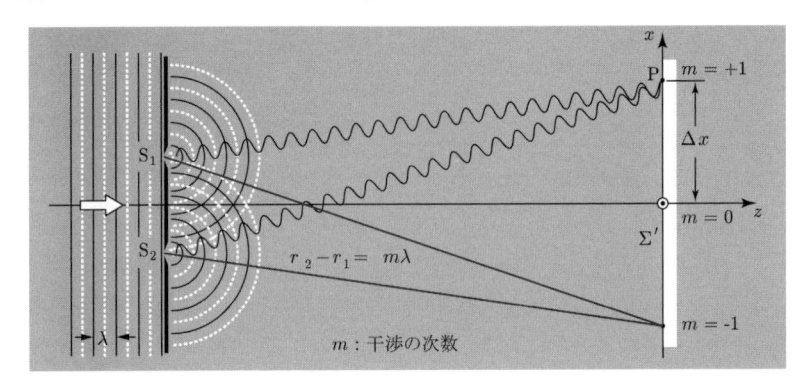

図 5.12 干渉の次数

と求められる.ここで, m を干渉の次数と呼び,「何波長分の光路差で強め合った干渉か」を表している.図 5.12 に, 1 次の干渉の様子を示す.投影スクリーン Σ' 上の縞の間隔を Δx とすると,

$$\Delta x = x_{m+1} - x_m = \frac{z}{d}(m+1)\lambda - \frac{z}{d}m\lambda = \frac{z}{d}\lambda \tag{5.21}$$

となる.干渉縞の間隔は波長に比例し,長波長ほど縞の間隔は広くなる.また,m 次の明るい縞が現れる方位 θ_m は,(5.18) 式の光路差 $r_2 - r_1 \approx d\theta$ が波長の整数倍になる条件から,次のように求まる.

$$\theta_m \approx \frac{m\lambda}{d} \tag{5.22}$$

d. 干渉縞の強度分布

次に,干渉縞の強度分布を求めることにする.媒質中の光強度は,電場を $\boldsymbol{E}(\boldsymbol{r},t) = \boldsymbol{E}_0 \cos(\omega t - \boldsymbol{k}\cdot\boldsymbol{r} + \delta)$ とすると, (2.62) 式から $I = \varepsilon v \langle \boldsymbol{E}^2 \rangle_T$ で表せる.ここでは,干渉縞の相対的な強度を議論するので,定数 εv を無視することにして, 2 つのスリット S_1, S_2 からの光波 $\boldsymbol{E}_1, \boldsymbol{E}_2$ の合成波 $\boldsymbol{E}$ の強度は,

$$I \propto \langle \boldsymbol{E}^2 \rangle_T = \langle \boldsymbol{E}_1{}^2 \rangle_T + \langle \boldsymbol{E}_2{}^2 \rangle_T + 2\langle \boldsymbol{E}_1 \cdot \boldsymbol{E}_2 \rangle_T \tag{5.23}$$

と表すことができる.式中の第 3 項は干渉項である.$z \gg d$ の条件から, 2 つの光波 $\boldsymbol{E}_1, \boldsymbol{E}_2$ は平行とみなせ,合成波の強度はスカラー和として扱えるので,

$$I \propto \langle \boldsymbol{E}^2 \rangle_T = \frac{E^2}{2}, \quad I_1 \propto \langle \boldsymbol{E}_1{}^2 \rangle_T = \frac{E_{01}{}^2}{2}, \quad I_2 \propto \langle \boldsymbol{E}_2{}^2 \rangle_T = \frac{E_{02}{}^2}{2}$$

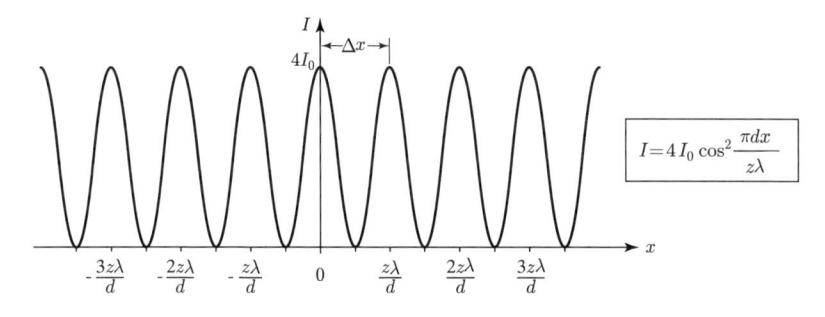

図 5.13 干渉縞の強度

とすることができる．スクリーン Σ' 上での合成波の強度 I は，

$$\boldsymbol{E}^2 = E_{01}{}^2 + E_{02}{}^2 + 2E_{01}E_{02}\cos\Delta$$

$$\therefore\ I = I_1 + I_2 + 2\sqrt{I_1 I_2}\cos\Delta \tag{5.24}$$

と与えられる．ただし，位相差 $\Delta = k(r_2 - r_1) + (\delta_2 - \delta_1)$ である．2つのスリットから放射された光波 $\boldsymbol{E}_1$ と $\boldsymbol{E}_2$ が同位相で等しい振幅をもつ場合，$I_1 = I_2 = I_0$，$\delta_1 = \delta_2 = 0$ としてよい．また，(5.19) 式から $\Delta = k(r_2 - r_1) = 2\pi dx/z\lambda$ となるので，合成波の強度 I は次式で与えられる．

$$\begin{aligned}I &= I_1 + I_2 + 2\sqrt{I_1 I_2}\cos\Delta = 2I_0(1 + \cos\Delta)\\&= 4I_0\cos^2\frac{\Delta}{2} = 4I_0\cos^2\frac{\pi dx}{z\lambda}\end{aligned} \tag{5.25}$$

これは，理想的な単色光源を用いた場合のヤングの実験における干渉縞の強度分布である．(5.25) 式をプロットした図 5.13 を見てみよう．干渉縞の強度は余弦波の 2 乗で変化し，明るい縞 $(I = 4I_0)$ は (5.20) 式で求めた縞間隔 $z\lambda/d$ ごとに現れる．現実には，図 5.13 のような無限に連なる干渉縞は存在せず，x が原点から遠ざかるに従って可干渉性が低下し干渉強度は減少する．太陽光などの自然光源を用いた場合には，コヒーレンス長が 3 波長程度なので，$x = 0$ の最大値 $I = 4I_0$ の両側に 3 本程度の干渉縞が観測される．

なお，ヤングの実験を多重スリットに拡張した場合については，合成干渉波における電場振幅の導出手順を付録 A.4.1 に示しておいたので，そちらを参照されたい．

5.4 振幅分割2光束干渉

媒質の界面に入射された光は,一部が反射し,残りは透過して2つの光ビームに分割される (4.2節).一度分割された光を,何らかの方法で再び重ね合わせると干渉が生じる.このような干渉を振幅分割型の干渉と呼ぶ.身近なものでは,水たまりの油膜やシャボン玉に見られる虹色がその例であり,厚さが波長程度の膜の上面と下面とで反射する光が干渉し,ある特定の波長で強め合うことで鮮やかな色が出現するのである.研究分野,産業分野で用いられている干渉計の多くは,振幅分割2光束干渉を応用したものである.

ここでは,薄膜の干渉を取り上げて振幅分割2光束干渉の様子を概観してから,代表的な振幅分割2光束干渉計であるマイケルソン干渉計を例に,その産業応用を紹介していくことにする.

5.4.1 薄膜の干渉

ご存じのように,シャボン玉は,石けん水の球状の膜である.このような支持基板のない膜は,自己保持膜,またはフリースタンディングフィルム (free standing film) と呼ばれる.ここでは,波長程度に薄い平面の自己保持膜を例にして,その表面反射と裏面反射の干渉を取り扱っていこう (口絵9参照).

a. 1次反射光と2次反射光

図5.14は,空気 ($N_0 = n_0 = 1$) 雰囲気中に置かれた透明で厚さ d の自己保持膜 ($N_1 = n_1$) に,入射角 θ_0 で光が照射された場合の光の伝搬モデルである (説明の都合上,入射角を θ_i ではなく θ_0 と表記する).図5.14(a) は入射直後の光の進行状態,図5.14(b) は図5.14(a) で発生した屈折光が膜内を往復した後の光の進行状態を示している.縞状の濃淡は,入射光が平面波状のビームであることを表している.なお,図を簡略化するため,薄膜内を複数回往復する高次の反射光は省いてある.

左上空の空気中から入射された平面波は,界面I(空気/膜界面) で一部反射し,反射角 θ_0 方向に進む (反射の法則:$\theta_i = \theta_r$).これを1次反射光と呼ぶことにしよう.一方,反射しなかった残りの平面波は,界面Iで屈折して膜媒質中を屈折角 θ_1 方向に進行する (スネルの法則:$n_0 \sin\theta_0 = n_1 \sin\theta_1$).膜媒質中を

5.4 振幅分割 2 光束干渉 129

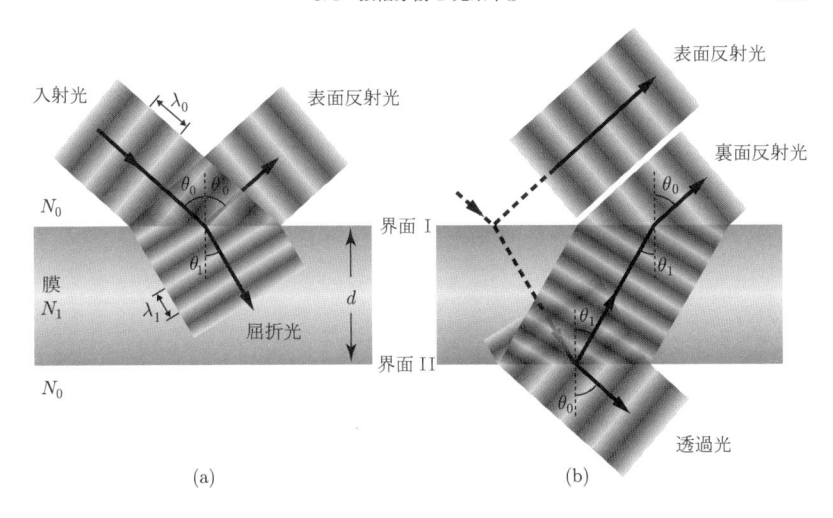

(a) (b)

図 5.14 薄膜中の光の伝搬と干渉

進む平面波の波長 λ_1 および速度 v_1 は，真空中 (空気中) の $1/n_1$ になるため，入射ビームが空気/膜界面を横切るときに平面波の進行速度が変化し，屈折界面において波面が折れ曲がる．図 5.14(b) に示すように，膜の裏面に到達し界面 II(膜/空気界面) で反射した平面波は，膜を往復して再び界面 I を透過し，表面反射光と重ね合わされた状態で空気中を右上方へと伝搬する (便宜上，表面反射光と裏面反射光を空間的にずらして図示してある)．これを 2 次反射光とする．

b. 位相膜厚

膜内を往復する 2 次反射光が，1 次反射光に対してどれだけ余分な距離を移動するか考えてみよう (図 5.15(a))．1 次反射光が空気中を $\overline{DC}$ 進む間に，屈折光 (2 次反射光) は膜中を $\overline{AE}$ 進む．2 次反射光が 1 次反射光に対して余分に進む空間的な距離 ($\overline{EB} + \overline{BC}$) は，図 5.15(a) から幾何学的に求めることができる．

$$\overline{EB} + \overline{BC} = \overline{EF} = 2d\cos\theta_1 \tag{5.26}$$

膜の屈折率が n_1 であることから，2 次光が膜内を 1 往復したときの 1 次光との光路差 l と，そのときの位相変化量 $\delta = k_1 l$ は，

$$l = 2n_1 d\cos\theta_1, \quad \delta = 2\beta = \frac{2\pi}{\lambda_1}2n_1 d\cos\theta_1 \tag{5.27}$$

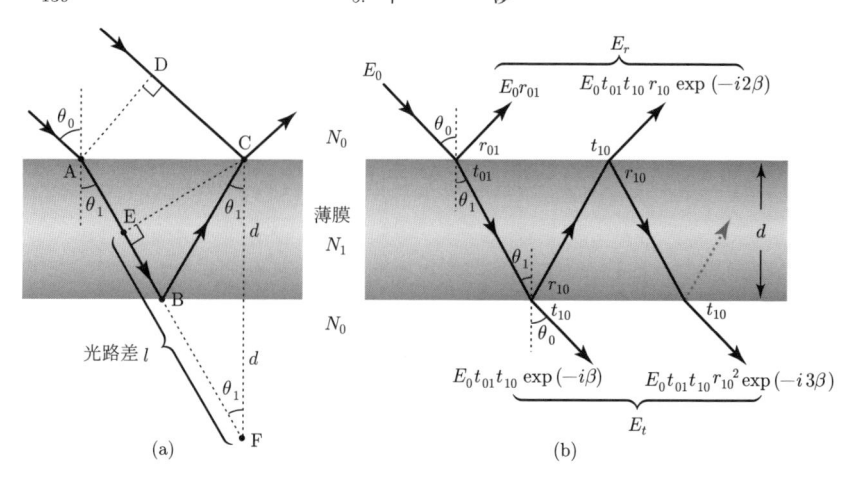

図 5.15 (a) 位相膜厚 β と (b) 薄膜の 2 光束干渉モデル

と表せる．δ を半分にした値である β は，光が膜を 1 回通過するときの真空に対する位相変化量を表し，位相膜厚 (film phase thickness) と呼ばれる．

c. 薄膜干渉の強度

さて，干渉波の反射強度を求めておこう．図 5.15(b) は，膜に入射された光が膜表面で分割された結果生じる 1 次反射光，2 次反射光，1 次透過光，2 次透過光の振幅を示している．ここでは，媒質 m から媒質 n に光が入射した場合の振幅反射係数，振幅透過係数を，それぞれ r_{mn}, t_{mn} と表すことにする．光が界面に出会い反射/透過するたびに，振幅反射係数または振幅透過係数が振幅に掛けられていく．また，光が膜を 1 回通過すると，β の位相遅れが生じる．

シャボン玉を例にすると，$n_0 = 1$, $n_1 = 1.33$ から，$0°$ 入射の 1 次反射光の強度 $|r_{10}|^2 I_0$ は約 $0.02 I_0$，膜内を 1 往復する 2 次反射光の強度 $|t_{01} t_{10} r_{10}|^2 I_0$ は約 $0.0192 I_0$，さらにもう 1 往復する 3 次反射光の強度 $|t_{01} t_{10} r_{10}^3|^2 I_0$ は約 $7.68 \times 10^{-6} I_0$ である．1 次反射光と 2 次反射光がほぼ同等強度なのに対して，3 次反射光は 3 桁以上弱くなる．このような状況では，膜内を 2 回以上往復する高次の反射光を無視して，薄膜の干渉を 2 光束干渉として扱うことができる．

干渉の結果得られる反射光 E_r は，1 次反射光と 2 次反射光を足し合わせることで求めることができる．

5.4 振幅分割 2 光束干渉

$$E_r = E_0 r_{010} \exp(i\omega t) = E_0 r_{01} \exp(i\omega t) + E_0 t_{01} t_{10} r_{10} \exp[i(\omega t - 2\beta)] \tag{5.28}$$

2 次反射光の $\exp(-i2\beta)$ は，2 次反射光が膜内を往復することにより，位相が 2β 遅れることを表している．ストークスの関係式 $r_{01} = -r_{10}$ (付録 A.4.2 参照) を使って，式を整理すると，

$$E_r = E_0 r_{01} [1 - t_{01} t_{10} \exp(-i2\beta)] \exp(i\omega t) \tag{5.29}$$

となる．ストークスの関係式 $r_{01} = -r_{10}$ は，表面反射の反射位相が，裏面反射に対して π ずれている (符号が反転している) ことに対応する (4.2.2 項参照). 干渉波の反射強度は，次のように求まる．

$$I_r \propto E_r E_r^* = E_0{}^2 r_{01}{}^2 [1 - t_{01} t_{10} \exp(-i2\beta)][1 - t_{01} t_{10} \exp(i2\beta)]$$
$$I_r = I_0 r_{01}{}^2 [1 + (t_{01} t_{10})^2 - t_{01} t_{10} \{\exp(-i2\beta) + \exp(i2\beta)\}]$$
$$= I_0 r_{01}{}^2 \left[1 + \left(1 - r_{01}{}^2\right)^2 - 2(1 - r_{01}{}^2) \cos 2\beta\right] \tag{5.30}$$

なお，ここでの式の変形には，ストークスの関係式 $t_{01} t_{10} = 1 - r_{01}{}^2$，オイラーの公式から導かれる $2\cos\theta = \exp(i\theta) + \exp(-i\theta)$ を用いた．(5.30) 式中の $\cos 2\beta$ は干渉項である．$\beta = (2\pi n_1 d / \lambda_1) \cos\theta_1$, $n_0 \sin\theta_0 = n_1 \sin\theta_1$ を使い，(5.30) 式を変形して求めた膜の反射率，同様の手順で求めた透過率を示す．

$$R = r_{01}{}^2 \left[1 + \left(1 - r_{01}{}^2\right)^2 - 2(1 - r_{01}{}^2) \cos\left(\frac{4\pi d}{\lambda_1} \sqrt{n_1{}^2 - n_0{}^2 \sin^2\theta_0}\right)\right] \tag{5.31}$$

$$T = \left(1 - r_{01}{}^2\right)^2 \left[1 + r_{01}{}^4 + 2 r_{01}{}^2 \cos\left(\frac{4\pi d}{\lambda_1} \sqrt{n_1{}^2 - n_0{}^2 \sin^2\theta_0}\right)\right] \tag{5.32}$$

干渉光の強度は，波長 λ_1 と屈折率 n_1 が一定の場合，膜厚 d と入射角 θ_0 の関数になる．白色光を入射すると，λ_1 によって干渉項が変化し，ある波長では強め合う干渉，ある波長では弱め合う干渉を起こすため，反射/透過スペクトルには波数 k に対して余弦関数で振動する干渉縞が重畳する．シャボン玉では，この干渉条件が膜厚や角度で変化するために，鮮やかな干渉色が見られるのである．

ここまでの議論では，薄膜干渉における高次の反射光を無視して 2 光束干渉として扱ったが，実は，高屈折率材料，金属コーティングなどを含む産業的に有用な多くの薄膜干渉では，この近似を適用することができない．試しに，(5.31)

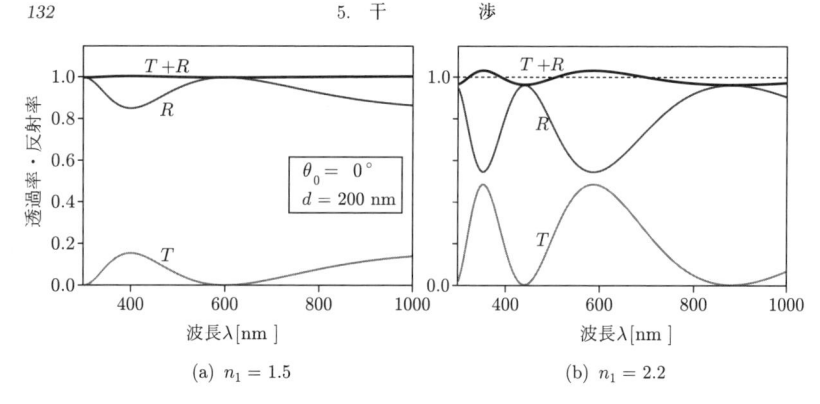

図 5.16 薄膜干渉の 2 光束近似モデルシミュレーションの計算例
2 光束干渉モデルを使い，膜厚 $d = 200\,\mathrm{nm}$，入射角 $\theta_0 = 0°$ で計算したシミュレーションスペクトル．屈折率は，分散がないものとして計算している．

式と (5.32) 式の n_1 に大きな値を入れ，適当な d と θ_0 について計算してみれば，$T + R = 1$ にはならず，図 5.16(b) のように，計算結果には大きな誤差が含まれることが理解できるだろう．図 5.16 の例からわかるように，膜の屈折率 n_1 が 1.5 程度までの比較的屈折率が低い膜に対しては，非常によい近似となっているが，屈折率の高い膜 ($n_1 > 2$) ではかなり大きな誤差が発生する．また，大きな入射角では，誤差はさらに拡大する．こうした理由から，5.5 節では，より正確で一般的な薄膜干渉の取り扱いについて，多光束干渉モデルを使って議論し直すことになる．

5.4.2　マイケルソン干渉計

光学的な配置が異なる多くの振幅分割 2 光束干渉計の中で，最もよく知られ，かつ重要なのがマイケルソン干渉計 (Michelson interferometer) であろう．マイケルソン干渉計は，アメリカの物理学者マイケルソン (A.A. Michelson) により考案され，1881 年，エーテル仮説を実証するための実験に使用された (マイケルソンは 1907 年にノーベル物理学賞を受賞しているが，干渉計の考案はその受賞理由のひとつに挙げられている)．

図 5.17(a) は，マイケルソン干渉計の基本的な構成を示している．有限の広がりをもつ光源 S から放射された光は，金属を蒸着した半透過鏡などのビームスプリッター BS(基本的な配置は 45° 方位) によって，反射光束と透過光束に

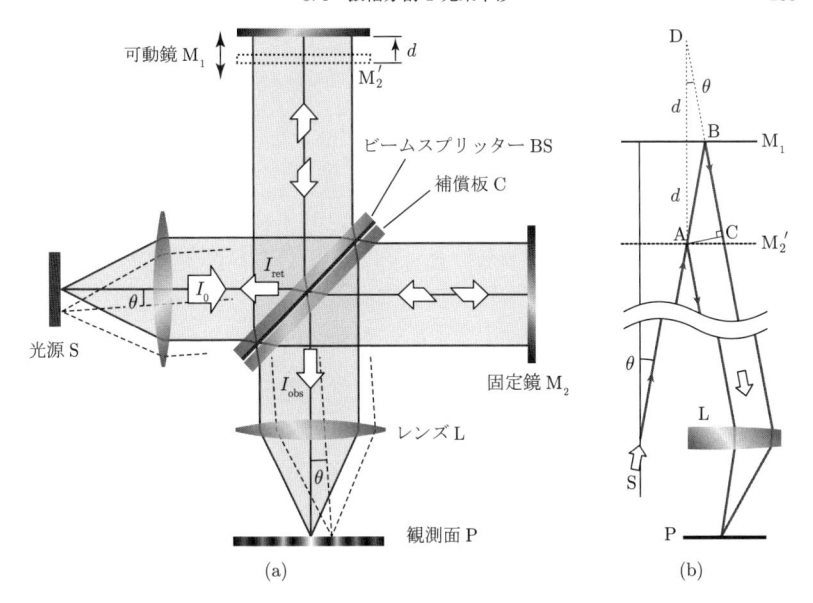

図 5.17 マイケルソン干渉計の原理図

分割される．ここでのビームスプリッターは，吸収や分散がなく，反射光束/透過光束の強度比が 1:1，透過/反射に伴う位相のとびがない理想的なものとする．反射光束は可動鏡 M_1 で，透過光束は固定鏡 M_2 で反射されて BS に戻り，そこで再び結合して干渉する．BS で再び足し合わされた光は，その半分が光源側に戻り，半分が観測側に到達する．光源からの入射光の振幅を E_0，2 つ光束の位相角を δ とすると，観測される干渉光強度 I_{obs} は，(5.4) 式にそれぞれの光束の振幅 $E_0/2$ と位相角 δ を代入することで求めることができ，観測側での干渉光強度 I_{obs} と光源側に戻る干渉光強度 I_{ret} は，

$$I_{\mathrm{obs}} = \frac{I_0}{2}(1+\cos\delta), \quad I_{\mathrm{ret}} = \frac{I_0}{2}(1-\cos\delta) \tag{5.33}$$

と表すことができる．I_{obs} と I_{ret} は明暗が反転した干渉であり，理想干渉計では $I_{\mathrm{obs}} + I_{\mathrm{ret}} = I_0$ が成り立つ．つまり，干渉の前後でエネルギーは保存される．

ここで，可動鏡 M_1 を，M_2–BS 間距離と等しい位置 M_2' から，光束に沿って距離 d だけ移動させた状態で，軸外れ傾斜角 θ をもつ光束を入射したとする．このときの干渉条件を，2 つの光束の干渉要素だけを書き出した図 5.17(b) を使って考えてみよう (見やすさのために傾斜角 θ を大きくしてある)．図 5.17(b)

では，BS，補償板 C(後述) が省略されており，M_2 側の光束が M_2' 仮想面から戻るとして描かれている．M_1 側光路と M_2 側光路の光路差 $x = \overline{AB} + \overline{BC}$ が強め合う干渉条件は，$\overline{AB} = \overline{BD}$ を使って (5.27) 式と全く同じ手順で，

$$x = 2d\cos\theta = m\lambda \qquad (m = 0, \pm 1, \pm 2, \pm 3, \cdots) \tag{5.34}$$

と求めることができる．ちなみに，レンズ L から P 上の焦点までの光路差はゼロである．光源 S は有限の広がりをもっているので，観測面 P では，光軸を中心としたリング状の干渉パターン (等傾角干渉縞) が生じる．M_1 側の光路長と M_2 側の光路長が等しい $d = 0$ では，いずれの θ 値に対しても常に強め合う干渉となり，干渉縞は現れず P 面は一様に明るくなる．

実際の干渉計では，理想干渉計のように BS と M_1，M_2 の距離が等しい位置で $d = 0$ になるとは限らない．これは，主に，ビームスプリッターが理想的ではないことに起因している．まず，1 つ目の原因は，BS ガラス基板の透過回数が，M_1 側の光束で 3 回，M_2 側の光束は 1 回と非対称になることである．ガラスは屈折率分散特性をもつために，2 つの光束の位相角が波長に依存してずれてしまうという問題が発生する．これを防ぐために，実際の干渉計では，BS ガラス基板と同一材質，同一厚さをもつ補償板 C を光路に挿入し，2 つの光束におけるガラス基板の透過回数を揃えて，分散特性を打ち消す工夫がなされている．広い波長帯域で正確な干渉を必要とするフーリエ分光の干渉計では，補償板を用いた分散補正が不可欠である．2 つ目の原因は，BS の反射位相の非対称性である．すなわち，M_1 側の光束の BS での反射はガラス/金属界面で起こるが，M_2 側の光束では空気/金属界面で起こるため，2 光束間で反射位相ずれが発生する．その結果，本来強め合う $d = 0$ から反射位相の差分だけずれた位置で強め合う条件になる．

a. フーリエ変換赤外分光光度計

実用的なマイケルソン干渉計の応用例として，フーリエ分光法を挙げておこう．赤外領域において，プリズム，回折格子などの分散素子を用いた分光器の代わりに，干渉計とフーリエ変換 (Fourier transform) を用いる分光スペクトル測定装置をフーリエ変換赤外分光光度計 (FTIR: Fourier transform infrared spectrometer) という．干渉計は，主としてマイケルソン型が用いられる．干渉計の可動鏡を動かし，2 光束間の光路差を変化させて，干渉パターンの測定

を行う．得られた干渉パターンから平均直流成分を除いたものをインターフェログラム (interferogram) と呼び，それをフーリエ変換することで分光スペクトルを得る．

図 5.17(a) の理想的なマイケルソン干渉計で，観測面 P と光源 S の光軸中心に，同じ大きさの円形絞り (アパーチャー) を置き，光軸近傍 ($\theta \sim 0$) の光を取り出すことにすると，2 光束間の位相差は d のみで決まる．可動鏡 M_1 を距離 d 移動させたときの 2 光束間の光路差は $x = -2d$ であり，位相角 δ を波数 $K \equiv 1/\lambda [\mathrm{cm}^{-1}]$ (2.2.4 項参照) を使って $\delta = -2\pi K x$ と表せることから，(5.33) 式は，

$$I_{\mathrm{obs}} = \frac{I_0}{2}[1 + \cos(-2\pi K x)] \tag{5.35}$$

となる．入射光がスペクトル分布 $F(K)$ をもつとすると，

$$I_{\mathrm{obs}}(x) = \int_{K_0}^{K_\infty} \frac{F(K)}{2}[1 + \cos(-2\pi K x)]\,dK \tag{5.36}$$

と表せる．したがって，$x = 0$ では，

$$I_{\mathrm{obs}}(0) = \int_{K_0}^{K_\infty} F(K)\,dK \tag{5.37}$$

であり，$I_{\mathrm{obs}}(0)/2$ が観測する干渉波形の平均直流成分になる．インターフェログラム $f(x)$ は，(5.36) 式から直流成分を引いた変動波形成分であるから，

$$f(x) = \frac{1}{2}\int_0^\infty F(K)\cos(-2\pi K x)\,dK \tag{5.38}$$

と求められる．(5.38) 式からわかるように，$f(x)$ と $F(K)$ はフーリエ余弦変換の関係がある．(5.38) 式が余弦変換で表すことができるのは，干渉計が理想的な場合である．理想干渉計では，2 光束が同位相となる $x = 0$ で全スペクトル成分波が強め合う干渉になり，$f(x)$ は $x = 0$ でセンターバーストと呼ばれるピークをもつ偶関数になる．

図 5.18 で，離散フーリエ変換 (DFT: discrete Fourier transform) を使ったインターフェログラム $f(x)$ からスペクトラム $F(K)$ への変換の概念を確認しておこう．(5.38) 式は積分範囲が無限であるが，実際には，可動鏡の走査範囲内で適当な最大光路差範囲を決めて干渉波形のデータサンプリングを行う．

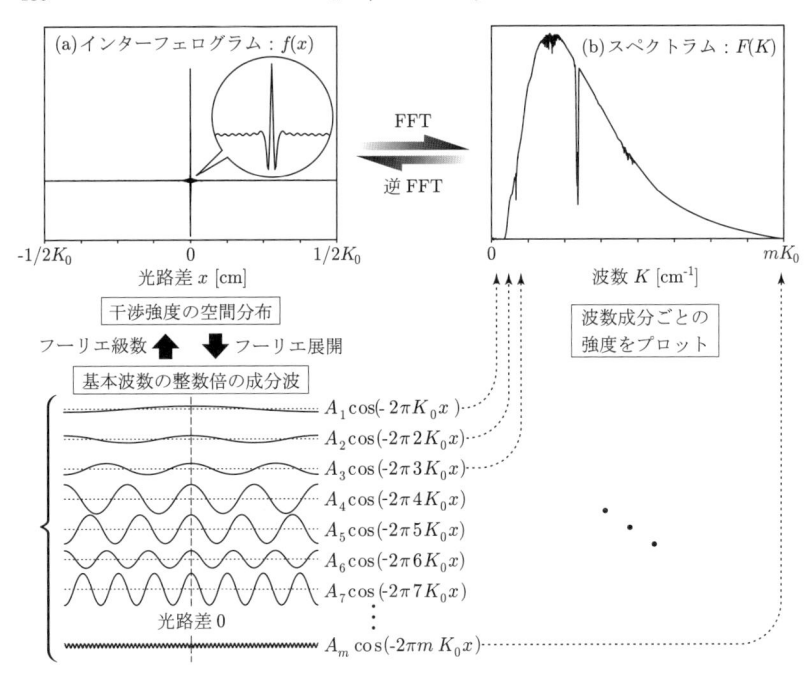

図 5.18 インターフェログラム $f(x)$ とスペクトラム $F(K)$ の関係

サンプリングのトリガー信号は，被測定光束と同時にレーザー光 (安定化 He–Ne レーザーなど) を干渉させて得られる余弦波を利用して作り出される (マイケルソン干渉計は極めて精度の高い測長器でもある)．インターフェログラム $f(x)$ は，サンプリング区間に周期が等しい基本波 $\cos(-2\pi K_0 x)$ とその整数倍波 $\cos(-2\pi j K_0 x)(j=0,\cdots,m-1)$ の m 個の成分波を合成したものであると仮定する (サンプリング区間を有限で打ち切る以上，基本波の周期を仮定せざるをえず，それに伴う打ち切り誤差が発生する)．つまり，$f(x)$ を次のフーリエ級数で表せるものとする．

$$f(x) = \sum_{j=0}^{m-1} A_j \cos(-2\pi j K_0 x)$$

ここで，各フーリエ成分波の振幅 A_j は，三角関数の直交性から求めることができる．この各フーリエ成分の係数を求める過程をフーリエ展開という．得られた各フーリエ成分波の係数 A_j を，波数 K を横軸にとって，プロットしたも

のがスペクトラム $F(K)$ である．ちなみに，図 5.18(b) は，干渉計光路中に何も入れずに測定した赤外光源のスペクトルで，光源の放射分布，光学素子の分光特性，検出器の感度分布を反映したスペクトルの上に空気中の水，二酸化炭素の吸収が重畳している．

実際の干渉計では，先に挙げた BS の非対称性などから，$x = 0$ ですべての波数成分の位相が揃った対称なインターフェログラムが得られるとは限らないため，一般的には，波動を複素指数関数表示したフーリエ変換として扱う．

$$\left.\begin{aligned} f(x) &= \int_0^\infty F(K)\exp(-i2\pi Kx)\,dK \\ F(K) &= \frac{1}{2\pi}\int_0^\infty f(x)\exp(i2\pi Kx)\,dx \end{aligned}\right\} \tag{5.39}$$

また，フーリエ解析計算の実際は，図 5.18 の手順で行われるわけではなく，コンピューター上で高速フーリエ変換 (FFT: fast Fourier transform) アルゴリズムを使って行われる．N 点のフーリエ変換を DFT を使って行うと，N^2 回の計算を要するのに対して，FFT では $N \log N$ 回の計算で済む．

FTIR は，主に，中赤外 ($4000 \sim 400\,\mathrm{cm}^{-1}$) を中心とする波数領域の透過/吸収/反射スペクトル測定に使用される．FTIR スペクトルからは，物質の化学構造情報を得ることができ，物質の同定，定量などに広く利用されている．図 5.19 に，FTIR スペクトルの測定例として，ポリメチルメタクリレート (PMMA: poly(methyl methacrylate)) の赤外透過率スペクトルを示す．PMMA は，メタクリル酸メチルの重合体 (CH_2C–CH_3–$COOCH_3$) を主成分とする高分子材料で，メタクリル樹脂，または単にアクリル樹脂とも呼ばれる．樹脂の中では可視領域の透明性が最も高く，耐候性に優れるのが特徴で，熱的特性，機械的強度，成型加工性などのバランスがよいことから，コンタクトレンズ，電子機器の光学用途，自動車部品，家電の照明部品，雑貨，建材など，広く利用されている．

赤外領域では，極性のある分子結合の振動などに起因する共鳴吸収が起こるため，赤外スペクトルには材料に特有な吸収スペクトルが現れる．図 5.19 の赤外スペクトルでは，PMMA の化学構造に対応する吸収ピークを確認することができる．なお，スペクトル横軸の波数 K を右 (低波数) から左 (高波数) 向きにとるのは，赤外分光学におけるスペクトル表記の慣例である．

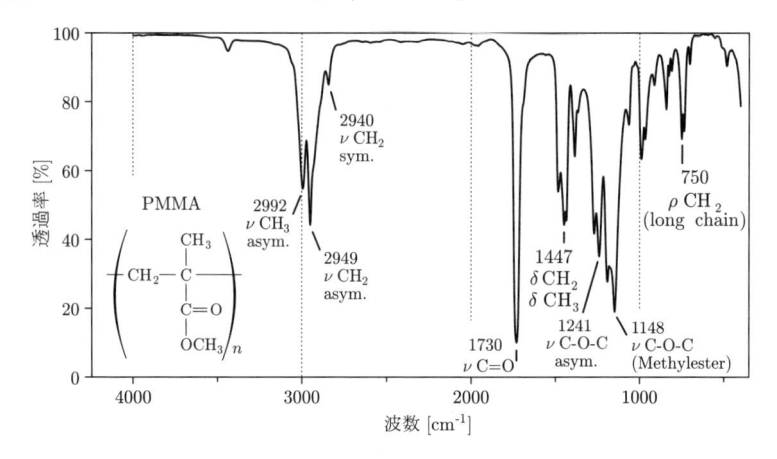

図 5.19 FTIR の測定例：PMMA の赤外透過率スペクトル
測定スペクトルデータは，サーモフィッシャーサイエンティフィック株式会社のご厚意による．図中，ν は伸縮振動，δ は変角 (はさみ) 振動，ρ は変角 (横ゆれ) 振動を表す．

b. マイケルソン・モーレーの実験

マイケルソン干渉計がかかわる歴史的に最も有名な実験は，結果的に，エーテル仮説を葬り去ることになったマイケルソン・モーレーの実験 (Michelson–Morley experiment) であろう．エーテル仮説とは，「光が空間を伝搬するためにはエーテル (aether) と呼ばれる媒質が必要で，エーテルこそがすべての運動の基準となる絶対静止空間である」というものである．アメリカの海軍士官だったマイケルソンが考えたエーテル仮説を実証するための実験プランは次のようなものだった．「エーテルが絶対静止空間であるならば，自転や公転で地球が運動する方向とその直交方向でエーテルの動きに違いがあるはずである．同じ光源から出た光線を，互いに直交した 2 つの等距離経路に分けて，両者を反射させて同じ点に戻ったときの，両者の到着時刻に差が見いだせれば，エーテルの存在を実証したことになる」．この実験に使用されたのが，後にマイケルソン干渉計として知られることになる干渉装置である．

1881 年に，マイケルソンによって最初の実験が行われた．残念ながら，この実験に使用された干渉計は貧弱で，測定精度，安定性ともに不十分であった．1887 年にはマイケルソンとモーレー (E.W. Morley) によって精度を高めた再実験が行われた．図 5.20 は，1887 年の実験に使用された改良型のマイケルソン干渉計である[26]．干渉計光学部分は砂岩の台上に配置され，その台はドーナ

5.4 振幅分割 2 光束干渉

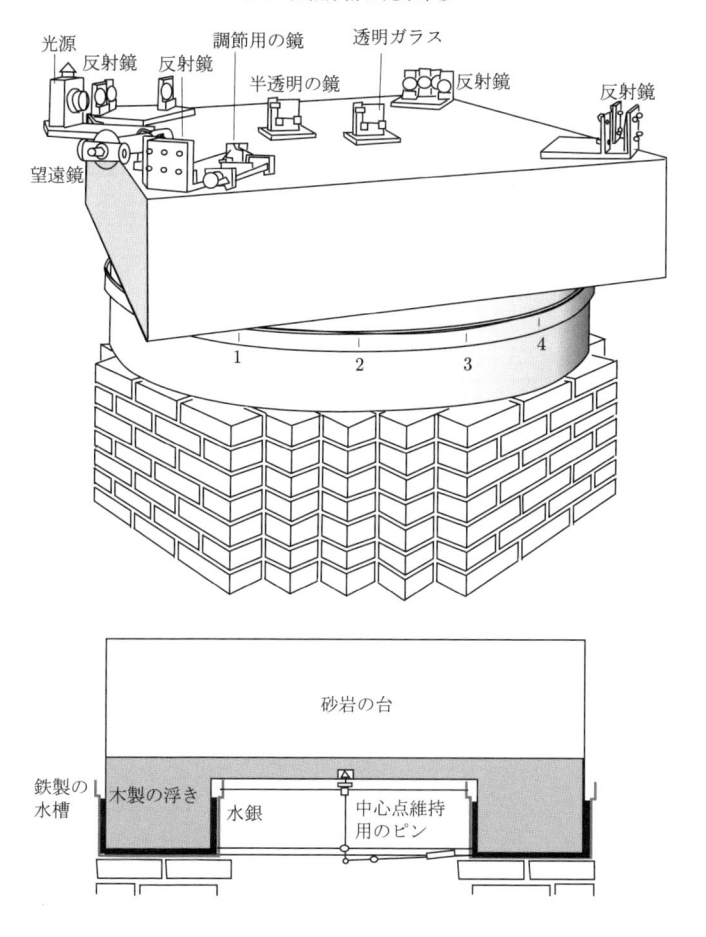

図 5.20 マイケルソン・モーレーの実験 (文献 26, 第 6 章「マイケルソン・モーレーの実験」(R. シャンクランド執筆) 参照)

ツ型の木の上に乗せられていて水銀の上に浮かんでいる．これにより，干渉計を水平に保ち，振動なくなめらかに回転させることができ，どの方位でも干渉縞の観察が可能であった．干渉計は，6 分間に 1 回転の割合でゆっくりと回転し，一度動き出せば数時間動き続けたという．干渉計の互いに直交する 2 つの経路それぞれで，4 枚の鏡を往復させて光路長を稼ぎ，干渉縞変化の読み取り精度の向上を図っている．

実験は，マイケルソン干渉計の 2 つの光路に分割された光が，異なる方向を往復して再び重ね合わされたときに生じる干渉縞を観測するという単純なもの

である.もし,エーテルが存在し,それが干渉計に対して相対的に運動しているならば,干渉計の向きによって干渉縞の位相が変化するはずである.しかし,十分に高精度な実験の結果は,「エーテル仮説から予想される干渉縞のズレ量の 0.01 より大きくはありえない」という,エーテルに対して否定的なものであった.後に「最も有名な失敗実験」といわれるこの実験によって,結果的には,エーテル仮説が葬り去られ,アインシュタインの相対性理論への道が開かれることになった.

5.5 多光束干渉

5.4.1 項に示したシャボン玉の例では,屈折率の低い透明膜の干渉が 2 光束干渉と近似でき,波数 k に対して余弦で振動する干渉スペクトルとなることがわかった.しかし,表面反射率が大きい膜では,膜内で多重反射する高次反射光を無視することができず,すべての高次反射光が足し合わされた結果の干渉縞は,単純な余弦振幅にはならない.実際,誘電体多層膜や金属がコーティングされたガラス基板で構成されるファブリ・ペロー干渉計 (Fabry–Perot interferometer) などでは,高次反射光の干渉が素子の透過特性/反射特性を決めるたいへん重要な働きをする.こうした平行平面内の多重反射が関与する干渉を振幅分割型の多光束干渉と呼ぶ.ここでは,その代表例として,5.4.1 項と同じ平行平板の自己保持膜,基板上の 1 層膜を取り上げ,振幅分割多光束干渉について学んでいくことにしよう.

5.5.1 平行平板の多光束干渉

平行平板を例に,多光束干渉について考察していく.ここでは,解析を簡単にするために,吸収や分散がない平行平板の自己保持膜 ($N_1 = n_1 - i0$) を仮定し,膜の周囲は同じ媒質 ($N_2 = N_0 = n_0 - i0$) であるとして考察していくことにする (図 5.14 の自己保持膜モデル参照).

a. 反射特性,透過特性

図 5.21 は,厚さ d の平行平板に入射された光が膜表面で透過光/反射光に分割されながら,膜内部を多重反射していく様子を示している.図中の振幅反射係数,振幅透過係数の定義は,図 5.15(b) と同じである.光が膜を通過する度

5.5 多光束干渉

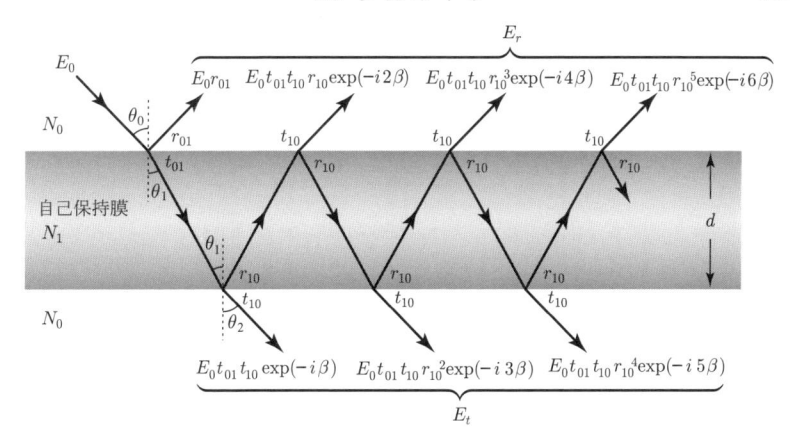

図 5.21 平行平板の多重干渉

に，反射光束/透過光束の位相遅れは，位相膜厚 β ずつ累進していく．平行平板膜の内部反射により作り出される多光束は相互にコヒーレントであり，膜からの全透過光束 (または全反射光束) をレンズで 1 点に集光すれば，それらはすべて干渉する．

平行平板膜からの全反射光の振幅 E_r と全透過光の振幅 E_t は，反射光/透過光に含まれる各高次反射光の振幅をすべて足し合わせることで求めることができる．図 5.21 を参照しながら，付録 A.4.3 の手順で反射干渉光強度 I_r, 透過干渉光強度 I_t を求めると，次式が得られる．

$$I_r = I_0 \frac{2r_{01}{}^2(1-\cos 2\beta)}{(1+r_{01}{}^4)-2r_{01}{}^2\cos 2\beta} \tag{5.40}$$

$$I_t = I_0 \frac{(1-r_{01}{}^2)^2}{(1+r_{01}{}^4)-2r_{01}{}^2\cos 2\beta} \tag{5.41}$$

さらに，三角関数の等式 $\cos 2\beta = 1-2\sin^2\beta$ を用いて (5.40) 式，(5.41) 式を次のように変形する．

$$I_r = I_0 \frac{\left(\frac{2r_{01}}{1-r_{01}{}^2}\right)^2 \sin^2\beta}{1+\left(\frac{2r_{01}}{1-r_{01}{}^2}\right)^2 \sin^2\beta}, \quad I_t = I_0 \frac{1}{1+\left(\frac{2r_{01}}{1-r_{01}{}^2}\right)^2 \sin^2\beta} \tag{5.42}$$

ここで，フィネス係数 (coefficient of finesse) $F \equiv \left(2r_{01}/(1-r_{01}{}^2)\right)^2$ を導入

図 5.22 の凡例（グラフ内）:
- $F = 0.2$, $r_{01}^2 = 0.046$
- $F = 1$, $r_{01}^2 = 0.17$
- $F = 10$, $r_{01}^2 = 0.54$
- $F = 50$, $r_{01}^2 = 0.76$
- $F = 200$, $r_{01}^2 = 0.87$

縦軸: 相対透過光強度 I_t/I_0　横軸: 位相差 δ

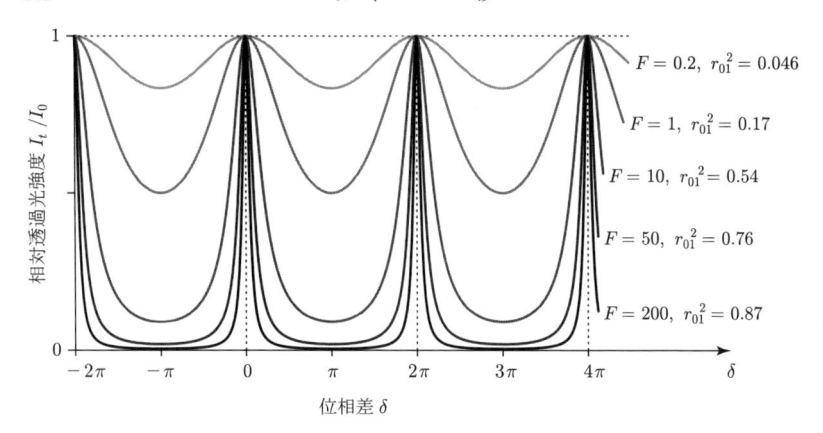

図 5.22 膜往復時の位相差 δ に対する透過率分布

して式を整理すると，平行平板膜の相対反射光強度 I_r/I_0，および，相対透過光強度 I_t/I_0 は次式で表される．

$$\frac{I_r}{I_0} = \frac{F \sin^2 \beta}{1 + F \sin^2 \beta}, \quad \frac{I_t}{I_0} = \frac{1}{1 + F \sin^2 \beta} \tag{5.43}$$

光束が平行平板膜を往復するときの位相差 $\delta = 2\beta$ を横軸にとり，相対透過光強度 I_t/I_0 をプロットすると図 5.22 のようになる．位相差 δ が 2π の整数倍と一致するときに，F の値 (言い換えれば，r_{01} の値) とは無関係に，すべての高次反射項が強め合い，透過率は最大値 1 になる．図 5.22 の $r_{01}^2 = 0.046$ のように，r_{01} が小さい領域では，δ に対する I_t/I_0 の変化は正弦波振動に似た形状となる．5.4.1 項では，この低反射率領域の干渉を 2 光束干渉と近似した．一方，r_{01} が 1 に近づくと，F 値が急激に増加し，$\delta = 2m\pi (m = \pm 1, \pm 2, \pm 3, \cdots)$ の点を中心とする鋭いスパイク状の領域を除き，I_t/I_0 は極めてゼロに近い値をとる．反射率 $R = r_{01}^2$ が高い膜では，かなり高次の多重反射光までが透過光干渉に関与する結果，図 5.22 のような透過干渉縞特性が生まれるのである．

また，(5.43) 式の I_r/I_0 と I_t/I_0 を足すことで確認できるように，吸収がなければ $I_t + I_r = I_0$ が成り立つ．すなわち，相対反射光強度 I_r/I_0 の分布は，図 5.22 の I_t/I_0 を上下反転させた形状 $(1 - I_t/I_0)$ になる．

平行平板の多光束干渉を利用した代表的な分光光学素子が，ファブリ・ペローエタロン (Fabry–Perot etalon) である．ファブリ・ペローエタロンは，後述す

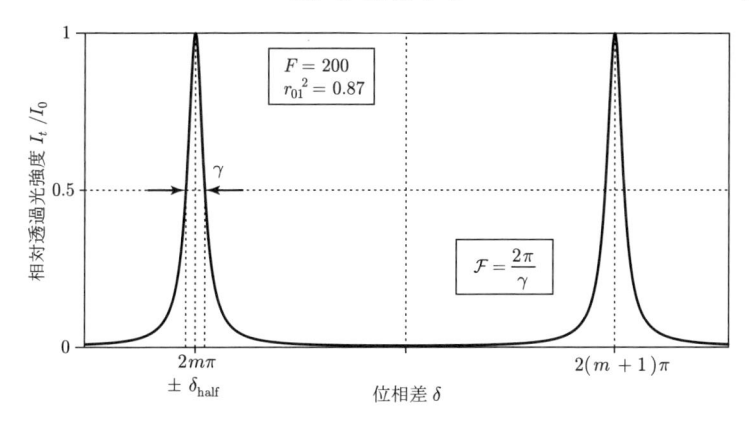

図 5.23 半値全幅 γ とフィネス

るファブリ・ペロー干渉計の内で，干渉層の厚さが固定されているものを指す．ガラスや石英板そのものを干渉層にするソリッドエタロン (図 5.21) と，2 枚のガラス板反射面をスペーサーを挟んでサンドイッチ構造にするエアギャップエタロンに大別される．干渉層の厚さを選ぶことで，特定波長の光だけを非常に狭い帯域で透過させられることから，狭帯域の波長透過フィルターや波長測定の基準として利用される．ファブリ・ペローエタロンやファブリ・ペロー干渉計では，通常，反射面に金属コーティングまたは誘電体多層膜コーティングを施して反射率を高めている．

b. 半値全幅とフィネス

透過ピークの半値全幅 γ は，図 5.22 に示された I_t/I_0 の $\delta = 2m\pi (m = \pm 1, \pm 2, \pm 3, \cdots)$ における干渉ピークの鋭さ，つまり，I_t/I_0 がピークの両側でどれだけ急峻に落ちるのかを示す指標である．

図 5.23 にフィネス係数 $F = 200$ の場合の透過干渉縞ピークと，その半値全幅 γ を示す．γ は，$I_t/I_0 = 1/2$ とおいたときの，透過干渉縞ピークの全幅 (ラジアン単位) と定義される．$I_t/I_0 = 1/2$ を与える位相差 δ_{half} は，(5.43) 式の相対透過光強度 I_t/I_0 を 1/2 とすることで求められる．

$$\frac{1}{1 + F\sin^2\beta_{\text{half}}} = \frac{1}{2} \quad \Rightarrow \quad \delta_{\text{half}} = 2\beta_{\text{half}} = 2\sin^{-1}\left(\frac{1}{\sqrt{F}}\right) \quad (5.44)$$

ここでは，大きな F 値に興味があるので，$\sin^{-1}\left(1/\sqrt{F}\right) \approx 1/\sqrt{F}$ と近似で

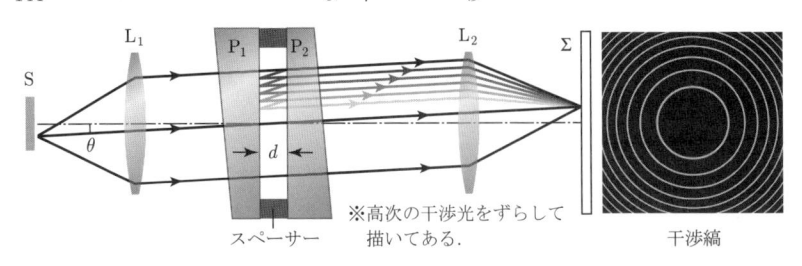

図 5.24 ファブリ・ペロー干渉計

き，半値全幅 γ は次式で与えられる．

$$\gamma = 2(\delta_{\text{half}}) = \frac{4}{\sqrt{F}} \tag{5.45}$$

この半値全幅 γ に対する隣り合うピーク間隔 2π の比をフィネス $\mathcal{F}$(finesse) と呼ぶ．

$$\mathcal{F} = \frac{2\pi}{\gamma} = \frac{\pi\sqrt{F}}{2} \tag{5.46}$$

フィネスは，透過ピークの鋭さを表す指標である．反射率 $R = r_{01}{}^2 = 0.87$ の図 5.23 の例では，半値全幅 γ は約 0.28 rad，フィネスは約 22.2 である．

最近では，成膜技術の進歩から，吸収損失のない高反射率の誘電体多層膜ミラーが使用できるようになり，数百程度のフィネスをもつファブリ・ペロー干渉計やファブリ・ペローエタロンが入手できるようになった．

c. ファブリ・ペロー干渉計

高反射率平面鏡を向かい合わせて平行に保持したファブリ・ペロー干渉計は，極めて高い波長分解能をもつ分光素子，レーザーのキャビティー共振器として重要である[25]．1800 年代の終わり頃，ファブリ (C. Fabry) とペロー (A. Perot) によって初めて構成されたことから，その名がついた．

図 5.24 にファブリ・ペロー干渉計の基本的な配置を示す．表面が平面の 2 枚のガラス板 (または石英板)P_1, P_2 で構成される．ガラス板の内面は，高反射率の膜 (銀やアルミニウムなどの金属，または誘電体多層膜ミラー) でコートされ，かつ平行に配置されているため，内部は空気の平行平面層になっている．入射された光は，この平行平板層の中で多重反射する．2 枚のガラス板の外面は，ガラス板内部の多重反射の影響を避けるために，わずかな傾斜 (2〜3 分) が付け

5.5 多光束干渉　　145

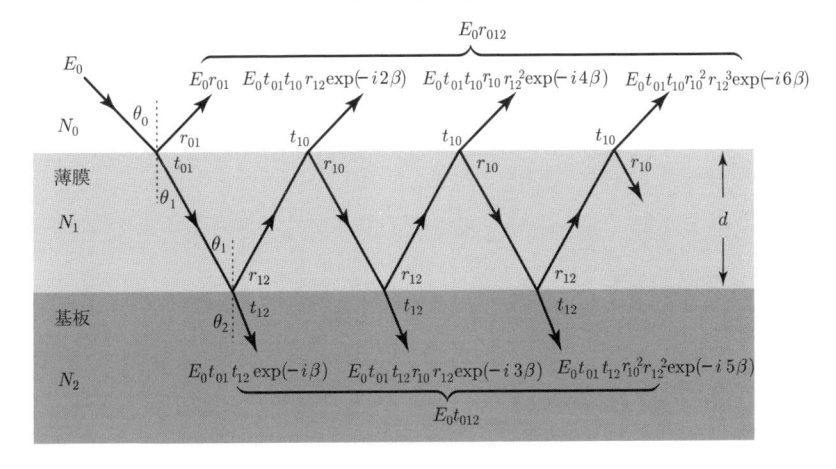

図 5.25　薄膜付き基板の光学モデル

られている．内部の空気層の層間距離 d を機械的に変化させることができるものを干渉計と呼び，固定されているものをエタロンと呼ぶ．広がりをもつ準単色光源からの光をファブリ・ペロー干渉計を通すと，レンズ L の焦点面上に同心円状の等傾角干渉縞が生じる．

5.5.2　光学薄膜の多重干渉

振幅分割多光束干渉の最も重要な応用の 1 つは，誘電体多層膜などの光学薄膜の設計，解析である．基板上に成膜された誘電体薄膜の透過率計算，反射率計算では，膜内での多重反射・多重干渉を無視することができず，多くの場合，5.4.1 項で解説した 2 光束干渉として計算する方法は使うことができない．ここでは，まず，基板上の 1 層薄膜について，多重反射・多重干渉を考慮した振幅反射係数，振幅透過係数を求めてから，多層膜モデルの振幅反射係数，振幅透過係数に拡張していくことにする．

a. 薄膜付き基板の干渉

基板上の 1 層薄膜を仮定し，多重反射・多重干渉を考慮した振幅反射係数 r_{012}，振幅透過係数 t_{012} を求めていこう．図 5.25 に薄膜付き基板の光学モデルを示す．図 5.25 に示した光学モデルは，図 5.21 の平行平板の場合と違って，基板 ($N_2 \neq N_0$) の上の膜で生じる多重反射を扱うが，基本的な解析手順は平行平板の場合とほとんど同じである．すなわち，すべての反射光束を足し合わせるこ

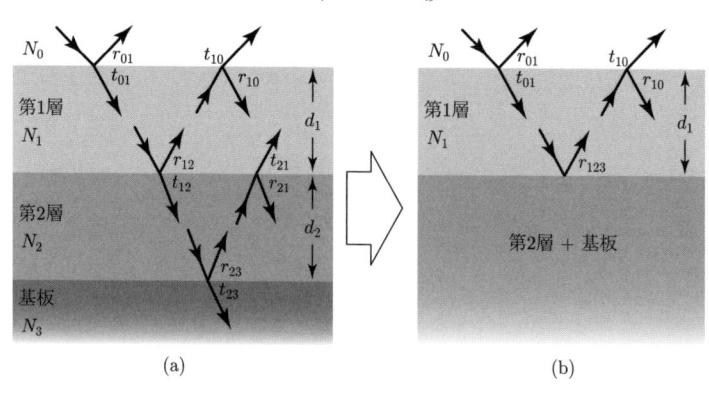

図 5.26 多層膜の光学モデル

とで反射干渉光が求まり，すべての透過光束を足し合わせることで透過干渉光を表すことができる．付録 A.4.4 の手順で求めた振幅反射係数 r_{012}，振幅透過係数 t_{012} は，次のとおりである．

$$r_{012} = \frac{r_{01} + r_{12}\exp(-i2\beta)}{1 + r_{01}r_{12}\exp(-i2\beta)} \quad (5.47)$$

$$t_{012} = \frac{t_{01}t_{12}\exp(-i\beta)}{1 + r_{01}r_{12}\exp(-i2\beta)} \quad (5.48)$$

(5.47) 式，(5.48) 式から，p 偏光に対する振幅反射係数 r_{p012}，振幅透過係数 t_{p012}，s 偏光に対する振幅反射係数 r_{s012}，振幅透過係数 t_{s012} は，それぞれ，

$$r_{p012} = \frac{r_{p01} + r_{p12}\exp(-i2\beta)}{1 + r_{p01}r_{p12}\exp(-i2\beta)}, \quad t_{p012} = \frac{t_{p01}t_{p12}\exp(-i\beta)}{1 + r_{p01}r_{p12}\exp(-i2\beta)} \quad (5.49)$$

$$r_{s012} = \frac{r_{s01} + r_{s12}\exp(-i2\beta)}{1 + r_{s01}r_{s12}\exp(-i2\beta)}, \quad t_{s012} = \frac{t_{s01}t_{s12}\exp(-i\beta)}{1 + r_{s01}r_{s12}\exp(-i2\beta)} \quad (5.50)$$

と表される．また，p 偏光に対する反射率 R_p，および，s 偏光に対する反射率 R_s は，(4.11) 式，(4.12) 式から，

$$R_p = |r_{p012}|^2, \quad R_s = |r_{s012}|^2 \quad (5.51)$$

で与えられることがわかる．

b. 多層膜への拡張

単膜の振幅反射係数と振幅透過係数を表す (5.47) 式，(5.48) 式から，多層膜における振幅反射係数，振幅透過係数に拡張することは，比較的容易である[27]．

図 5.26(a) は，基板上の 2 層膜の光学モデルである．フレネル係数を用いた計算では，基板から 1 層ずつ上層に向かって計算していく．すなわち，図 5.26(a) の例では，まず，第 2 層を基板上の単層膜と見なし，(5.47) 式導出の手順に従って，第 1 層/第 2 層界面における振幅反射係数 r_{123} を求める．

$$r_{123} = \frac{r_{12} + r_{23}\exp(-i2\beta_2)}{1 + r_{12}r_{23}\exp(-i2\beta_2)} \tag{5.52}$$

ただし，第 2 層の位相膜厚 $\beta_2 = 2\pi d_2 N_2 \cos\theta_2/\lambda$，膜厚 d_2 である．この第 1 層/第 2 層界面の振幅反射係数 r_{123} を用い，図 5.26(b) のように，2 層膜全体の振幅反射係数 r_{0123} を求めると，

$$r_{0123} = \frac{r_{01} + r_{123}\exp(-i2\beta_1)}{1 + r_{01}r_{123}\exp(-i2\beta_1)} \tag{5.53}$$

が得られる．ただし，第 1 層の位相膜厚 $\beta_1 = 2\pi d_1 N_1 \cos\theta_1/\lambda$，膜厚 d_1 である．最後に，(5.53) 式に (5.52) 式の r_{123} を代入して整理した結果と，振幅透過係数について同様に計算した結果を示す[30]．

$$r_{0123} = \frac{r_{01} + r_{12}\exp(-i2\beta_1) + [r_{01}r_{12} + \exp(-i2\beta_1)]r_{23}\exp(-i2\beta_2)}{1 + r_{01}r_{12}\exp(-i2\beta_1) + [r_{12} + r_{01}\exp(-i2\beta_1)]r_{23}\exp(-i2\beta_2)} \tag{5.54}$$

$$t_{0123} = \frac{t_{01}t_{12}t_{23}\exp[-i(\beta_1 + \beta_2)]}{1 + r_{01}r_{12}\exp(-i2\beta_1) + [r_{12} + r_{01}\exp(-i2\beta_1)]r_{23}\exp(-i2\beta_2)} \tag{5.55}$$

フレネル係数を用いる多層膜干渉の計算法では，層数が増えた場合でも，基板から 1 層ずつ順番に，上記の手順を繰り返して多層膜の振幅反射係数を求めることができる．

振幅反射係数，振幅透過係数の計算には，本項のようにフレネル係数を用いる方法の他に，特性マトリクス (characteristic matrix) もよく用いられる．特性マトリクスについては光学薄膜に関する文献を参照されたい[28, 29]．

5.5.3 誘電体多層膜の実例

干渉フィルター，ダイクロイックミラー (dichroic mirror)，反射防止膜 (AR コーティング：anti-reflective coating) などの光学薄膜製品は，薄膜内の多重

反射による干渉の特性を利用している.ここでは,いくつかの光学薄膜の例を示していこう.

a. 反射防止膜

ディスプレイ,カメラレンズ,眼鏡などの光学素子の表面に施されるARコーティングは,最も身近な干渉膜の産業応用であろう.ARコーティングは,膜厚と屈折率を制御した透明膜をガラス表面にコーティングすることで,空気/ガラス界面で生じる光反射(垂直入射で約4%)を消す働きをする.ここでは,一番基本的な透明基板上の透明1層膜に光が垂直入射 ($\theta_0 = \theta_1 = \theta_2 = 0$) した場合の反射防止条件について考察しよう.

基板上の1層膜の反射率 R は,(5.47) 式の振幅反射係数 r_{012} から,

$$R = |r_{012}|^2 = \frac{r_{01}^2 + r_{12}^2 + 2r_{01}r_{12}\cos 2\beta}{1 + r_{01}^2 r_{12}^2 + 2r_{01}r_{12}\cos 2\beta} \tag{5.56}$$

と表すことができる.ここで,反射率 R をゼロにしたいわけだが,それには,反射干渉が打ち消し合う,次の2つの条件が満たされる必要がある.まず,図5.25 の反射光束を参照してほしい.2次反射光以降のすべての高次反射光は,$\exp(-i2\beta) = -1$ のときに,1次反射光に対して逆位相で揃い,1次反射光を打ち消す.すなわち,1つ目の条件は,高次反射光の反射位相に関して,

$$2\beta = \frac{2\pi}{\lambda_1} 2n_1 d \cos\theta_1 = (2m-1)\pi \quad \therefore \quad n_1 d = (2m-1)\frac{\lambda_1}{4} \tag{5.57}$$

が成り立つことである.これを,完全反射防止の位相条件という.基本となるのが,$m=1$ のときの位相条件 $n_1 d = \lambda_1/4$ で,1次反射光と2次反射光の光路差が $\lambda_1/2$ で打ち消し合う場合である.

さらに,(5.56) 式に位相条件 $n_1 d = \lambda_1/4$ を代入して,反射防止膜の反射率 $R_{\mathrm{AR}} = 0$ とおくと,

$$R_{\mathrm{AR}} = \frac{r_{01}^2 + r_{12}^2 - 2r_{01}r_{12}}{1 + r_{01}^2 r_{12}^2 - 2r_{01}r_{12}} = \frac{(r_{01} - r_{12})^2}{(1 - r_{01}r_{12})^2} = 0 \tag{5.58}$$

が得られる.(5.58) 式が成り立つ条件は,$r_{01} - r_{12} = 0$ であることがわかる.すなわち,空気/膜界面の振幅反射係数 r_{01} と膜/基板界面の振幅反射係数 r_{12} が等しいことが2番目の条件である.これを完全反射防止の振幅条件という.$r_{01} - r_{12} = 0$ にフレネルの式を入れて書き下すと,

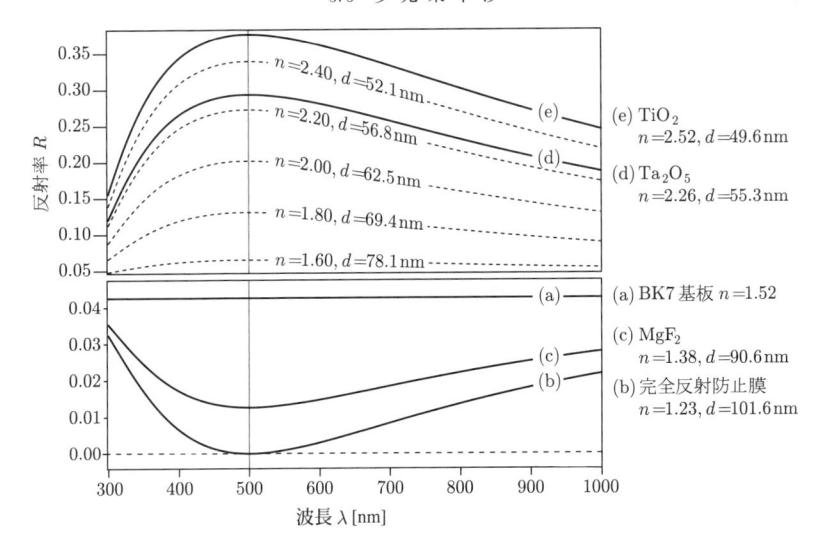

図 5.27 BK7 基板上の 1 層膜の反射率スペクトル

MgF_2, Ta_2O_5, TiO_2 の屈折率は Palik の文献値[18], BK7 の屈折率は分光エリプソメーターの測定値を用いた. 各膜の膜厚は位相条件を満たす値に設定した. また, 反射率スペクトルは, 屈折率分散がないものとして, 波長 500 nm の屈折率で計算している.

$$\frac{n_0 - n_1}{n_0 + n_1} = \frac{n_1 - n_2}{n_1 + n_2} \quad \therefore \quad n_1 = \sqrt{n_0 n_2} \tag{5.59}$$

完全反射防止となる膜の屈折率条件が得られる. 一般的には, 空気/ガラス界面の反射防止に関心があるので, (5.59) 式は簡単に $n_1 = \sqrt{n_2}$ と書ける.

ここで, BK7 基板に対して, 波長 $\lambda_1 = 500$ nm 用の AR コーティングを施す場合の反射防止条件を考えてみよう. 波長 500 nm における BK7 の屈折率を $n_2 = 1.52$ とすると, 反射防止膜に要求される屈折率 n_1 と膜厚 d は, 完全反射防止の振幅条件, 位相条件から,

$$\left. \begin{array}{ll} 振幅条件: & n_1 = \sqrt{n_2} = \sqrt{1.52} = 1.23 \ (\lambda_1 = 500 \text{ nm}) \\ 位相条件: & d = \dfrac{\lambda_1}{4n_1} = \dfrac{500}{4 \times 1.23} = 101.6 \text{ nm} \end{array} \right\} \tag{5.60}$$

と求められる. 図 5.27 は, (5.60) 式の位相条件を満たす透明膜が BK7 基板に付けられたときに得られる反射率スペクトルシミュレーションを, いくつかの膜屈折率に対してプロットしたものである. 図 5.27(a) が BK7 基板, 図 5.27(b) が (5.60) 式を満たす反射防止膜の反射率スペクトルである. 反射防止膜では,

設計波長 500 nm で完全にゼロになる下に凸の反射率スペクトルとなり,可視領域における表面反射が全体的に低減されている.実際のガラス表面の AR コーティングでは,完全反射防止となる $n=1.23$ ほどの低屈折率材料がないため,一般的にフッ化マグネシウム (MgF_2, $n=1.38$ at 500 nm) が使用される (図 5.27(c)).MgF_2 では完全反射防止にはならないものの,ガラス表面の反射を 4.3% から 1.2% にまで低減させることができる.

一方,高屈折率材料 ($n_1 > n_2$) を (5.60) 式の位相条件を満たす膜厚で付けた場合,設計波長 500 nm における反射率を増強する効果が得られる.たとえば,図 5.27(e) に示した酸化チタニウム (TiO_2, $n=2.52$ at 500 nm) をコートした場合の最高反射率は 37.7% に達する.反射が増強される理由は,次のように説明することができる.基板より低屈折率の膜では,1 次反射光の表面反射だけが固定端反射で,すべての高次反射光は基板/膜界面で自由端反射をするため,1 次反射光だけが他と逆位相となる.その結果,1 次反射光と高次光は弱め合う干渉をする.これに対して,高屈折率の膜では,1 次反射光の表面反射,高次反射光の基板/膜界面における反射の両方が固定端反射になり,1 次反射光と高次反射光は同位相になって,強め合う干渉をするのである (4.2.2 項参照).

図 5.27 の例で理解できるように,ちょうどよい屈折率をもつ膜材料を選び,膜厚をコントロールすれば,希望の波長における透過率/反射率をある程度の範囲で制御することができる.

b. ダイクロイックミラーの透過率スペクトル

図 5.27 に示した BK7 基板上の 1 層膜の場合,反射防止膜で反射率 1.2% と,必ずしも十分小さい値とはいえない.また,増反射膜の反射率 37.7% も,ミラーとして使用するには値が低すぎる.そのため,実際の光学薄膜製品では,数種類の誘電体膜を基板上に積層した誘電体多層膜を使って,所望の反射率/透過率特性を実現するのが一般的である.誘電体多層膜の設計や特性マトリクス計算については,成書[28,29,31]をご参照いただくとして,ここでは,誘電体多層膜で作られたダイクロイックミラーの透過率スペクトル特性をご覧いただこう.

ダイクロイックミラーは,反射光と透過光が互いに補色関係になるように,白色光を色分割する機能をもった鏡である.図 5.28(a) に,ダイクロイックミラーの偏光透過率スペクトルを示す.基本的には,屈折率 n_H の高屈折率材料 H と屈折率 n_L の低屈折率材料 L を,それぞれの膜厚を $d_H = \lambda/4n_H$, $d_L = \lambda/4n_L$

(a) 偏光透過率スペクトル

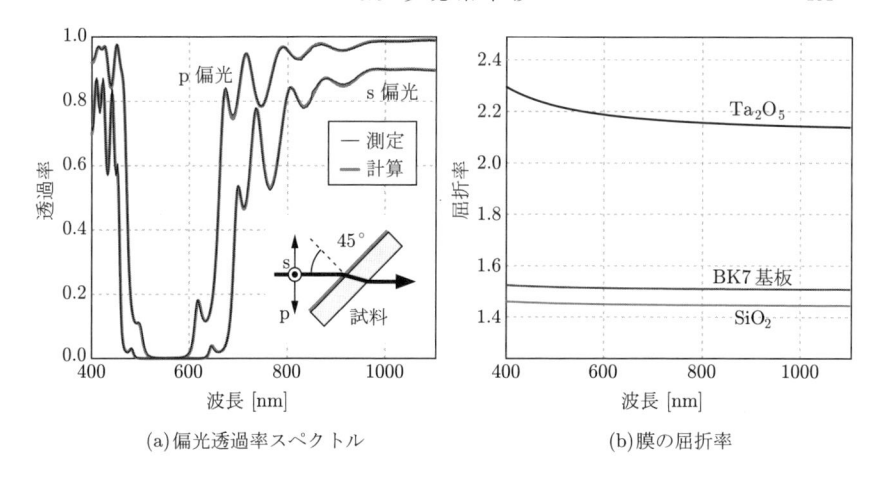

(b) 膜の屈折率

図 5.28 ダイクロイックミラーの透過率スペクトル

にして交互に積層することにより，各層境界面からの反射光が表面反射光と同位相となって，任意の設計波長 λ における高効率の反射鏡を作ることが可能である．測定に使用したダイクロイックミラーは，低屈折率材料 L: SiO_2 と高屈折率材料 H: Ta_2O_5 の交互積層膜 (29 層) で，45° 入射の光を 570 nm で反射，1140 nm で透過するように設計されている．

偏光透過率スペクトル測定は，紫外可視分光光度計を使って，図 5.28(a) 挿入図の配置で行った．45° 入射の測定なので，s 偏光と p 偏光とでは，異なる透過率スペクトル特性を示す (570 nm 付近の反射領域が狭い方が p 偏光透過率スペクトル)．p 偏光の測定結果では，570 nm における透過率は 0.1％程度，1140 nm における透過率は 99％程度である．つまり，入射光は，570 nm 付近ではほとんど反射され，1140 nm 付近ではほとんど透過する透過率スペクトル特性が得られている．

図 5.28(a) のグレー線は，積層膜 29 層の層構造モデルから計算されたシミュレーションスペクトルを測定スペクトルに対してフィッティングした結果である．製品が光学設計どおりにできていれば，図 5.28(a) のように，測定スペクトルとシミュレーションスペクトルの重ね書きは非常によく一致する．また，成膜状態が設計からずれた場合，図 5.28(a) のようなスペクトルフィッティングによって，各層の膜厚や屈折率分散を求め，成膜条件の改善を図ることができる (図 5.28(b))．

このように，誘電体多層膜の透過率スペクトル特性/反射率スペクトル特性は，多層膜多光束干渉計算により，ほぼ完璧に再現することができる．最近では，緻密で安定した膜付けが行えるイオンビームアシスト堆積 (IAD: ion-beam assisted deposition) やイオンビームスパッタリング堆積 (IBSD: ion beam sputtering deposition) などのイオンプロセスを用いた成膜方式が一般的になり[31]，100層を超える誘電体多層を精度よく，設計どおりに作れるようになってきた．そのお陰で，誘電体多層膜の設計自由度が大幅に向上し，高性能な光学薄膜製品 (狭帯域バンドパスフィルター，エッジフィルター，ノッチフィルター，高反射ミラーなど) が比較的容易に手に入るようになった．

Chapter 6

回　折

　波は，障害物によって遮られたとき，その背後の幾何学的には影になる領域にも回り込んで伝わっていく性質をもっている．この波動に共通する性質は，回折と呼ばれる．たとえば，物陰ごしに会話できたり，電波塔が直接見えない場所でラジオを聞くことができるのは，音や電波の回折現象のお陰である．本章では，フラウンホーファー回折を中心に，顕微鏡の回折像，回折格子などの話題を取り上げ，光の回折現象について考察していくことにする．

6.1　ホイヘンス・フレネルの原理

6.1.1　波長に依存した波の回り込み

　波動には，障害物によって直進性が損なわれ，障害物背後の幾何学的には影となる領域に回り込んで進む性質がある．この現象を回折 (diffraction) と呼ぶ．回折は，波動の波長に依存した現象である．たとえば，花火大会で，「打ち上げ花火は建物の陰で見えないのに，音だけが聞こえる」といったことが起こるのは，波長の長い音が物陰に容易に回り込むのに対して，波長の短い光はほぼ直進するからである．もちろん，光も波動に特徴的な回折現象を示すが，音に比べて波長が短いため，回折による曲がりはごくわずかである．たとえば，太陽光によってできる影では，太陽の広がり (視角：約 32 分) に起因して 1 m 先で約 9 mm ボケるが，回折による回り込みは 1 mm 程度と小さいため，日常生活で光の回折を観察することは難しい[32]．ここでは，まず，波長に依存した回折の様子を定性的に確認していくことにする．

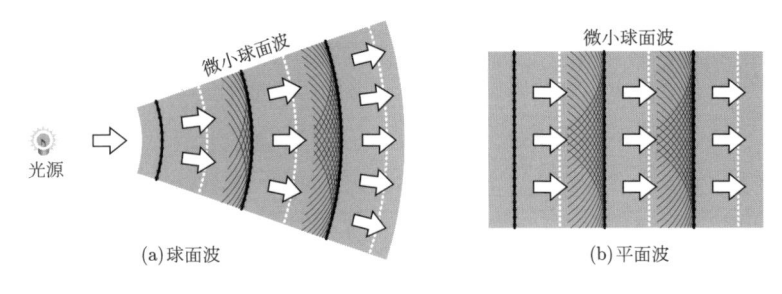

図 6.1 ホイヘンスの原理

a. ホイヘンスの原理

波動が伝搬する様子は，ホイヘンスの原理 (Huygens' principle) を使って説明することができる．ホイヘンスの原理は，2 次波という概念が導入された波動論で，1678 年，オランダの物理学者ホイヘンス (C. Huygens) によって提唱された．図 6.1 は，その概念図である．ホイヘンスの原理では，波面上のすべての点から放出される 2 次的な微小球面波 (spherical wavelet) を考え，その合成包絡面がその次の波面となる．ホイヘンスは，この原理を使って，光の直進，反射，屈折といった光学現象を説明した．この考え方の特徴は，波動が単独で進むのではなく，多くの波の重ね合わせによって次の波面が構成されるとしている点である．この考え方は，開口を通過した光によって形成される回折パターンを，開口面のすべての点から発せられる微小球面波の重ね合わせとして解析するのに応用される．

しかし，ホイヘンスの原理では，波長とは無関係に，同じ合成包絡面を仮想してしまうという問題があり，波長に依存した回折の様子を議論することはできない．この問題は，1818 年，フレネルによって解決されることになる．フレネルは，ホイヘンスの原理に「2 次微小球面波が相互に干渉する」という仮定を加えることで，回折現象が説明できることを示した．すなわち，「開口などに遮られていない波面のすべての点は，1 次波と同じ周波数の 2 次微小球面波を放射し，遮蔽体背後の任意の点における波動の振幅は，振幅と位相を考慮した全 2 次微小球面波の足し合わせの結果として求めることができる」としたのである．改良されたホイヘンスの原理は，ホイヘンス・フレネルの原理 (Huygens–Fresnel principle) と呼ばれる．

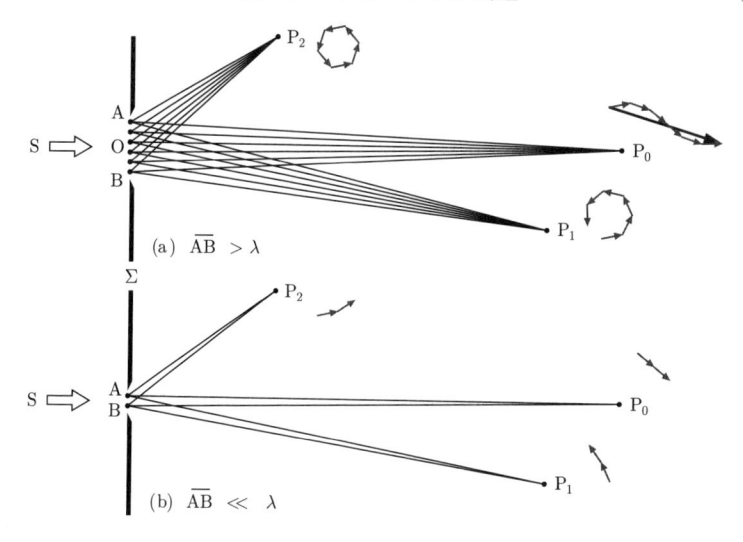

図 6.2 開口に並ぶ 2 次光源からの光の足し合わせ

b. 位相を考慮した 2 次波の足し合わせ

位相を考慮した 2 次微小球面波の足し合わせの概念は，図 6.2 を使って定性的に理解することができる．ここでは，光源 S からの 1 次波は空間的にコヒーレントで強度が均一な平面波であるとする．まず，開口が波長より広い場合 ($\overline{AB} > \lambda$) の 2 次波の足し合わせを見ていこう (図 6.2(a))．ある瞬間，開口 $\overline{AB}$ にある 1 次波波面上の各点から 2 次微小球面波が放射され，スクリーン後方の空間に広がっていくとする．P_0, P_1, P_2 の各点では，開口内のすべての点から発せられた 2 次波の合成波を観測することになる．

開口正面の点 P_0 では，開口中心 O からの 2 次波が最小の所要時間で到達する．このとき，経路 $\overline{AP_0}, \overline{BP_0}$ を通る開口エッジからの 2 次波は，$\overline{OP_0}$ より位相が若干遅れる．試しに，点 P_0 から図の上下方向に移動した位置で，2 次波を観測したとすると，どちらに移動した場合にも，到達 2 次波の隣同士の位相差は増加する．つまり，2 次波到達の所要時間は，点 P_0 で停留値となる．また，P_0 が開口スクリーン Σ から離れるほど，P_0 に到達する 2 次波の隣同士の位相差は小さくなるので，P_0 が Σ からある程度以上離れていれば，位相子を加算した結果として，大きな合成矢印が得られることになる．

一方，開口正面から外れた観測位置 P_1 や P_2 では，2 次波到達の所要時間が

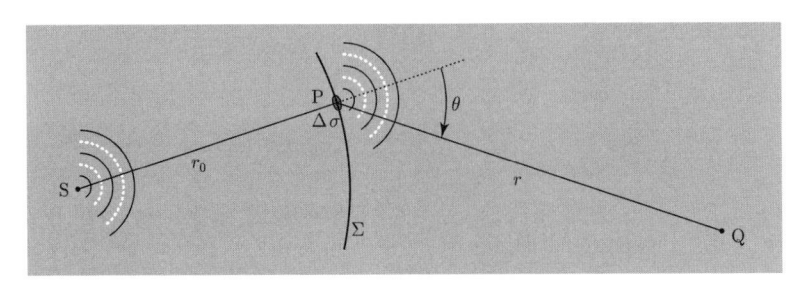

図 6.3 フレネルの回折理論

停留値とはならず，開口の異なる場所からの到達 2 次波は比較的大きな位相差をもつ．たとえば，図 6.2(a) の P_2 では，到達 2 次波の位相子の足し合わせは回転するだけで，決して大きな最終矢印が合成されることはない．つまり，回折光は全く観測されないか，観測されたとしてもごくわずかである．この傾向は，開口正面から外れるほど顕著になり，回折光は弱まっていく．

これに対して，開口が波長より十分に狭い場合 ($\overline{AB} \ll \lambda$)，開口の両エッジからの 2 次波の光路差 $|\overline{AP_m} - \overline{BP_m}|$ は，最大でも $\overline{AB}$ であり，波長 λ に比べると十分に小さい．位相子で表した図 6.2(b) を参照すればわかるように，図 6.2(a) と比べて開口が小さいため観測各点に到達する 2 次波は少ないが，観測点 P_m の位置にかかわらず 2 次波同士の位相差は小さく，どの観測位置でも位相子加算後の最終矢印は値をもつようになる．つまり，観測位置がどこであっても，程度の差こそあれ，回折光が観測される．

6.1.2　フレネルの回折理論

フレネルがホイヘンス・フレネルの原理で展開した回折理論を概観しておくとしよう．光源 S から出た 1 次波のある瞬間における波面 Σ を考える (図 6.3)．Σ 上の点 P にある微小面積 $\Delta\sigma$ から，球面状の 2 次波が放射されるとする．$\Delta\sigma$ からの点 Q に到達する 2 次波を Δu とすると，

$$\Delta u = a \Delta\sigma \frac{\exp\left[i\left(\omega t - kr\right)\right]}{r} \tag{6.1}$$

と書くことができる．ただし，r は P と Q の距離 $\overline{PQ}$ で，a は 1 次波に対する 2 次波の振幅比を表す定数である．点 P が Σ 上のどこにあっても，2 次波は同位相で放射され，その振幅は r^{-1} に比例して減衰するので，点 Q に到達する

波動の位相は $\varphi(r,t) = (\omega t - kr)/r$ と表せる．フレネルは，1次波と2次波の進行方向がなす角 θ によって2次波の強度が決まるとして，同一方向 ($\theta = 0°$) で最大値1，逆方向 ($\theta = 180°$) で0になる傾斜因子 (inclination factor) と呼ばれる関数 $K(\theta)$ を仮定した．(6.1) 式は，$K(\theta)$ を加えて次のように書き換えられる．

$$\Delta u = a K(\theta) \Delta\sigma \frac{\exp\left[i\left(\omega t - kr\right)\right]}{r} \tag{6.2}$$

点 Q で観測される波動 u は，(6.2) 式で表される微小領域からの寄与を，波面 Σ 全体にわたって積分したものであるから，

$$u = a \int_{\Sigma} K(\theta) \frac{\exp\left[i\left(\omega t - kr\right)\right]}{r} d\sigma \tag{6.3}$$

が得られる．点 Q を単位時間あたりに通過するエネルギー密度 (光強度) は，(6.3) 式の積分を行った後，その絶対値を2乗して時間平均をとることで求めることができる．

1882年，旧プロイセンの物理学者キルヒホッフ (G.R. Kirchhoff) は，スカラー場の波動方程式を積分して (6.3) 式とほぼ同じ基本式を導き，1次波と2次波の比 a と傾斜因子 $K(\theta)$ の正しい値を求めた．フレネル・キルヒホッフの回折積分 (Fresnel–Kirchhoff diffraction integral) と呼ばれるものである．この回折理論[23, 24]における数学的に詳細な議論は，本書の範囲を超えているため，ここでは扱わないが，回折積分の基本的な考え方や積分の基本構造は，本節で示したとおりであり，(6.3) 式は光の回折に関する多くの問題に対して満足すべき解を与えてくれる．

6.2　フラウンホーファー回折

回折は，光学の中でも最も難しい問題の1つであり，回折理論で厳密に解けるものはまれであるといえる．また，厳密解が発見されたいくつかの回折問題も，その解析には数学的困難さを伴うため，実用的な回折の解析では，近似を使わざるをえない．幸いなことに，近似によって単純化されたフラウンホーファー回折は，波動光学において最も実用的で重要である．ここでは，フラウンホーファー回折を取り上げて議論していくことにしよう．

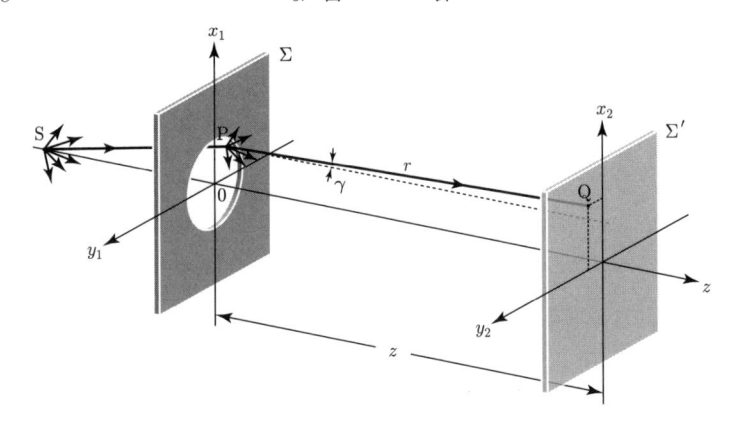

図 6.4 開口からの回折

6.2.1 開口からの回折

a. 回折積分

図 6.4 に示すように，$z=0$ の $x_1 y_1$ 平面に，2 次元開口をもつ開口スクリーン Σ があり，Σ から十分離れた点光源 S から放射された 1 次波が，開口スクリーンの背面に照射されているとする．ここでは，入射波は，開口スクリーンの遮光領域の裏側には回り込まないものと仮定する．また，開口内部における入射波は，開口スクリーンがないときに等しく，開口エッジによる擾乱を全く受けないものとする．開口中にある座標 $(x_1, y_1, 0)$ の点 P における光電場を $u(x_1, y_1, 0)$ とする．この点 P が 2 次波の光源となって，開口スクリーン Σ 後方の $z>0$ の領域に球面波が広がっていく．これは，6.1 節で示したホイヘンス・フレネルの原理に基づく考え方である．

ここで，開口から距離 z 離れた位置にある投影スクリーン Σ' の点 Q に到達する 2 次波の光電場を求めよう．Σ' の点 Q の座標を (x_2, y_2, z) とすると，点 P から点 Q に到達する 2 次波の光電場のうち，Σ' 面内成分は，

$$\Delta u(x_2, y_2, z) = u(x_1, y_1, 0) \frac{\exp(-ikr)}{r} \cos\gamma \tag{6.4}$$

と書くことができる[21]．ただし，k は波数，r は PQ 間の距離，γ は $\overline{\mathrm{PQ}}$ の z 軸からの傾き角である．なお，ここでは，波動の時間振動項 $\exp(i\omega t)$ を省略して表記する．点 Q における光電場は，Σ の開口全体から点 Q に到達する 2 次波の総和であり，(6.4) 式を Σ 全体にわたって面積分することで求めることが

できる.

$$u(x_2, y_2, z) = \frac{i}{\lambda} \iint_\Sigma u(x_1, y_1, 0) \frac{\exp(-ikr)}{r} \cos\gamma \, dx_1 dy_1 \tag{6.5}$$

式中の右辺に現れる係数 i/λ の説明には,数学的で詳細な議論[24]が必要なため,ここでは説明を省略する.

b. フラウンホーファー近似とフレネル近似

(6.5) 式の回折積分を,近似を使って変形していこう.点 Q が z 軸付近にあり,光路 PQ が光軸である z 軸に対してほぼ平行な場合,近軸近似 (paraxial approximation) を適用することができ,

$$\gamma \approx 0, \ \cos\gamma \approx 1, \ \Rightarrow \ r = \frac{z}{\cos\gamma} \approx z \tag{6.6}$$

が成り立つ.

また,$r \gg \lambda$ の条件から,$kr \gg 2\pi$ であり,指数関数 $\exp(-ikr)$ の位相は r の値で大きく変化する.そのため,$\exp(-ikr)$ 項の r を単に z で置き換えたのでは不正確で,この項に対しては,より精度の高い近似を用いる必要がある.ピタゴラスの定理 $r = \sqrt{(x_2-x_1)^2 + (y_2-y_1)^2 + z^2}$ のテーラー展開に基づく近似式 $\sqrt{1+x} \approx 1 + (x/2) - (x^2/8) + \cdots$ を使って r を展開すると,

$$\begin{aligned} r &= z\sqrt{1 + \left(\frac{x_2-x_1}{z}\right)^2 + \left(\frac{y_2-y_1}{z}\right)^2} \\ &\approx z + \frac{(x_2-x_1)^2 + (y_2-y_1)^2}{2z} - \cdots \\ &= z + \frac{x_2{}^2 + y_2{}^2}{2z} - \frac{x_1 x_2 + y_1 y_2}{z} + \frac{x_1{}^2 + y_1{}^2}{2z} - \cdots \end{aligned} \tag{6.7}$$

が得られる.(6.7) 式の右辺第 4 項までをとる近似を,フレネル近似 (Fresnel approximation),右辺第 3 項までをとる近似を,フラウンホーファー近似 (Fraunhofer approximation) と呼ぶ.

(6.5) 式の分母の r を z で置き換え,$\exp(-ikr)$ をフレネル近似を使って整理すると,

$$\begin{aligned} u(x_2, y_2, z) = A_0(x_2, y_2, z) \iint_\Sigma u(x_1, y_1, 0) \exp\left(ik\frac{x_2 x_1 + y_2 y_1}{z}\right) \\ \cdot \exp\left(-ik\frac{x_1{}^2 + y_1{}^2}{2z}\right) dx_1 dy_1 \end{aligned} \tag{6.8}$$

160   6. 回　　折

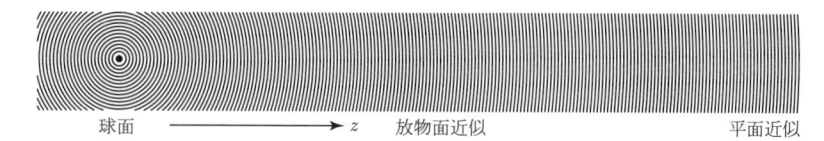

球面 ——→ z　放物面近似　　　　　　　　　平面近似

図 6.5　放物面近似と平面近似

となる．ただし，$A_0(x_2, y_2, z)$ は x_1, y_1 に依存しない項をまとめたもので，

$$A_0(x_2, y_2, z) = \frac{i}{\lambda z} \exp(-ikz) \exp\left(-ik\frac{{x_2}^2 + {y_2}^2}{2z}\right) \tag{6.9}$$

である．

同様に，(6.5) 式にフラウンホーファー近似を適用した場合，

$$u(x_2, y_2, z) = A_0(x_2, y_2, z) \iint_\Sigma u(x_1, y_1, 0) \exp\left(ik\frac{x_2 x_1 + y_2 y_1}{z}\right) dx_1 dy_1 \tag{6.10}$$

と表せる．当然，第 3 項までをとるフラウンホーファー近似より，第 4 項までをとるフレネル近似の方が近似精度が高い．

c. フラウンホーファー近似の成立条件

　フレネル近似の (6.8) 式では，位相に x_1 と y_1 の 2 次関数が含まれており，それは回転放物面の式 $({x_1}^2 + {y_1}^2)/z = \text{const.}$ の形をしている．つまり，フレネル近似では，球面波を放物面波で近似しているのである．一方，(6.10) 式では，位相は x_1 と y_1 の 1 次関数であり，フラウンホーファー近似が球面波を平面波で近似していることを表している．そのため，フラウンホーファー近似では，フレネル近似よりも大きな距離 z が必要になる (図 6.5)．

　フラウンホーファー近似が成立する条件は，フレネル近似の (6.8) 式の第 4 項の位相 $k({x_1}^2 + {y_1}^2)/2z$ がゼロになることである．言い換えると，波面を放物面に近似する項が，無視できる必要がある．開口 Σ における積分範囲の上限値を与える x_1 座標，y_1 座標を，それぞれ $x_{1\max}, y_{1\max}$ とすると，フラウンホーファー近似の成立条件は，

$$k\frac{{x_{1\max}}^2 + {y_{1\max}}^2}{2z} \ll 1 \tag{6.11}$$

と書くことができる．ここで，開口の形状を円形と見なし，その等価直径を D

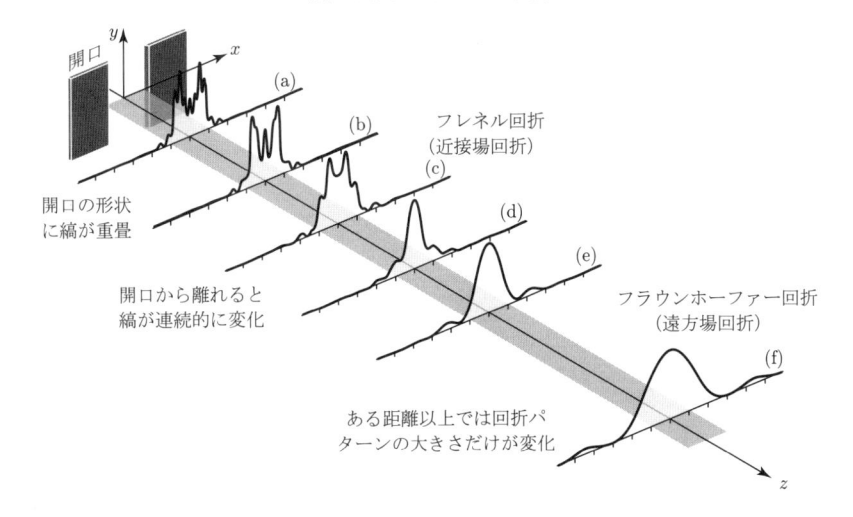

図 6.6 フラウンホーファー回折とフレネル回折

として，$(x_{1\max}{}^2 + y_{1\max}{}^2)$ を $(D/2)^2$ と置くと，(6.11) 式は，

$$z \gg \frac{\pi(D/2)^2}{\lambda} = \frac{A}{\lambda} \tag{6.12}$$

と変形できる．ここで，A は開口の面積である．すなわち，フラウンホーファー近似が成立するためには，投影スクリーンまでの距離 z を，(6.12) 式を満たすように大きくとる必要がある．

d. フラウンホーファー回折とフレネル回折

図 6.6 は，開口スクリーン Σ と投影スクリーン Σ' の距離 z に対する回折像の変化を示したものである．十分離れた点光源 S から開口スクリーンの背面に光が均一に照射されているとする．ここでは，y 軸方向に無限長のスリット状開口を想定して，x 軸方向の回折像を描いてある．まず，投影スクリーンを，開口の直後に置いたとしよう (図 6.6(a))．スクリーンには，開口形状の上にわずかに縞模様が重畳した像が投影される．スクリーンが開口から離れると，投影される像は開口形状を残してはいるものの，徐々に縞模様の影響が大きくなり複雑な形状へと変化する (図 6.6(b)〜図 6.6(d))．この領域の回折を，フレネル回折 (Fresnel diffraction)，あるいは近接場回折 (near-field diffraction) と呼ぶ．スクリーンをさらに遠ざけると，細かな縞模様はなくなり，開口形状とはあまり似ていない緩やかな縞構造をもった回折像が現れる (図 6.6(f))．その後，さら

にスクリーンを遠ざけても，回折像の大きさが変わるだけで像の形状は変化しない．この領域の回折を，フラウンホーファー回折 (Fraunhofer diffraction)，または遠方場回折 (far-field diffraction) と呼ぶ．

e. フラウンホーファー回折とフーリエ変換

さて，図 6.4 の $z=0$ の面で，開口 Σ の外は $u(x_1, y_1, 0) = 0$ なので，(6.10) 式において，$u(x_1, y_1, 0)$ の積分区間を $-\infty \sim \infty$ としても問題ない．ここで，

$$\nu_x \equiv -\frac{x_2}{\lambda z}, \quad \nu_y \equiv -\frac{y_2}{\lambda z} \tag{6.13}$$

と置いて (6.10) 式を書き換えると次式が得られる．

$$u(x_2, y_2, z) = A_0(x_2, y_2, z) \iint_{-\infty}^{\infty} u(x_1, y_1, 0) \exp\left[-i2\pi(\nu_x x_1 + \nu_y y_1)\right] dx_1 dy_1 \tag{6.14}$$

(6.14) 式は，変数 (x_1, y_1) で表される 2 次元実空間から，2 次元周波数空間 (ν_x, ν_y) へのフーリエ変換になっている．ここで，(ν_x, ν_y) は，空間フーリエ周波数 (spatial Fourier frequency) と呼ばれる．

フラウンホーファー回折は，開口からの 2 次波を平面波で近似する回折であり，得られる回折像 $u(x_2, y_2, z)$ は，平面波の足し合わせの結果である．つまり，$u(x_2, y_2, z)$ は，開口 Σ の 2 次元フーリエ変換像である．

6.2.2 単一スリットのフラウンホーファー回折

まずは，図 6.6 に示したような単一スリットのフラウンホーファー回折について考察していこう．座標の取り方を，図 6.4 に合わせて，図 6.7 のようにとることにする．開口 Σ は，x_1 軸方向には有限の幅 a，y_1 軸方向には無限長だと仮定すると，このようなスリット状開口の各点から放射される 2 次波は，球面波ではなく円筒波になる．球面波の場合の (6.5) 式を，円筒波に対応させた単一スリットの回折積分は，

$$u(x_2, z) = \sqrt{\frac{i}{\lambda}} \int_{\Sigma} u(x_1, 0) \frac{\exp(-ikr)}{\sqrt{r}} \cos\gamma \, dx_1 \tag{6.15}$$

と書くことができる．ここで，$r = \sqrt{(x_2 - x_1)^2 + z^2}$ として，(6.7) 式と同様に展開すると，フラウンホーファー近似は，

6.2 フラウンホーファー回折

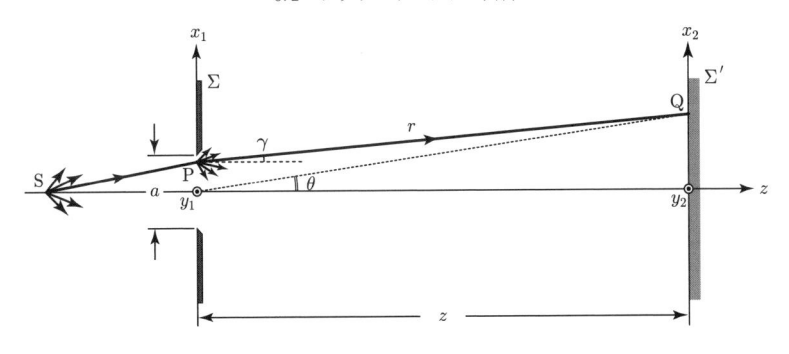

図 6.7 単一スリット (1 次元開口) からの回折

$$u(x_2, z) = B_0(x_2, z) \int_\Sigma u(x_1, 0) \exp\left(\frac{ikx_2}{z}x_1\right) dx_1 \tag{6.16}$$

と表される．ただし，$B_0(x_2, z)$ は，

$$B_0(x_2, z) = \sqrt{\frac{i}{\lambda z}} \exp(-ikz) \exp\left(\frac{-ikx_2{}^2}{2z}\right) \tag{6.17}$$

である．さて，開口における光電場振幅が一定値 $u(x_1, 0) = u_0$ をとるとして，開口幅 a の単一スリットで得られるフラウンホーファー回折の特性を求めておこう．(6.16) 式から，

$$\begin{aligned}
u(x_2, z) &= B_0(x_2, z) \int_{-a/2}^{a/2} u_0 \exp\left(\frac{ikx_2}{z}x_1\right) dx_1 \\
&= B_0(x_2, z) u_0 \frac{z}{ikx_2} \left[\exp\left(\frac{ikax_2}{2z}\right) - \exp\left(-\frac{ikax_2}{2z}\right)\right] \\
&= B_0(x_2, z) u_0 \frac{2z}{kx_2} \sin\left(\frac{kax_2}{2z}\right) = B_0(x_2, z) u_0 \, a \, \frac{\sin\left(\frac{kax_2}{2z}\right)}{\frac{kax_2}{2z}} \\
&= B_0(x_2, z) u_0 \, a \, \mathrm{sinc}\left(\frac{kax_2}{2z}\right) = B_0(x_2, z) u_0 \, a \, \mathrm{sinc}\left(\frac{\pi a x_2}{\lambda z}\right) \\
&= B_0(x_2, z) u_0 \, a \, \mathrm{sinc}\left(\pi X\right) \tag{6.18}
\end{aligned}$$

が得られる (sinc 関数については 2.4.7a 項参照)．ただし，$X \equiv ax_2/(\lambda z)$ である．また，投影スクリーン Σ' における光強度は，(6.18) 式から，

図中:

$$\frac{I(x_2,z)}{I_0} = \mathrm{sinc}^2(\pi X), \quad X = \frac{ax_2}{\lambda z}$$

a: スリット幅

$$\frac{x_2}{z} = \tan\theta \approx \theta$$

$$\theta = \frac{\lambda}{a}X \quad (X = \pm 1, \pm 2, \pm 3, \cdots)$$

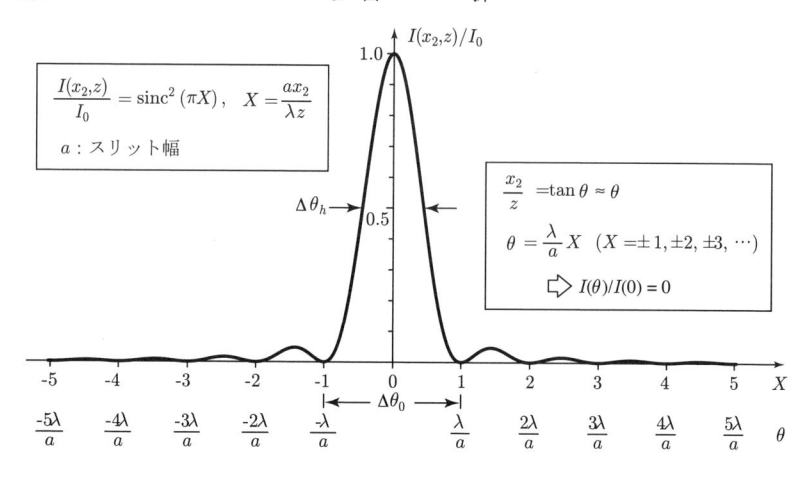

$I(\theta)/I(0) = 0$

図 6.8 単一スリットのフラウンホーファー回折強度分布

$$I(x_2, z) \propto |u(x_2, z)|^2 = I_0 \,\mathrm{sinc}^2(\pi X) \tag{6.19}$$

と求めることができる．ただし，$I_0 = |B_0(x_2,z)u_0\,a|^2$ である．

図 6.8 は，単一スリットで得られるフラウンホーファー回折の強度分布を示している．図 6.7 のように，スリット Σ の中心からスクリーン Σ' 上の点 Q の方向が z 軸となす角を θ とすると，ここでは，近軸近似が成り立つ回折像を取り扱っているのだから，

$$\frac{x_2}{z} = \tan\theta \approx \theta \quad \Rightarrow \quad \theta = \frac{\lambda}{a}X \tag{6.20}$$

と書くことができる．sinc 関数が 0 になる $X = \pm 1, \pm 2, \pm 3, \cdots$ で，(6.19) 式は 0 になる ($X = 0$ では，sinc 関数は 1 になる)．すなわち，

$$\theta = \frac{\lambda}{a}X \quad (X = \pm 1, \pm 2, \pm 3, \cdots) \tag{6.21}$$

を満たす角度 θ で，回折光は完全に打ち消し合う．スリットの正面の $X = 0 (\theta = 0)$ では，開口全体から到達する全 2 次波が強め合う干渉をするため，最大値 1 になる．X(または θ)の増加に伴い，$X = 1.430$ で 2 番目の極大 ($I/I_0 = 0.04719$)，$X = 2.459$ で 3 番目の極大 ($I/I_0 = 0.01648$)，$X = 3.471$ で 4 番目の極大 ($I/I_0 = 0.00834$) と，強度振動しながらゼロに漸近する．

フラウンホーファー回折の成立条件を満たす限り，この回折パターンは θ の

(a) 単一スリット 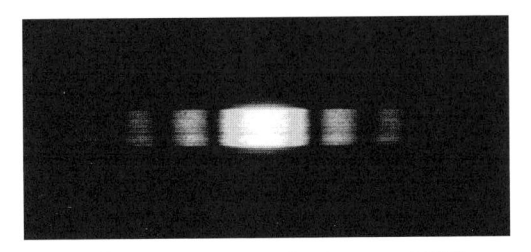　　(b) 単一スリットのフラウンホーファー回折像

図 6.9　単一スリットのフラウンホーファー回折像
一連の回折実験に使用したスリットと方形開口は，株式会社光フィジクス研究所のご厚意により，フェムト秒レーザー加工機を使って作製していただいた．また，一連の回折実験は，東京工業大学石川謙准教授にご協力いただいた．写真 (a) 右下のスケールは $10\,\mu m/\mathrm{div}$.

関数なので，スクリーン間の距離 z が変わってもパターン形状は変わらず，像の大きさが変化するだけである．また，(6.21) 式から，波長 λ が長いか，スリット幅 a が狭いほど，回折パターンは x 軸方向に広がることがわかる．

図 6.8 に示したフラウンホーファー回折像における中心ピークの半値全幅を $\Delta\theta_h$，最初に強度がゼロになる θ 値の全幅 (ここではゼロ値全幅と呼ぶことにする) を $\Delta\theta_0$ とすると，それぞれ，

$$\Delta\theta_h = 0.89\frac{\lambda}{a}, \quad \Delta\theta_0 = 2\frac{\lambda}{a} \tag{6.22}$$

と求まる．

実際に観察される単一スリットのフラウンホーファー回折像を示そう (図 6.9)．光源にアルゴンイオンレーザー ($\lambda = 514.5\,\mathrm{nm}$) を用い，レーザービームを広げてから，$20\,\mu m$ 幅のスリットの背面に照射して，十分に距離をとったスクリーン上に投影された回折像を撮影した．実験に使用するスリットは長手方向が有限なため，図 6.9(b) のような帯状の回折パターンが見られる．得られたフラウンホーファー回折像 (図 6.9(b)) は，図 6.8 に対応した強度分布を示しており，$X = \pm 1, \pm 2, \pm 3, \cdots$ に対応する位置で暗線が確認できる．干渉像の間隔が，上下方向で若干ずれているのは，スリットの上下でスリット幅がわずかに違っているからである．

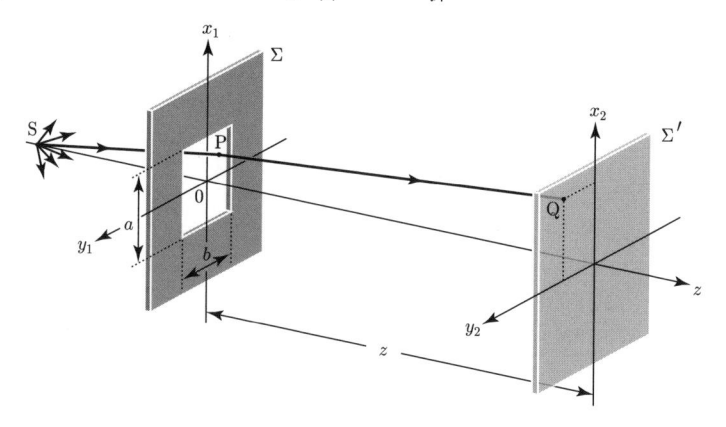

図 **6.10** 方形開口のフラウンホーファー回折

6.2.3 開口形状とフラウンホーファー回折

引き続き，開口の形状によって，フラウンホーファー回折像がどのように変わるか調べていこう (口絵 10 参照).

a. 方形開口

図 6.10 のような，x_1 方向の寸法が a, y_1 方向の寸法が b の方形開口 Σ を仮定する．単一スリットの場合と同様に，開口における光電場振幅が一定値 $u(x_1, y_1, 0) = u_0$ をとるとして，フラウンホーファー回折の特性を求めることにする．基本的な手順は，単一スリットの場合と全く同じである．(6.10) 式を開口の全域にわたって積分すると，

$$
\begin{aligned}
u(x_2, y_2, z) &= A_0(x_2, y_2, z) \int_{-b/2}^{b/2} \int_{-a/2}^{a/2} u_0 \exp\left(ik\frac{x_2 x_1 + y_2 y_1}{z}\right) dx_1 dy_1 \\
&= A_0(x_2, y_2, z) u_0\, ab\, \mathrm{sinc}\left(\frac{kax_2}{2z}\right) \mathrm{sinc}\left(\frac{kby_2}{2z}\right) \\
&= A_0(x_2, y_2, z) u_0\, ab\, \mathrm{sinc}\left(\frac{\pi a x_2}{\lambda z}\right) \mathrm{sinc}\left(\frac{\pi b y_2}{\lambda z}\right) \\
&= A_0(x_2, y_2, z) u_0\, ab\, \mathrm{sinc}(\pi X) \mathrm{sinc}(\pi Y) \quad (6.23)
\end{aligned}
$$

が得られる．ただし，

$$
X \equiv \frac{ax_2}{\lambda z}, \quad Y \equiv \frac{by_2}{\lambda z} \quad (6.24)
$$

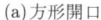

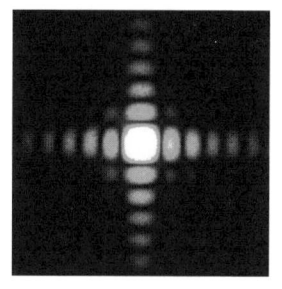

図 6.11 方形開口のフラウンホーファー回折像
(a) 実験に用いた $200\,\mu\mathrm{m} \times 200\,\mu\mathrm{m}$ の方形開口．(b) 測定された 2 次元回折パターン．波長: 514.5 nm．回折像中央部は露出オーバーになっている．

である．投影スクリーン Σ' における光強度は，

$$I(x_2, y_2, z) \propto |u(x_2, y_2, z)|^2 = I_0 \operatorname{sinc}^2(\pi X) \operatorname{sinc}^2(\pi Y) \tag{6.25}$$

と求まる．ただし，$I_0 = |A_0(x_2, y_2, z) u_0\, ab|^2$ である．

図 6.11 に方形開口から投影された 2 次元的なフラウンホーファー回折パターンを示す．光源波長，光学配置などの実験条件は，図 6.9 と同じである．中央のピークに比べて周辺のピーク強度が弱いので，意図的に中央部を露出オーバーにして撮影した．

図 6.12 に，(6.19) 式から計算した方形開口のフラウンホーファー回折パターンを示す．(6.25) 式で $Y=0$ とした場合，単一スリットに対する (6.19) 式と同じ形になり，方形開口のフラウンホーファー回折における x 軸上の回折パターン (図 6.11(b)) は図 6.8 と等しくなる．したがって，方形開口における半値全幅およびゼロ値全幅は，それぞれ，$\Delta\theta_h = 0.89\lambda/a$，$\Delta\theta_0 = 2\lambda/a$ である．

b. 円形開口

図 6.11 のように配置された円形開口 Σ の場合のフラウンホーファー回折の特性について考えよう．ここでも，開口における光電場振幅が一定値 $u(x_1, y_1, 0) = u_0$ をとるものとして計算する．円形開口の場合，z 軸に関して回転対称性があることから，極座標で計算を行う．Σ および Σ' 上の座標を，

$$\left.\begin{array}{l} x_1 = r_1 \cos\theta_1,\quad y_1 = r_1 \sin\theta_1 \\ x_2 = r_2 \cos\theta_2,\quad y_2 = r_2 \sin\theta_2 \end{array}\right\} \tag{6.26}$$

と表すことにする．(6.10) 式を極座標に変換すると，

$$u(r_2, \theta_2, z) = A_0(x_2, y_2, z) \int_0^{2\pi} \int_0^a u_0 \exp\left[\frac{ik}{z} r_1 r_2 \cos(\theta_1 - \theta_2)\right] r_1 dr_1 d\theta_1 \tag{6.27}$$

となる (面積要素が $r_1 dr_1 d\theta_1$ であることに注意)．ここで，ベッセル関数 (Bessel function) を使って回折積分を計算すると，

$$u(r_2, \theta_2, z) = A_0(x_2, y_2, z) u_0 (\pi a^2) \frac{2 J_1(kar_2/z)}{kar_2/z} \tag{6.28}$$

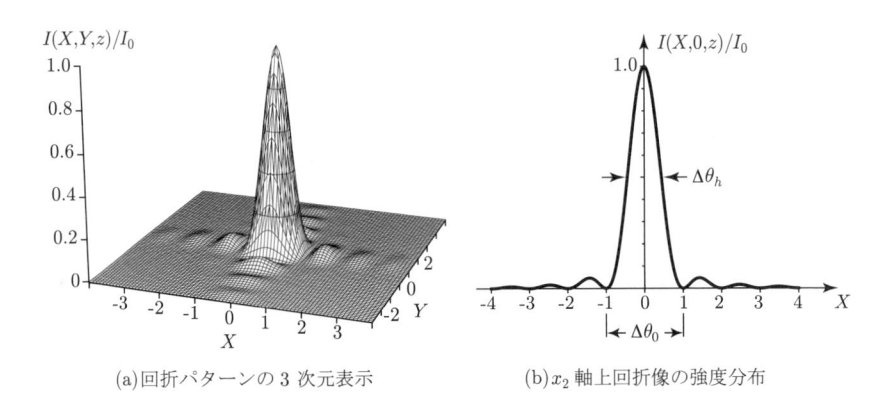

(a)回折パターンの3次元表示 (b)x_2軸上回折像の強度分布

図 6.12　方形開口の回折パターン

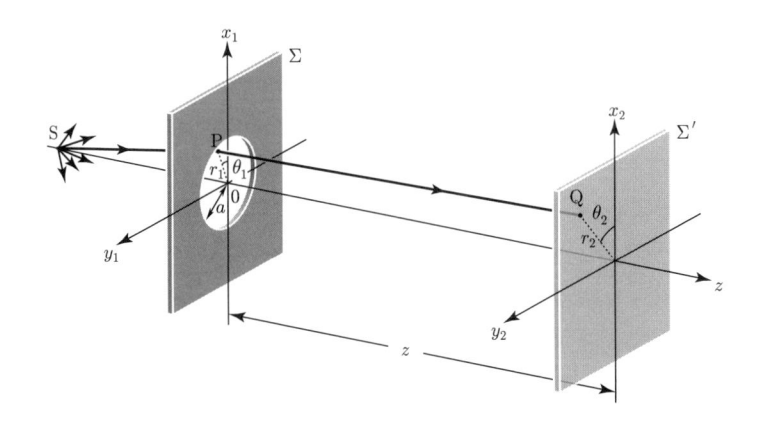

図 6.13　円形開口のフラウンホーファー回折

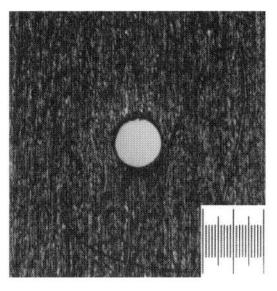

(a) 円形開口 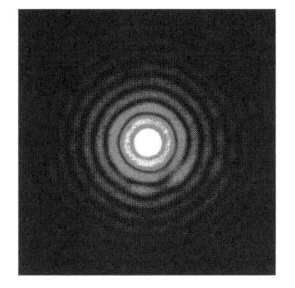 (b) 回折像

図 6.14 円形開口のフラウンホーファー回折像
(a) 実験に用いた円形開口 ($\phi 150\,\mu\mathrm{m}$). (b) 実際の 2 次元回折パターン. 光源にはアルゴンイオンレーザー (波長: 514.5 nm) を使用. 回折像中央部は露出オーバーである. 開口エッジ部の傷が回折パターンの乱れの原因となっている.

が得られる (付録 A.5.1 参照). ただし, J_1 は 1 次のベッセル関数である. また, 光強度は,

$$I(r_2, \theta_2, z) = I_0 \left[\frac{2J_1(\pi R)}{\pi R} \right]^2 \tag{6.29}$$

になる. ただし,

$$I_0 \equiv \left| A_0(x_2, y_2, z) u_0(\pi a^2) \right|^2, \quad R \equiv \frac{2ar_2}{\lambda z} \tag{6.30}$$

と定義される. R は, 近軸近似が成り立つ場合には,

$$R \approx \frac{2a}{\lambda} \theta \tag{6.31}$$

とすることができる.

図 6.14 に円形開口の 2 次元的なフラウンホーファー回折パターンを示す. 図 6.14(b) に示すように, スクリーン Σ' には, 同心円状の回折パターンが投影される. これは, (6.29) 式を最初に導いたイギリスの天文学者エアリー (G.B. Airy) にちなんで, エアリーパターン (Airy pattern) と名付けられている. エアリーパターン中心部の, ゼロ値全幅 $\Delta\theta_0$ に囲まれた明るい領域は, エアリーディスク (Airy disk) と呼ばれる. 回折光のエネルギーの約 84% がエアリーディスク内に含まれる. 図 6.14(b) の写真では, 周辺の微弱な回折パターンまで撮影する目的で露出オーバーにしているため, 最初のゼロ値のリングが不鮮明に

(a)回折パターンの3次元表示

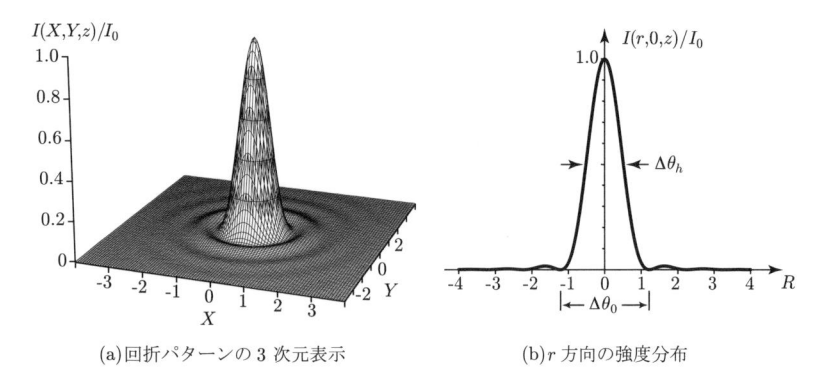

(b)r方向の強度分布

図 6.15 円形開口の回折パターン

$y = \text{sinc}^2 \pi x$ （方形開口）

$y = \left[\dfrac{2J_1(\pi x)}{\pi x} \right]^2$ （円形開口）

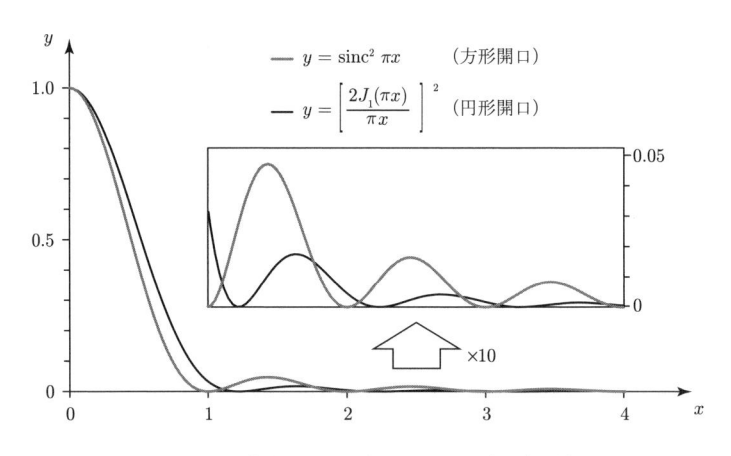

図 6.16 方形開口と円形開口の回折強度分布比較

なってしまっている．また，開口エッジの傷 (図 6.14(a) 開口部の上方) のため，エアリーパターンに乱れが生じている．

図 6.15(a) に，(6.29) 式から求めた円形開口のフラウンホーファー回折パターンを示す．(6.29) 式，(6.31) 式から求めた円形開口における半値全幅 $\Delta\theta_h$ およびゼロ値全幅 $\Delta\theta_0$ は，それぞれ，

$$\Delta\theta_h = 1.04 \frac{\lambda}{a}, \quad \Delta\theta_0 = 2.44 \frac{\lambda}{a} \tag{6.32}$$

である．

図 6.16 は，方形開口および円形開口の回折強度分布を比較したものである．

6.3 フラウンホーファー回折と分解能

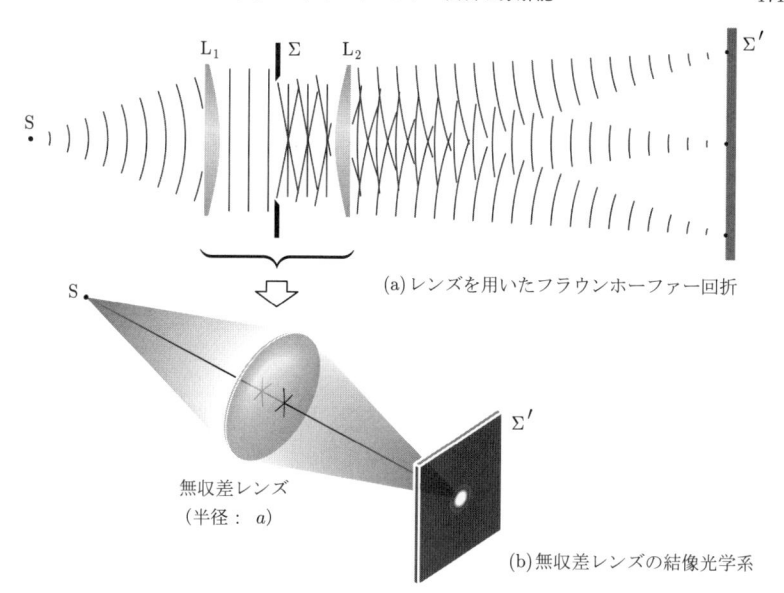

図 6.17 レンズを用いたフラウンホーファー回折と無収差レンズ結像系

(a)レンズを用いたフラウンホーファー回折

無収差レンズ
（半径：a）

(b)無収差レンズの結像光学系

円形開口を表すベッセル関数では，sinc 関数とは異なり，光強度がゼロとなる位置が等間隔にはならない．また，x の増加に伴い，sinc 関数よりも，急激に減衰することがわかる．

6.3　フラウンホーファー回折と分解能

フラウンホーファー回折は，フレネル回折の特殊な場合であるにもかかわらず，光学における利用価値が高く非常に重要である．ここでは，円形開口のフラウンホーファー回折と光学分解能の関係について議論していこう．

6.3.1　分解能と回折限界

フラウンホーファー回折では，光源 S と投影スクリーン Σ' の双方が，開口スクリーン Σ から実効的に無限遠にあることが条件である．しかし，実際には，図 6.17(a) のような無収差レンズを使った等価な光学配置で，フラウンホーファー回折の条件を満足させることができる．すなわち，レンズ L_1 の焦点に置かれた光源 S からの 1 次波は，あたかも無限遠から来たかのように開口 Σ に

入射され，回折光はレンズ L_2 の焦点位置に置かれたスクリーン Σ' が無限遠に置かれているかのようにエアリーパターンを形成する．

さて，図 6.17(a) のレンズ L_1，開口 Σ，レンズ L_2 の間隔を限りなく近づけた場合を想像してみよう．それらが，開口と同じ径をもつ単レンズに置き換えられることが理解できるだろう (図 6.17(b))．実は，半径 a の無収差レンズの結像系は，半径 a の開口と同じ機能を果たし，全く同じようにフラウンホーファー回折を起こす．そのため，レンズが有限の半径 a をもつ限り，たとえ無限小の点光源からの光を集光したとしても，点には結像されず，必ずエアリーパターンが生じる．そして，結像面でのエアリーディスクが小さければ小さいほど，像を分離する能力，すなわち分解能 (resolution) が高くなる．

たとえば，光度の等しい近接した2つの星を望遠鏡で見たときに，2つが分離して見える条件として，一方の像の中心極大が他方の像のエアリーディスク半径と一致する距離を分解能とする定義，つまりレーリーの分解能 (Rayleigh resolution) が広く使われている．(6.30) 式の $R = 2ar_2/\lambda z$ で，$2a$ をレンズの有効直径 D，z をレンズの焦点距離 f，r_2 を焦点面上での2つの像間距離 Δr で置き換えると，Δr がエアリーディスクの半径に等しい場合には $R = 1.22$ となる．したがって，レーリーの基準に基づく分解能は，

$$\Delta r = 1.22 \frac{\lambda z}{2a} = 1.22 \frac{f\lambda}{D} = 1.22 \lambda F \tag{6.33}$$

と書くことができる．ここで，F は，$F \equiv f/D$ と定義される F 値 (F-number) と呼ばれるレンズの明るさを示す指標である．一般に，光学機器の画像分解能を表す解像力 (resolving power) は，(6.33) 式の逆数であり，1 mm あたりの識別可能な等間隔白黒パターンの本数と定義される．

2つの回折像の中心間距離 Δr を実視角で表した角度分解能を $\Delta \theta$ とすると，(6.31) 式から $\Delta \theta$ は次式で表される．

$$\Delta \theta = 1.22 \frac{\lambda}{D} \tag{6.34}$$

通常は $n = 1$ なので，(6.33) 式，(6.34) 式とも，$\lambda = \lambda_0$ としてよい．

図 6.18 で，2つの回折像の中心間距離 $\Delta \theta$ に依存した像分離の様子を見てみよう．$\Delta \theta$ が十分に大きければ，2つの像は明確に分離することができる (図 6.18(a))．$\Delta \theta$ がエアリーディスク半径と一致するレーリーの基準では，2つの

6.3 フラウンホーファー回折と分解能

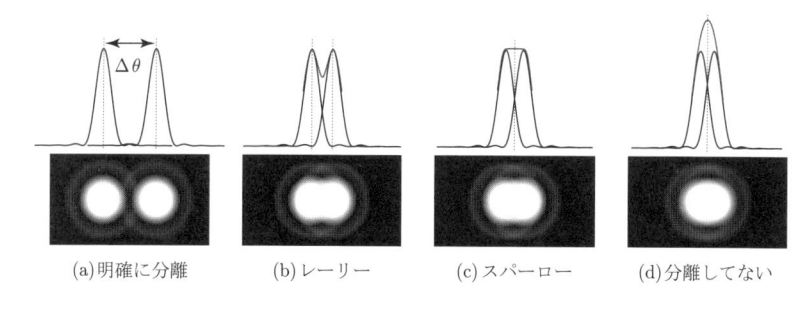

(a) 明確に分離　　(b) レーリー　　(c) スパロー　　(d) 分離してない

図 6.18　エアリーディスクと分解能

像の中間点で鞍部が存在する (図 6.18(b))．$\Delta\theta$ を近づけていくと，中間点のへこみは次第に小さくなって，やがて消失する．この状態に対応する $\Delta\theta$ を角度分解能とするのが，スパローの分解能 (Sparrow's resolution) である．さらに，$\Delta\theta$ が小さくなると，2つの像は重なり，もはや分解することができなくなる．

このように，光学系の分解能は，光の回折により制約を受ける．(6.33) 式から明らかなように，波長が短いほど分解能は上がり，焦点距離が短くレンズ径が大きい，いわゆる明るいレンズほど分解能がよくなる．言い方を換えると，光入射の仕方，分解能の定義などで多少の違いはあるものの，どんなに高性能なレンズを使ったところで，波長程度のものしか見ることができない．この回折による分解能の制約は，回折限界 (diffraction limit) と呼ばれる．

6.3.2　分解能に関するアッベの考え方

グリニッジ天文台台長であったエアリーは，天体望遠鏡観察の経験から，「レンズを通して見た像は，原理的に光の波長より小さい2点には分解できない」という結像系の分解能に関する概念を，1836年に提唱した[34]．しかし，当時の科学者や光学技術者の間では，レンズの磨き方や組み合わせを工夫すれば，いくらでも高倍率が達成できると信じられていたため，1876年にアッベ (E. K. Abbe) によって結像理論が確立されるまでは，この仮説は無視されることとなった．ドイツの顕微鏡メーカー Zeiss 社で対物レンズの開発指導をしていたアッベは，回折格子を測定試料に実験を行い，顕微鏡の結像に関して，光学結像の一般論に拡張することができる理論を展開した．ここでは，アッベの実験を再

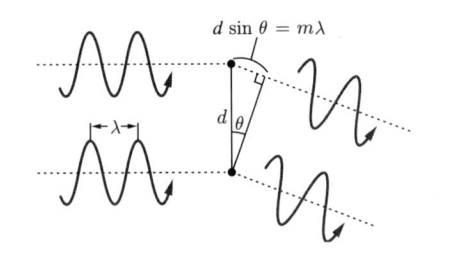

図 **6.19** 透過回折光の回折角

現しながら，顕微鏡の分解能がどのように決まるのか確認していくことにしよう[34]．

a. 顕微鏡の結像

顕微鏡では，同じ測定試料を観測しても，照明の方法によって，分解能や像の構造が異なることが広く知られている．アッベは，点光源からの光軸に平行に進む光で測定試料を照明する光学配置 (コヒーレント照明という) を結像議論の出発点と考えた．アッベが観察対象として選んだのは，透過回折格子だった．回折格子 (diffraction grating または単に grating) は，平行で等間隔の格子構造により光を回折させ，波長に特有な角度特性をもつ回折パターンを作ることができる光学素子である．回折格子全般については 6.5 節で取り上げるので，ここでは，アッベの実験を理解するのに必要な回折角 (diffraction angle) についてだけ説明しよう．

レンズの光軸に平行な入射平面波が，格子間隔 d の回折格子に，垂直に照射された場合，隣り合う 2 次波の光路差が波長 λ の整数倍のときに強め合うことから，

$$d\sin\theta = m\lambda \qquad (m = 0, \pm 1, \pm 2, \pm 3, \cdots) \qquad (6.35)$$

を満たす θ 方向に光は回折される (図 6.19)．この式は，垂直入射に対する回折格子の式 (grating equation) として知られる．ここで，θ を回折角，m を回折次数と呼ぶ．

さて，図 6.20 のように，コヒーレント照明で回折格子を顕微鏡観察するとしよう．回折格子の観察領域 A がレンズ径に比べて無視できるとすると，(6.35) 式を満たす θ 方向に進んだ各回折光は，レンズの後側焦点面に，0 次，±1 次，±2 次，$\cdots$ に対応した等間隔の点像群を形成する (図では，±3 次光以降の高

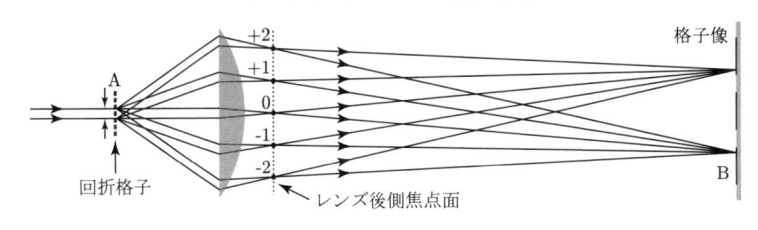

図 6.20 顕微鏡の結像のようす

次光を省略してある）．波長によって θ が異なるので，白色光で照明した場合，回折光の点像はスペクトルになる．この後側焦点面における点像群の複素振幅分布は，物体面の振幅分布の 2 次元フーリエ変換像に他ならない（レンズ後側焦点面は，物体面に対するフーリエ変換面である）．光は，レンズ後側焦点面からさらに進み，物体面 A の共役面 B に，回折格子と相似な像を結ぶ．これは，見方を変えると，後側焦点面のコヒーレントな点光源列からの光による多光束干渉縞が像面 B に形成されると考えられる．つまり，共役面 B の回折格子像は，後側焦点面に並んだ点光源列の複素振幅分布が 2 次元フーリエ逆変換されたものである．

すなわち，レンズによる結像は，物体 ⇒ レンズ後側焦点面 ⇒ 物体像の順に，フーリエ変換操作を 2 回連続で行うことと等価なのである．

b. 開口数による分解能の違い

アッベは，図 6.20 の配置において，レンズの後側焦点面に色々な形の絞りを入れて，それによる像の変化を観測し，対物レンズの開口数が分解能を決定していることを見いだした．

ここで，アッベの実験を再現した顕微鏡画像を見ていくことにする[35]．プラスチック製の 2 次元透過回折格子を，40 倍の対物レンズで観察した結果を図 6.21 に示す．図 6.21(a) は，レンズの後側焦点面における回折光の点像群 (回折像) であり，中心の 0 次光から ±1 次光，±2 次光，… の順で，2 次元等間隔に並んでいることが確認できる．また，回折光がスペクトルであることがわかる (口絵 11(a) 参照)．一方，図 6.21(b) は通常の顕微鏡観察像で，測定試料に用いた回折格子の拡大像が得られている．なお，回折像は，ベルトランレンズを挿入した図 6.22 の光学系を使って撮影した．図 6.22 から，ベルトランレンズによって，レンズの後側焦点面の点光源群が，像面 B に結像する様子が理

(a)回折像 (b)顕微鏡観察画像

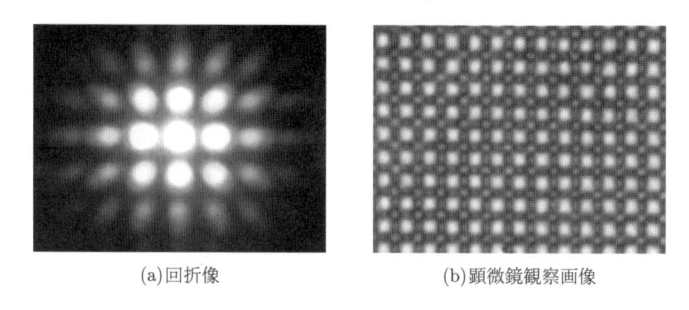

図 6.21 2 次元格子の回折像と顕微鏡観察像 (口絵 11 参照)
一連の透過回折格子の顕微鏡観察実験の画像は，東京工業大学石川謙准教授にご提供いただいた．

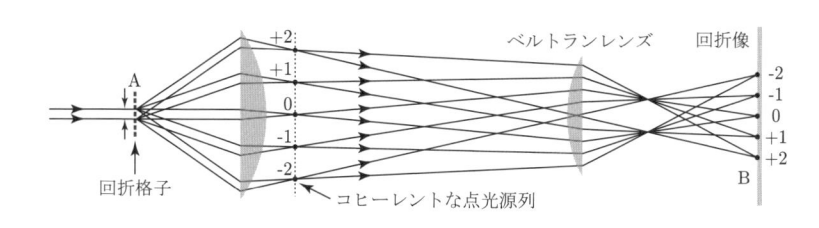

図 6.22 ベルトランレンズを入れた光学系

解できる．

アッベは，絞りを入れた実験によって，回折格子の周期構造が見えるためには，0 次の回折光のほかに，少なくとも ±1 次の回折光が像面に到達する必要があることを見いだした．すなわち，(6.35) 式の $d\sin\theta = \lambda$ を満たす θ 方向に進んだ ±1 次の回折光が，レンズの端をかすめて入射するような有効径のレンズを使えば，図 6.19 の格子間隔 d と等しい分解能 Δr が得られるはずである．屈折率 n の媒質中では，波長が真空中の $1/n$ になることを考慮して，(6.35) 式を変形すると，分解能は，

$$\Delta r = d = \frac{\lambda}{n\sin\theta} = \frac{\lambda}{NA} \tag{6.36}$$

と表される．ただし，$NA = n\sin\theta$ は開口数 (NA: numerical aperture) と呼ばれるレンズの集光能力を表す尺度である．大気中 ($n = 1$) では最大で 1(実際の対物レンズでは最大 0.9 程度)，イマージョンオイル ($n \approx 1.5$) と呼ばれる油で物体と対物レンズ第 1 面の間を満たす油浸法を用いた場合に最大 1.4 程度の値となる．

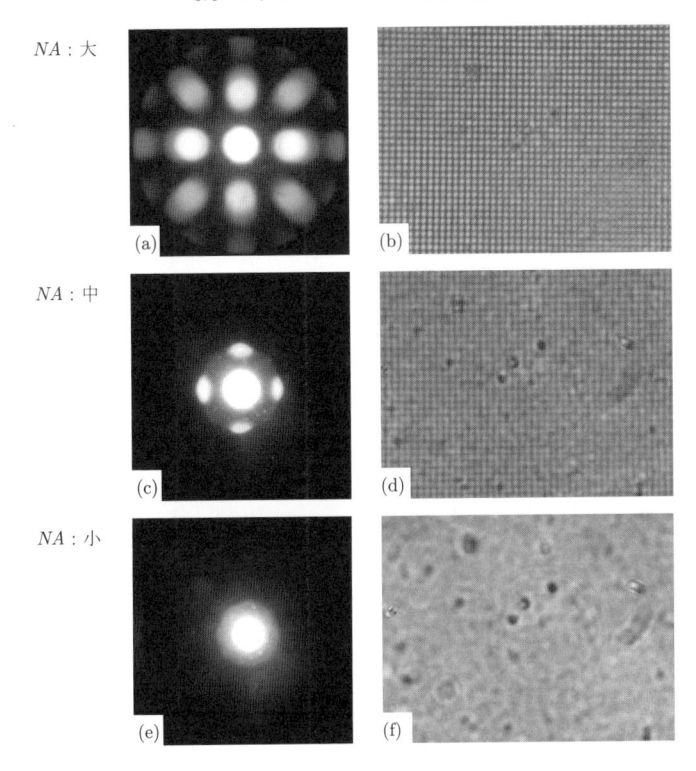

6.3 フラウンホーファー回折と分解能

図 6.23 NA と画像分解能 (口絵 12 参照)
顕微鏡観察像 (b), (d), (f) は，回折格子に付着したゴミの位置から，同一領域，同一倍率で撮影されたことが確認できる．また，(e) では，絞りの外側も光って見えるが，これは 0 次光のフレアによるものである．

続いて，NA を変化させたときの画像の分解能変化を，顕微鏡観察像と回折像を比較しながら見ていこう (図 6.23)．NA を大きくとり，1 次の回折光が完全に入るように設定した場合 (図 6.23(a))，図 6.23(b) のように 2 次元格子像を確認することができる．ただし，NA を最大にして高次の回折光まで含めるように設定した図 6.21(b) と比較すると，格子の微細構造が分解できておらず，明らかに分解能は落ちていることがわかる．次に，絞りを加えて，1 次の回折光がかろうじて入るように NA を設定した図 6.23(c) では，図 6.23(d) に示すように，回折格子像の周期構造を一応観察できるが，図 6.23(b) と比べると明らかに分解能およびコントラストが低下している．ちなみに，図 6.23(c) の状態が，「±1 次の回折光がレンズの端をかすめて入射する」ような NA 設定であ

る．さらに，NA を小さくし，0次の回折光しか入らないない状態 (図 6.23(e)) にすると，測定試料の回折格子像は全く観察することができなくなる．つまり，格子像の分解には1次回折光が必要なのである．これは，「NA が小さくなり，分解能 $\Delta r = \lambda/NA$ が格子間隔 d を上回った結果である」と言い換えることもできる．

図 6.23 に示した一連の画像から，「回折格子の基本周期構造を解像するためには，0次の回折光の他に，少なくとも1次の回折光が対物レンズに入る必要がある」とするアッベの結像理論の一端を確認することができる．

c. 顕微鏡の分解能

照明光が広がった角度で入射される照明方法を，インコヒーレント照明と呼ぶ．インコヒーレント照明では，より大きな回折角まで取り込めるようになるため，分解能が向上する．図 6.24 のように，照明側に用いるコンデンサーレンズの NA を，対物レンズの NA と同じにした場合，図 6.19 のコヒーレント照明に比べて，回折光を2倍の角度で対物レンズに取り込むことができる．そのため，インコヒーレント照明における顕微鏡のアッベの分解能は，コヒーレント照明におけるアッベの分解能 (6.36) 式の半分になる．

$$\Delta r = 0.5 \frac{\lambda}{NA} \tag{6.37}$$

レンズがアッベの正弦条件[32, 34] (Abbe sine condition) を満たしている場合，開口数 NA は，

$$NA = n\sin\theta = \frac{D}{2f} \tag{6.38}$$

と表すことができる (正弦条件は付録 A.5.2 参照)．ただし，D はレンズの有効

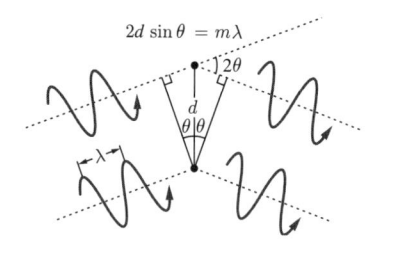

図 6.24 インコヒーレント照明における回折格子の回折角

直径，f はレンズの後側焦点距離である．(6.38) 式の NA を使って，レーリーの分解能 (6.33) 式を書き換えると，次式が得られる．

$$\Delta r = 1.22 \frac{f\lambda}{D} = 0.61 \frac{\lambda}{NA} \tag{6.39}$$

なお，レーリーの分解能 (6.33) 式は，光度の等しい近接した 2 つの星，すなわち，インコヒーレントな 2 つの光源を前提に計算されているため，(6.39) 式は，インコヒーレント照明の顕微鏡の分解能に対応する．

同じインコヒーレント照明における分解能でも，アッベの分解能 (6.38) 式とレーリーの分解能 (6.39) 式で係数が異なるのは，分解能の定義の仕方が異なるためである．

d. 空間周波数フィルタリング

アッベは，レンズ後側焦点面にスリット状のマスクを入れた場合に得られる結像についても実験を行っており，図 6.25 は，それを再現したものである．最初に，マスクを入れない状態で撮影した回折像 (図 6.25(a)) と顕微鏡観察像 (図 6.25(b)) から見ていこう．回折像ではレンズ後側焦点面における回折光の点像群がきれいに観測されており，顕微鏡観察像では 2 次元格子の状態が鮮明に捉えられている．ここでは，測定試料の 2 次元格子のパターン方向 (図 6.25(b) の場合，45° 方位) に合わせて xy 座標をとり，図 6.25(c) に示した回折像の見取り図のように回折次数を表すことにしよう．

図 6.25(d) および図 6.25(e) は，$(0, 0)$ 次と $(\pm 1, 0)$ 次の回折光だけを対物レンズに入れるようにスリット状のマスクを入れて撮影した回折像と顕微鏡観察像である．スリット幅方向 (y 軸方向) では，$(\pm 1, 0)$ 次以降の回折光が遮断され $(0, 0)$ 次光だけが透過するので，格子を観測することができない．一方，スリット長手方向 (x 軸方向) では，$(0, 0)$ 次の他に $(\pm 1, 0)$ 次回折光が透過するため，測定試料の回折格子 x 軸方向の基本周期を反映した像となり，顕微鏡観察像はスリット長手方向だけに周期構造をもつ 1 次元の格子パターンとなる．つまり，スリット状のマスクは，スリット幅方向の高周波数成分をカットするフィルターの役目をしており，顕微観察像における同方向の周期的な画像を除去する働きをする．

次に，$(\pm 1, \pm 1)$ 次回折光が入るように測定試料の回折格子を回転して撮影したのが，図 6.25(f) と図 6.25(g) である．$(\pm 1, \pm 1)$ 次回折光は，$(\pm 1, 0)$ 次回折

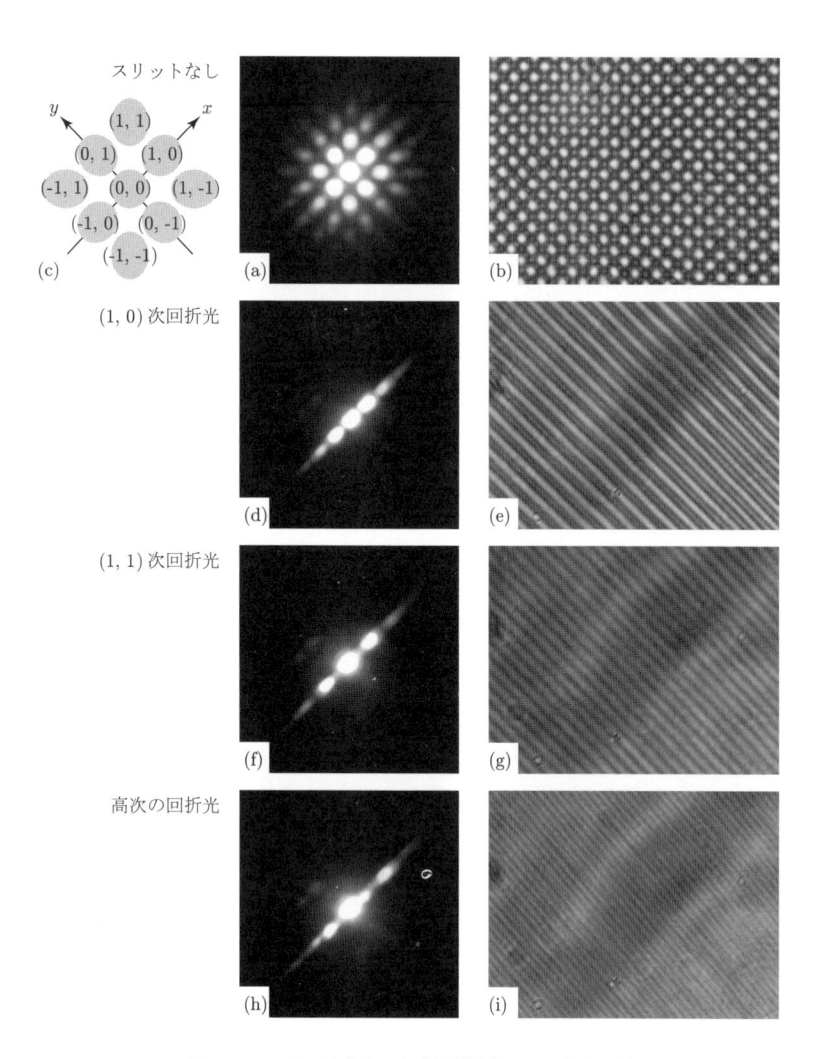

図 6.25 スリットを用いた空間周波数フィルタリング

回折像 (a), (d), (f), (h) では，高次の回折光を撮影する目的で，露出オーバーにしてあるため，0 次回折光，1 次回折光の像は飽和している．回折像 (d), (f), (h) で，マスクの外側も光っているように見えるのは，0 次光が強いために生じたフレアである．また，観察像 (e), (g), (i) に見られる格子縞とは無関係な像の濃淡は，光源の強度むらが原因と考えられる．

光に比べて回折角が大きいので，より高い周波数情報をもっている．そのため，顕微鏡観察像は，$(\pm 1, 0)$ 次の場合より細かい周期構造をもつ 1 次元格子パターンとなる．また，図 6.25(f) は $(\pm 1, 0)$ 次回折光を含まないので，図 6.25(e) で見られた周期は消失している．$(\pm 1, 0)$ 次，$(\pm 1, \pm 1)$ 次回折光を避け，より高次の回折光をスリットに入れて撮影したのが，図 6.25(h) と図 6.25(i) である．スリット長手方向の周期構造は，さらに細かくなっている．

このように，顕微鏡の分解能は，フーリエ変換面であるレンズ後側焦点面で，どれだけ高次の回折光を取り込むかで決まる．また，フーリエ変換面に挿入するマスクの形状を工夫すれば，所望の空間周波数を通すフィルターとして機能させることができる．アッベの時代には，特定の回折次数のスペクトルをカットする程度の使い道だったが，現代では，光学情報処理の中心的な手法である空間周波数フィルタリング (spatial frequency filtering) 技術として開花している．

6.4　複スリットのフラウンホーファー回折

ここで，スリット開口のフラウンホーファー回折に話を戻そう．スリットが複数配置されている開口スクリーンからのフラウンホーファー回折は，6.2.2 項で扱った単一スリットの回折とはどう違うのであろうか．複スリットの場合，それぞれのスリットからは，(6.18) 式の振幅をもつ回折光が投影スクリーンに到達するが，最終的な回折パターンは，各スリットからの波動同士が干渉することによって作り出される．スクリーン上での各スリットからの寄与は，本質的に，振幅は等しいが，位置によってその位相がめまぐるしく変化する．その結果，スクリーン上の強度分布は，変動する干渉縞が単一スリットの回折パターンで変調されたものになる．ここでは，2 重スリットなどの複スリットを取り上げて，干渉パターンの様子を見ていくことにする．

6.4.1　2 重スリットのフラウンホーファー回折

まず，2 重スリットについて考察していこう．スリット幅が a で y_1 軸方向には無限長のスリットを仮定し，図 6.26 のように，2 つのスリットが y_1 軸に平行に，距離 d だけ離れた開口 Σ を考える．このとき，開口 Σ には均一な平面波が

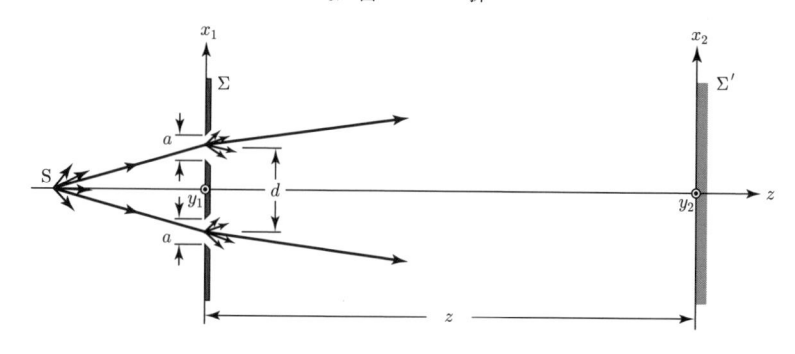

図 6.26 2重スリットからの回折

照射されているとして，どちらのスリットの光電場振幅も一定値 $u(x_1, 0) = u_0$ をとるとする．投影スクリーン面内でのフラウンホーファー回折の電場は，それぞれのスリットからの光電場寄与分を足したものになるので，(6.16) 式のフラウンホーファー近似を使って次のように表すことができる．

$$u(x_2, z) = B_0(x_2, z) \int_{-a/2}^{a/2} u_0 \exp\left[\frac{ikx_2}{z}\left(x_1 - \frac{d}{2}\right)\right] dx_1$$

$$+ B_0(x_2, z) \int_{-a/2}^{a/2} u_0 \exp\left[\frac{ikx_2}{z}\left(x_1 + \frac{d}{2}\right)\right] dx_1$$

$$= B_0(x_2, z) u_0 \left[\exp\left(\frac{-ikdx_2}{2z}\right) + \exp\left(\frac{ikdx_2}{2z}\right)\right] \frac{2z}{kx_2} \sin\left(\frac{kax_2}{2z}\right)$$

$$= B_0(x_2, z) u_0 a \left[2\cos\left(\frac{kdx_2}{2z}\right)\right] \mathrm{sinc}\left(\frac{kax_2}{2z}\right)$$

$$= B_0(x_2, z) u_0\, a \left[2\cos\left(\frac{\pi d x_2}{\lambda z}\right)\right] \mathrm{sinc}\left(\frac{\pi a x_2}{\lambda z}\right) \tag{6.40}$$

これから，投影スクリーン Σ' における光強度を，

$$I(x_2, z) = 4I_0 \cos^2\left(\frac{\pi d x_2}{\lambda z}\right) \mathrm{sinc}^2(\pi X) \tag{6.41}$$

と求めることができる．ただし，$X \equiv ax_2/(\lambda z)$，$I_0 = |B_0(x_2, z) u_0\, a|^2$ である．

(6.41) 式は，ヤングの実験の干渉強度 I を与える (5.25) 式に，単一スリットのフラウンホーファー回折を表す (6.19) 式が掛けられた形になっている．その結果，2重スリットによる $\cos^2(\pi d x_2/\lambda z)$ の干渉項が，単一スリットのフラウ

ンホーファー回折 $\text{sinc}^2(\pi X)$ によって変調された回折パターンが得られる.

図 6.27(c) は，実際の回折パターンである．実験には，スリット幅 $a = 20\,\mu m$, スリット間距離 $d = 60\,\mu m$ の 2 重スリットを用いた (図 6.27(a))．光源波長，光学配置などの実験条件は，図 6.9 と同じである．(6.41) 式を，(6.20) 式の θ で書き換えると次式が得られる．

$$I(\theta, z) = 4I_0 \cos^2\left(\frac{\pi d}{\lambda}\theta\right) \text{sinc}^2\left(\frac{\pi a}{\lambda}\theta\right) \tag{6.42}$$

これを，θ を横軸にとってプロットしたのが図 6.27(b) である．実験のスリットは，$d = 3a$ なので，3 本目の干渉縞ピーク ($\theta = 3\lambda/d$) と回折の最初の極小位置 ($\theta = \lambda/a$) が一致する．図 6.27(b) の強度分布は，図 6.27(c) の回折パターンを忠実に再現していることがわかる.

スリット幅 a を波長に比べて十分に狭くした場合，(6.42) 式において，$\text{sinc}(\pi a\theta/\lambda) \approx 1$ と見なすことができ，(6.42) 式はヤングの実験の (5.25) 式と同じになる．すなわち，$a < \lambda$ で，スリットを線状のコヒーレント光源と見なせる場合には，回折の効果 (sinc 関数項) が無視でき，2 重スリットの干渉縞 ($\cos^2$ の干渉項) だけが観測されるのである．一方，$d = 0$ とすると，2 つのスリット

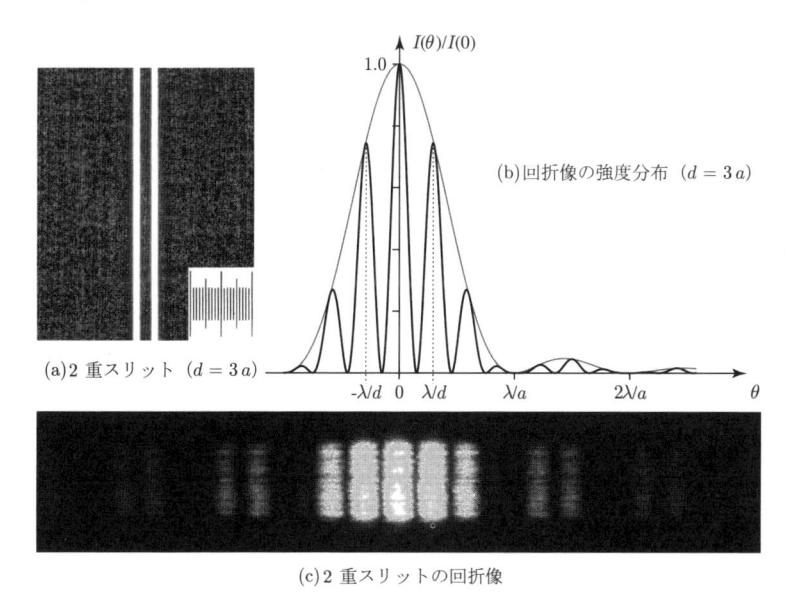

図 6.27 2 重スリットのフラウンホーファー回折パターン

は合体して，(6.42) 式は，$I(\theta,z) = 4I_0\mathrm{sinc}^2(\pi a\theta/\lambda)$ となる．これは，単一スリットの回折 (6.19) 式が，スリット 2 つ分の光強度になったものに等しい．

6.4.2　多重スリットのフラウンホーファー回折

3 つ以上のスリットが規則的に並んだ多重スリットからのフラウンホーファー回折の強度関数を求める手順は，前項で示した 2 重スリットの場合と本質的に変わるところはない．すなわち，すべてのスリットから到達する波動を，開口 Σ 全体にわたって，位相を考慮して積分することにより回折像を求めることができる．ここでは，式の導出手順は省略するが，2 重スリットの場合の (6.42) 式から推測できるように，多重スリットの場合の回折パターンは，多重スリットによる干渉縞が，単一スリットのフラウンホーファー回折で変調された形になる．すなわち，正規化された多重スリットの干渉光強度は，

$$I(\theta,z) = \frac{1}{N^2}I_0 \left[\frac{\sin\left(\frac{\pi dN}{\lambda}\theta\right)}{\sin\left(\frac{\pi d}{\lambda}\theta\right)}\right]^2 \mathrm{sinc}^2\left(\frac{\pi a}{\lambda}\theta\right) \qquad (6.43)$$

と表される．ただし，$\theta = x_2/z$ である．ここで，右辺第 3 項の [　] は，多重スリットの干渉項である (多重スリットの干渉は，付録 A.4.1 を参照していただきたい)．

多重スリットの回折パターンに対する (6.43) 式各項の寄与がどのようなものかを，スリット数 $N = 4$，スリット間隔 d がスリット幅 a の 3 倍 ($d = 3a$) の場合について示した図 6.28 を使って確認していこう．多重スリットの干渉項の分子 $\sin^2(\pi dN\theta/\lambda)$ は，分母 $\sin^2(\pi d\theta/\lambda)$ の N 倍の速さで振動する (図 6.28(a))．また，図 6.28(b) に示した多重スリットの干渉項は，$\theta = m\lambda/d$ ($m = 0, \pm 1, \pm 2, \pm 3, \cdots$) のとき，

$$\left[\frac{\sin(mN\pi)}{\sin(m\pi)}\right]^2 = N^2 \qquad (m = 0, \pm 1, \pm 2, \pm 3, \cdots) \qquad (6.44)$$

となり，最大値 N^2 になる．図 6.28(b) を見れば分かるように，$N = 4$ の場合には 3 本おきに最大値が現れる．すなわち，$\theta = 0$ のピークから数えて $m(N-1)$ 番目のピークが最大値となり，それ以外の副次的なピークは微弱である．図

6.4 複スリットのフラウンホーファー回折

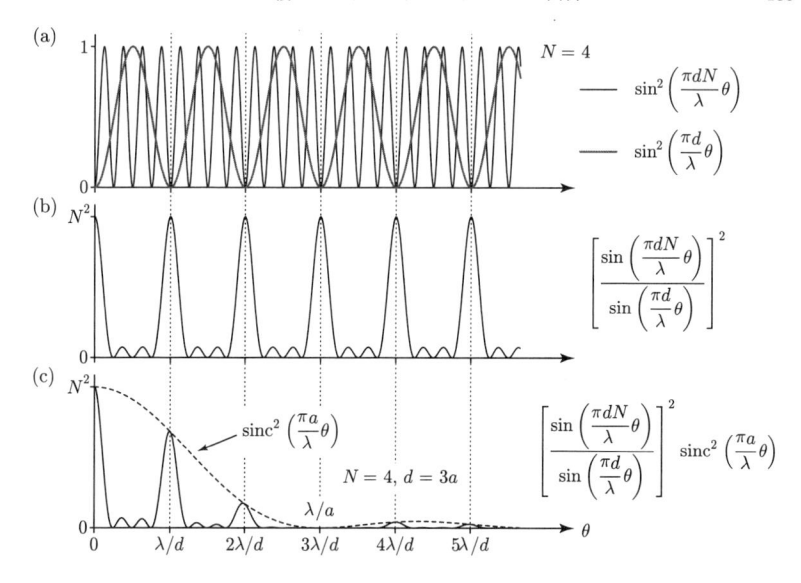

図 6.28 多重スリット回折像の強度プロファイル ($N = 4$, $d = 3a$)

6.28(b) の多重スリットの干渉項とフラウンホーファー回折の強度分布が掛けられたのが，図 6.28(c) である．最終的に得られる多重スリットの回折パターンは，回折の強度分布 $\text{sinc}^2(\pi a\theta/\lambda)$ を振幅の包絡線とした多重スリットの干渉縞になることがわかる．すなわち，多重スリットによる干渉振幅は，θ の増加とともに，回折効果 (sinc 関数) によって強度が減少していく．図 6.28 の例は，図 6.29(d) の 4 重スリットを用いて観測された図 6.29(h) の回折パターンに対応する．

図 6.29 に，実験により得られた 2 重スリットから 4 重スリットの回折パターンを示す．実験には，スリット幅 $a = 20\,\mu\text{m}$ のスリットが $d = 60\,\mu\text{m}$ 間隔で等間隔に $N = 1, 2, 3, 4$ 本並んだ多重スリット開口を使用した (図 6.29(a)~(d))．それぞれのスリットに対応する回折パターンが図 6.29(e)~(h) である．3 重スリット (図 6.29(g))，4 重スリット (図 6.29(h)) では，強度が強い $m(N-1)$ 番目のピークの間に，弱い副次的なピークが観測されている．4 重スリット (図 6.29(h)) の回折パターンと，(6.43) 式から計算した図 6.28 の強度プロファイルが非常によく対応していることを確認してほしい．

このように，(6.43) 式から，任意のスリット数 N，スリット幅 a，スリット間

隔 d の多重スリットの回折パターンを求めることができる．たとえば，スリット条件を $d = 15a$ に固定して，スリット数 N を 5, 10, 50 と増加させた場合の回折パターンを，図 6.30 に示す．図から明らかなように，スリット数 N を増やしていくと，回折光は特定の角度 $\theta = m\lambda/d$ に集中し，その強度は N^2 に比例して増加する．一方，それ以外の角度における回折光強度はほぼゼロになる．また，スリット幅 a を狭くするほどピークはより鋭くなり，間隔 d を狭くするほど $\theta = m\lambda/d$ を満たす角度は大きくなる．このように，非常に多くのスリットが規則正しく並んだ構造は，次節で取り上げる透過回折格子に他ならない．

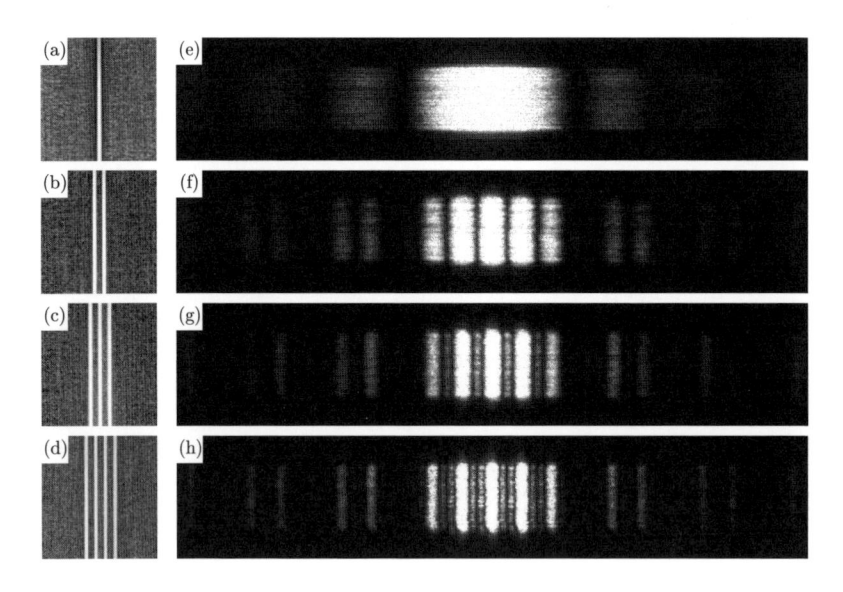

図 6.29 多重スリットのフラウンホーファー回折像

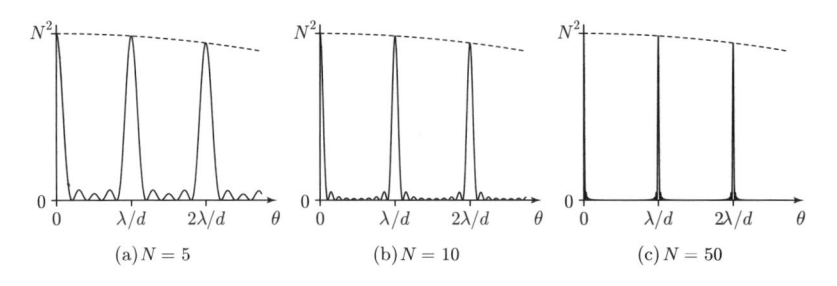

(a)$N = 5$　　(b)$N = 10$　　(c)$N = 50$

図 6.30 スリット数 N の増加に対する回折パターン変化

6.5 回折格子

回折格子は，回折要素(開口または障害物)が規則正しく繰り返し並んだ構造をしている．その周期構造によって，透過または反射する波動の位相/振幅が周期的に変調され，回折角と呼ばれる特定の角度方向のみに回折光が集中する．ここでは，回折格子の基本事項を確認し，その代表的な応用である分光器について簡単に紹介する．

6.5.1 回折格子の種類

前節で取り上げた，スリット数 N が非常に大きな値をもつ多重スリットは，まさに回折格子である．多重スリット形状は，交互に並んだ透過領域と非透過領域によって光が振幅変調されるので，透過振幅回折格子 (transmission amplitude grating) に分類される．

一般的な透過回折格子は，透明なガラス平板表面に平行で等間隔な直線を刻んで作られる．また，ホログラフィーによってガラス平板表面の感光性物質膜に等間隔直線パターンを露光し，感光部が屈折率変化することを利用して回折格子を作製する方法もとられる．前者をルールド・グレーティング (ruled grating)，後者をホログラフィック・グレーティング (holographic grating) と呼ぶ．両者とも，回折格子全面にわたって透明で，光学厚さの周期的な変化によって，透過光の振幅ではなく位相が変調されることから，透過位相回折格子 (transmission phase grating) に分類される．

これに対して，反射回折光の位相を周期的に変調するように作られた回折格子が反射位相回折格子 (reflection phase grating) である．刻線 (ruling) またはホログラフィーによって周期的な表面形状を作り，格子表面を金属蒸着することで反射率を高めてある．回折格子の最も一般的な応用は分光器 (monochromator) であるが，回折効率の有利さから，もっぱら反射位相回折格子が用いられる．

6.5.2 回折角

前節で説明した，多重スリットの回折角 $\theta = m\lambda/d$ は，近軸近似されたものであり，正確には，(6.35) 式に示したとおり，垂直入射の回折角は，

6. 回折

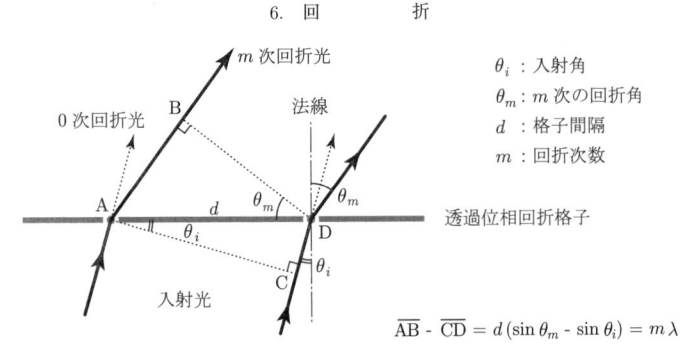

図6.31 透過位相回折格子

図中ラベル: m次回折光、0次回折光、法線、入射光、透過位相回折格子、A、B、C、D、d、θ_m、θ_i

θ_i：入射角
θ_m：m次の回折角
d：格子間隔
m：回折次数

$\overline{\text{AB}} - \overline{\text{CD}} = d(\sin\theta_m - \sin\theta_i) = m\lambda$

$$\theta_m = \sin^{-1}\left(m\frac{\lambda}{d}\right) \qquad (m = 0, \pm 1, \pm 2, \pm 3, \cdots) \tag{6.45}$$

と表される．ただし，d は回折格子の格子間隔，λ は波長，m は回折次数である．同じ次数の回折光で比較すると，格子間隔 d が狭いか，波長 λ が長いほど回折角は大きくなる．

図6.31 で，透過回折格子における，一般的な斜め入射の回折条件を確認しておこう．回折格子法線と入射光線のなす角を入射角 θ_i，回折格子法線と m 次回折光線のなす角を回折角 θ_m とすると，光路差が波長の整数倍のときに強め合う条件から，

$$\overline{\text{AB}} - \overline{\text{CD}} = d(\sin\theta_m - \sin\theta_i) = m\lambda \qquad (m = 0, \pm 1, \pm 2, \pm 3, \cdots) \tag{6.46}$$

が得られる．透過回折格子内部は共通光路なので位相差が生じず，(6.46) 式は，透過回折格子自体の屈折率や厚さには関係なく成り立つ．

ここまで調べてきた回折格子では，入射光のほとんどが，$\theta_m = \theta_i$ の 0 次光になり，残りの光エネルギーが ±1 次光，±2 次光，… と多くのスペクトル次数に振り分けられるため，1 つの回折次数スペクトルに割りあてられるエネルギーはかなり少ない．また，エネルギーが集中する 0 次光は，すべての波長で強め合うため，透過光と同様，白色光になり，分光目的には使用することができない．この問題に対して，1910 年，ウッド (R.W. Wood) は，反射回折格子の溝の角度を設定することによって，0 次光に集中するエネルギーを特定次数の回折光に移すことに成功した．たとえば，+1 次回折光の回折角方向と溝面の正反射方向を合わせることで，+1 次回折光にエネルギーを集中させること

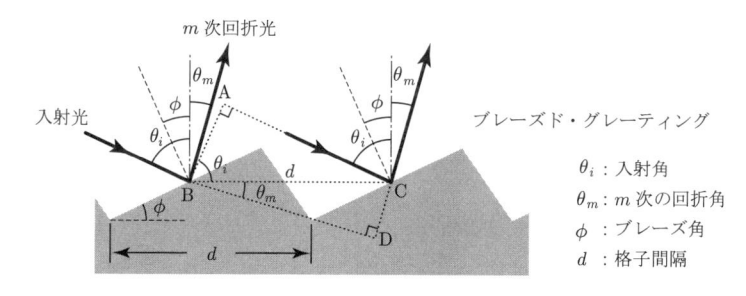

図 6.32　反射型回折格子のブレーズ角

ができる．この溝面に付けられた傾斜角をブレーズ角 (blaze angle)，ブレーズ角が施された回折格子をブレーズド・グレーティング (blazed grating) と呼ぶ．このブレーズ角の導入により，回折効率が向上し，実用的で高性能な回折格子分光器が作られるようになった (口絵 13 参照)．

図 6.32 に，ブレーズド・グレーティングの断面構造を示す．分光に使用する回折光では，通常，+1 次光の特定波長で最も回折効率が高くなるようにブレーズ角 ϕ を設定する．ブレーズド・グレーティングの場合の回折条件は，ブレーズ角とは無関係に (6.35) 式で決まる．すなわち，入射光の波面 $\overline{AB}$ が C まで進む距離 $\overline{AC}$ から，B における反射光波面 $\overline{BD}$ と C における反射光波面の距離差 $\overline{DC}$ を引いたものが光路差になるので，

$$\overline{AC} - \overline{DC} = d(\sin\theta_i - \sin\theta_m) = m\lambda \qquad (m = 0, \pm 1, \pm 2, \pm 3, \cdots) \quad (6.47)$$

となる．(6.46) 式と (6.47) 式は，m の符号が逆になるだけで等価である．ブレーズ角 ϕ を付けることにより，溝面の正反射方向に一致する波長，つまり回折効率が最も高くなる波長を，ブレーズ波長 (blaze wavelength) と呼ぶ．

回折格子では，格子間隔 d の代わりに，1 mm あたりの刻線数で回折性能を表す場合が多く，回折格子の仕様は，たとえば，「刻線数: 1800 本/mm，ブレーズ波長: 500 nm」のように表現される．

6.5.3　位相子の足し合わせで回折格子を考察する

少し見方を変えて，回折格子のスペクトル分解を，位相子の足し合わせから考察してみよう．4.1.5 項では，鏡の反射や媒質界面の屈折で，光は所要時間が停留値となる経路を通ることを確認した．鏡面反射の場合，所要時間が停留

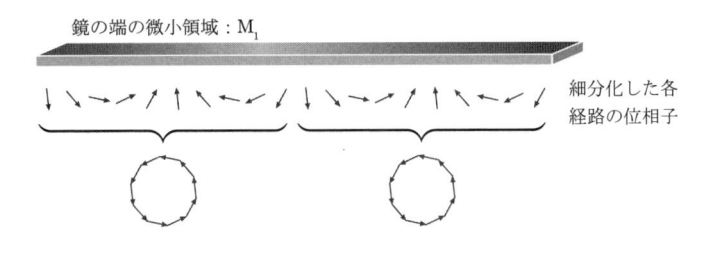

図 6.33 鏡の端における反射の位相子を用いた加算

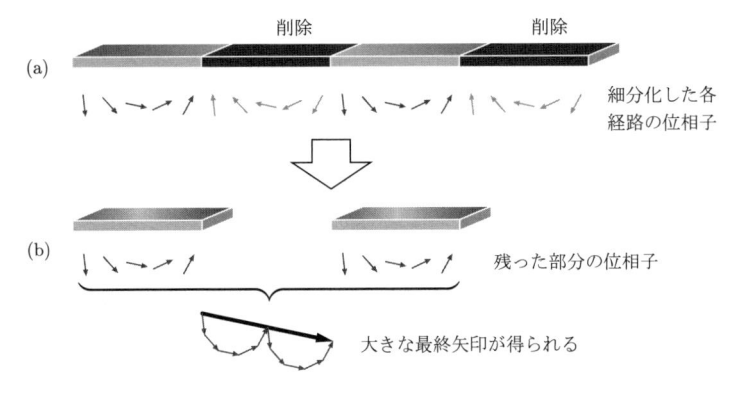

図 6.34 鏡の残った部分の位相子を用いた加算

値となる $\theta_i = \theta_r$ の経路を通った光だけが P に到達する．ここでは，光源 S を出た光が反射しても観測点 P に到達できないと考えられる鏡の端の部位に注目し，反射回折格子における 2 次波の干渉について調べることにする[19]．再び図 4.7 を使って，鏡の端に位置する微小領域 M_1 で散乱される 2 次波を足し合わせてみることにしよう．

隣接する経路の所要時間の差が大きくならないようにするため，図 4.7 に微小領域 M_1 をさらに細かく区切り，各経路に対応する位相子を示したのが，図 6.33 である．隣接する経路の細分化された位相子を M_1 全体にわたって足した場合，位相子の和は回転するだけで完全に打ち消し合う．つまり，光源 S から出た光が鏡の端 M_1 で反射しても，P に到達することはない．

ここで，図 6.34(a) のように，位相子の矢印が左向き成分をもっている領域の鏡を削りとるとしよう．残された領域の位相子だけを足し合わせてみると，図 6.34(b) のように，大きな最終矢印が形作られる．つまり，反射できないと思

われていた鏡の端の経路 SM_1P からも，かなりの光が P に到達するのである．このように，特定の領域が削りとられた鏡とは，回折格子のことである．

短波長の光ほど周波数が高く位相角の回転が速いため，赤い光と同じように，青い光が P に到達するためには，回折格子の間隔が狭い必要がある．逆に，赤い光が P に到達する回折条件では，緑や青の光は赤と比べ小さな回折角で強め合うため，入射白色光はスペクトルに分解される (図 6.35)．

6.5.4 回折格子分光器

最後に，回折格子の最も重要な応用の 1 つである分光器の例を紹介しておこう．白色光をある入射角で回折格子に入射すると，(6.47) 式で示したように，光はその波長に対応する回折角方向に回折するため，スペクトルに分解される．スペクトルの中の所望の波長を取り出す装置が，分光器である．代表的な回折格子分光器であるツェルニ・ターナ (Czerny–Turner) 型の光学配置を図 6.36 に示す．ツェルニ・ターナ型分光器は，平面反射回折格子と，コリメーター鏡，カメラ鏡と呼ばれる 2 枚の凹面鏡から構成されている．入射スリットから導入された光は，コリメーター鏡で平行光束にされ，回折格子に導かれる．回折格子によってスペクトルに分解された光は，カメラ鏡によって出射焦点位置に結像される．通常は，結像位置に第 2 のスリット (出射スリット) を置き，所望の波長の単色光だけをスペクトルから取り出して，フォトダイオード (PD: photodiode)，光電子増倍管 (PMT: photomultiplier tube) などで検出する．その際，回折格子を回転することによって，出射光の波長を選択することができる．最近では，出射スリットの代わりに，スペクトルを一度に測定することができるフォトダイ

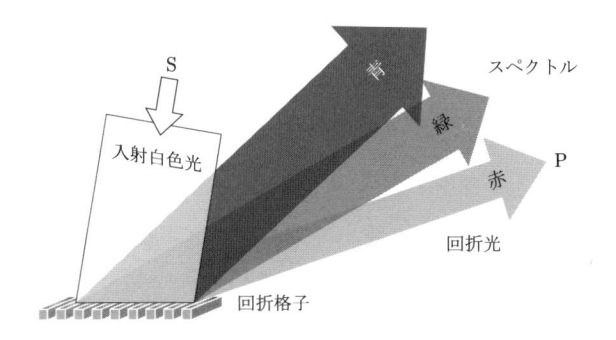

図 6.35 回折格子

192   6. 回　　折

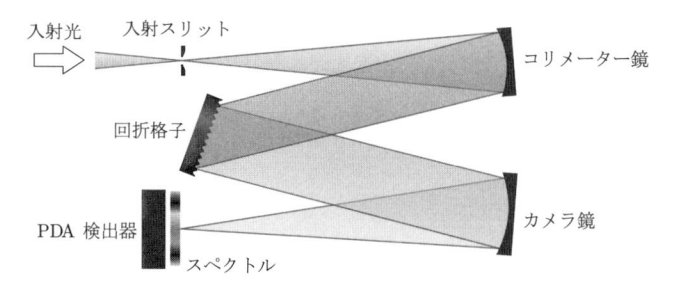

図 6.36　ツェルニ・ターナ型回折格子分光器

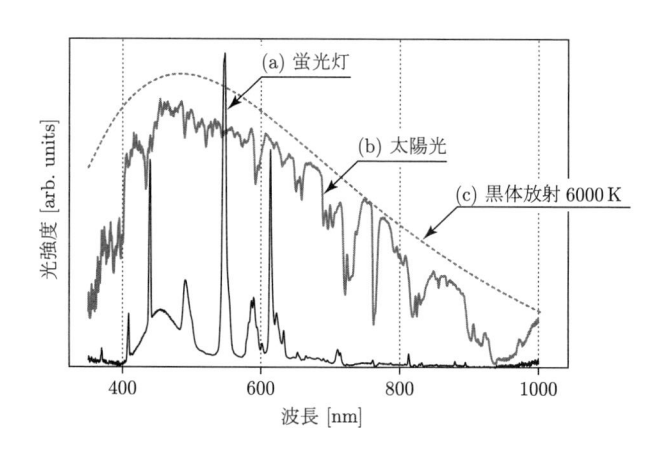

図 6.37　スペクトル測定例 (口絵 14 参照)

オードアレイ (PDA: photodiode array) 検出器，または CCD 検出器 (charge-coupled device detector) を用いたポリクロメーター (polychoromator) が一般的になってきている．

図 6.37 に，回折格子分光器を用いたスペクトル測定例を示す．図 6.37(a) は，蛍光灯のスペクトルである．蛍光灯は，希ガスと少量の水銀原子が封入されたガラス管の中で放電を起こし，放電によって水銀原子が放射する紫外光を蛍光材料に当てて可視光に変換する光源である．励起された水銀原子からの光放射は，原子内の電子のエネルギー準位が量子化されているために，ある特定エネルギー (波長) に限られる．水銀の場合，253.7 nm，365.0 nm の紫外放射光のほかに，404.7 nm，435.8 nm，546.1 nm，577.0 nm，579.1 nm などの水銀特有の輝線があり，蛍光灯の放射光を分光すると，可視領域の蛍光の上に，離散

的ないくつかの輝線が重畳したスペクトルが得られる．また，図 6.37(b) は，太陽光のスペクトルである．太陽の放射スペクトルは，大雑把に，太陽の表面温度 6000 K の黒体放射スペクトル (図 6.37(c)) の上に，太陽の大気中の原子や分子による吸収 (フラウンホーファー線と呼ばれる)，地球の大気中の原子や分子による吸収が重畳した連続スペクトルになる．このような黒体放射の連続スペクトルは，本書で示してきた古典的な電気双極子放射モデルでは，残念ながら，説明することができない．すなわち，古典的な振動子モデルでは，高角周波数側で放射強度が発散してしまい，現実の放射分布と合わないのである (レーリー・ジーンズ (Rayleigh–Jeans) の式)．この問題は，1900 年，マックス・プランク (M.K.E.L. Planck) によって，量子化された振動子からの放射を仮定したプランク分布 (Planck distribution) が導かれ，解決することになる．

分光器で測定されるスペクトルには，物質と光の量子力学的なエネルギー交換過程を反映した，物質の光物性に関する重要な情報が含まれており，その解釈には光と物質の相互作用を半古典論の立場から議論する必要がある．このような量子力学の法則に従う光物性については，本シリーズ第 2 巻をご参照いただきたい．

Appendix A

各章の補足

A.1　第2章：波としての光の性質

A.1.1　1次元微分波動方程式の導出

波動関数 $\psi(x,t)$ の空間依存性と時間依存性を関係づけるために，t を定数として，$\psi(x,t) = f(x')$ について偏微分をとる．

$\partial\psi/\partial x = \partial f/\partial x$ かつ，$x' = x \mp vt, \partial x'/\partial x = \partial(x \mp vt)/\partial x = 1$ から，

$$\frac{\partial \psi}{\partial x} = \frac{\partial f}{\partial x'}\frac{\partial x'}{\partial x} = \frac{\partial f}{\partial x'} \tag{A.1}$$

次に，x を一定に保ったままの時間に関する偏微分は，

$$\frac{\partial \psi}{\partial t} = \frac{\partial f}{\partial x'}\frac{\partial x'}{\partial t} = \frac{\partial f}{\partial x'}(\mp v) = \mp v\frac{\partial f}{\partial x'} \tag{A.2}$$

(A.1) 式，(A.2) 式から，(2.3) 式が得られる．

$$\frac{\partial \psi}{\partial t} = \mp v\frac{\partial \psi}{\partial x} \tag{A.3}$$

さらに，(A.1) 式，(A.2) 式の 2 階偏微分は，

$$\frac{\partial^2 \psi}{\partial x^2} = \frac{\partial^2 f}{\partial x'^2} \tag{A.4}$$

$$\frac{\partial^2 \psi}{\partial t^2} = \frac{\partial}{\partial t}\left(\mp v\frac{\partial f}{\partial x'}\right) = \mp v\frac{\partial}{\partial x'}\left(\frac{\partial f}{\partial t}\right) \tag{A.5}$$

(A.2) 式と，$\partial\psi/\partial t = \partial f/\partial t$ から，$\partial^2\psi/\partial t^2 = \mp v\left(\partial/\partial x'\right)\left(\partial\psi/\partial t\right) = v^2\left(\partial^2 f/\partial x'^2\right)$ であり，1 次元の微分波動方程式 (2.4) 式

$$\frac{\partial^2 \psi}{\partial x^2} = \frac{1}{v^2}\frac{\partial^2 \psi}{\partial t^2} \tag{A.6}$$

が得られる[9]．

A.1.2　3次元微分波動方程式の導出

3次元空間では，1次元の場合にはスカラー量であった波数 k が波数ベクトル $\boldsymbol{k}$ で表される (図2.7参照)．直交座標において $\boldsymbol{k}$ ベクトル方向に進む平面波について，空間に関する3つの偏微分を計算する．

$$\psi(x,y,z,t) = A\exp\left[i\{\omega t \mp k(\alpha x + \beta y + \gamma z)\}\right]$$

ただし，α, β, γ は波数ベクトル $\boldsymbol{k}$ の方向余弦である．

$$\frac{\partial^2 \psi}{\partial x^2} = -\alpha^2 k^2 \psi, \quad \frac{\partial^2 \psi}{\partial y^2} = -\beta^2 k^2 \psi, \quad \frac{\partial^2 \psi}{\partial z^2} = -\gamma^2 k^2 \psi$$

$\alpha^2 + \beta^2 + \gamma^2 = 1$ であることから，これらを足し合わせると，

$$\frac{\partial^2 \psi}{\partial x^2} + \frac{\partial^2 \psi}{\partial y^2} + \frac{\partial^2 \psi}{\partial z^2} = -k^2 \psi \tag{A.7}$$

これに，時間に関する偏微分 $\partial^2 \psi / \partial t^2 = -\omega^2 \psi$ と $v = \omega/k$ を代入すると，

$$\frac{\partial^2 \psi}{\partial x^2} + \frac{\partial^2 \psi}{\partial y^2} + \frac{\partial^2 \psi}{\partial z^2} = \frac{1}{v^2}\frac{\partial^2 \psi}{\partial t^2} \tag{A.8}$$

となる．ラプラス演算子 (Laplacian) を用いて書けば，(2.11) 式

$$\nabla^2 \psi = \frac{\partial^2 \psi}{\partial x^2} + \frac{\partial^2 \psi}{\partial y^2} + \frac{\partial^2 \psi}{\partial z^2} = \frac{1}{v^2}\frac{\partial^2 \psi}{\partial t^2} \tag{A.9}$$

が得られる．

A.1.3　電磁波の微分波動方程式

真空中を伝わる電磁波に関するマクスウェルの方程式を変形し，線形2階微分波動方程式を導く[21]．

$\nabla \times \boldsymbol{H} = \partial \boldsymbol{D}/\partial t$ に $\boldsymbol{B} = \mu_0 \boldsymbol{H}$, $\boldsymbol{D} = \varepsilon_0 \boldsymbol{E}$ を代入して，

$$\nabla \times \frac{\partial \boldsymbol{B}}{\partial t} = \varepsilon_0 \mu_0 \frac{\partial^2 \boldsymbol{E}}{\partial t^2} \tag{A.10}$$

$\nabla \times \boldsymbol{E} = -\partial \boldsymbol{B}/\partial t$ の rot を求めてから，(A.10) 式を代入すると，

$$\nabla \times \nabla \times \boldsymbol{E} = -\nabla \times \frac{\partial \boldsymbol{B}}{\partial t} = -\varepsilon_0 \mu_0 \frac{\partial^2 \boldsymbol{E}}{\partial t^2} \tag{A.11}$$

ベクトル解析の公式：$\nabla \times \nabla \times \boldsymbol{A} = \nabla(\nabla \cdot \boldsymbol{A}) - \nabla^2 \boldsymbol{A}$ と，マクスウェルの方程式 $\nabla \cdot \boldsymbol{D} = \varepsilon_0 \nabla \cdot \boldsymbol{E} = 0$ から，次式がえられる．

$$\nabla \times \nabla \times \boldsymbol{E} = \nabla(\nabla \cdot \boldsymbol{E}) - \nabla^2 \boldsymbol{E} = -\nabla^2 \boldsymbol{E} \tag{A.12}$$

(A.11) 式と (A.12) 式から，(2.42) 式が導かれる．

$$\nabla^2 \boldsymbol{E} = \varepsilon_0 \mu_0 \frac{\partial^2 \boldsymbol{E}}{\partial t^2} \tag{A.13}$$

A.1.4 調和関数の平均

$f(t) = \exp(i\omega t)$ と置いて,次式の手順で調和関数の平均値を求める.

$$
\begin{aligned}
\langle \exp(i\omega t) \rangle_T &= \frac{1}{T} \int_{t-T/2}^{t+T/2} \exp(i\omega t)\, dt = \frac{1}{i\omega T} \exp(i\omega t) \Big|_{t-T/2}^{t+T/2} \\
&= \frac{1}{i\omega T} \left[\exp\left\{i\omega\left(t+\frac{T}{2}\right)\right\} - \exp\left\{i\omega\left(t-\frac{T}{2}\right)\right\} \right] \\
&= \frac{1}{i\omega T} \exp(i\omega t) \left[\exp\left(\frac{i\omega T}{2}\right) - \exp\left(-\frac{i\omega T}{2}\right) \right] \\
&= \frac{1}{i\omega T} \exp(i\omega t) \left[\cos\left(\frac{\omega T}{2}\right) + i\sin\left(\frac{\omega T}{2}\right) - \cos\left(\frac{\omega T}{2}\right) + i\sin\left(\frac{\omega T}{2}\right) \right] \\
&= \left[\frac{2i\sin(\omega T/2)}{i\omega T} \right] \exp(i\omega t) \\
&= \left[\frac{\sin(\omega T/2)}{\omega T/2} \right] \exp(i\omega t)
\end{aligned}
\tag{A.14}
$$

A.1.5 ガウスの法則

電磁気学における基本的な法則であるガウスの法則は,ドイツの数学者ガウス (K.F. Gauss) にちなんで名付けられた.

電荷 q の回りを全方位取り囲む閉領域 A を考えよう (図 A.1). A 表面で電場を測って面全体にわたって合計すると,A の形や大きさにかかわらず,その値は一定になる.

$$\int_A \boldsymbol{E} \cdot \boldsymbol{n}\, dS = \text{const.}$$

ここで,$\boldsymbol{n}$ は微小領域 dS の法線の単位ベクトルである.つまりこの積分は,微小領域 dS における電場 $\boldsymbol{E}$ の法線方向成分 $\boldsymbol{E} \cdot \boldsymbol{n}$ を,閉領域 A の表面全体にわたって合計しているのである.

ここでは,話を簡単にするため,A を半径 r の球としよう.電荷 q から A 表面までの距離は,どこをとっても r なので,A 表面における電場の大きさは,

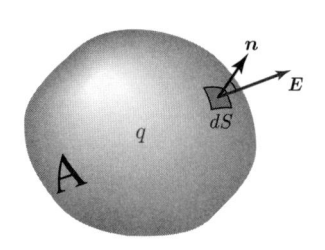

図 A.1 A 表面を貫く電場 $\boldsymbol{E}$

A.1 第2章：波としての光の性質

$$E = \frac{1}{4\pi\varepsilon_0}\frac{q}{r^2}$$

で一定である．この場合，電場の向きは電荷を中心とした放射状なので，常に A 表面法線方向となり，内積 $\boldsymbol{E}\cdot\boldsymbol{n}$ は $\boldsymbol{E}$ になる．つまり，A 表面全体の電場の合計は，距離 r の点における電場の大きさと半径 r の球の表面積を掛けてやればよい．

$$\int_A \boldsymbol{E}\cdot\boldsymbol{n}\,dS = |\boldsymbol{E}|S_{\mathrm{sphere}} = \frac{1}{4\pi\varepsilon_0}\frac{q}{r^2}4\pi r^2 = \frac{q}{\varepsilon_0} \tag{A.15}$$

ここでは，球形の場合を示したが，ガウスの法則はどのような取り囲み方をしても同じ結果が得られる．ここまでが積分型のガウスの法則の説明である．

これを微分型のガウスの法則に変形するためには，ガウスの定理を使う．

$$\int \boldsymbol{E}\cdot\boldsymbol{n}\,dS = \int \mathrm{div}\boldsymbol{E}\,dV \qquad : ガウスの定理$$

ガウスの定理の左辺は，積分型のガウスの法則と同じで，微小領域 dS におけるベクトル $\boldsymbol{E}$ の法線方向成分を閉曲面全体に足し合わせており，閉局面 A から湧き出すベクトル総量を表している．一方，右辺は，発散 $\mathrm{div}\,\boldsymbol{E}$ を体積積分したものであり，小箱 dV からの湧き出しを，ぎっちり詰まった全部の箱にわたって足し合わせる操作である．ある箱からベクトルが湧き出して箱の表面から出ていくと，湧き出しはすぐ隣の箱に入っていく．隣の箱に湧き出しがないとすると，入ったのと同じだけ出ていく．これをすべての箱について続けていくと，ベクトルの湧き出しは最後には表面から湧き出ることになる．つまり，すべての微小な箱からのベクトルの湧き出しの合計は，全体積を覆う表面から湧き出るベクトルの合計と等しい．

(A.15) 式の右辺を電荷密度 ρ で書き換えると，

$$\int_A \boldsymbol{E}\cdot\boldsymbol{n}\,dS = \frac{q}{\varepsilon_0} = \frac{1}{\varepsilon_0}\int \rho\,dV$$

となり，これとガウスの定理を見比べると，

$$\mathrm{div}\boldsymbol{E} = \frac{\rho}{\varepsilon_0} \quad \Rightarrow \quad \mathrm{div}\boldsymbol{D} = \rho \tag{A.16}$$

微分型のガウスの法則，つまりマクスウェルの方程式 (2.28) 式が得られる[37]．

A.1.6 ジョーンズベクトルの座標回転

偏光測定光学系における偏光素子の回転は，座標そのものを回転させる変換を行うと数式を簡単にすることができる．

図 A.2 は，xy 座標を回転させて $x'y'$ 座標に変換する様子を示している．座標の回転は，反時計回りを正とし，回転角を α とする．xy 座標上の点 $\boldsymbol{P}(A_x, A_y)$ は，$x'y'$

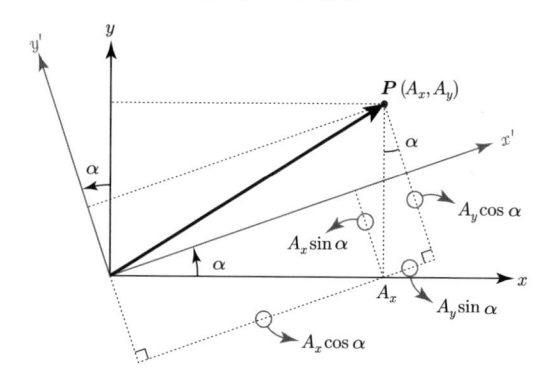

図 **A.2** 座標 xy から座標 $x'y'$ への回転変換

座標上で，

$$A_{x'} = A_x \cos\alpha + A_y \sin\alpha$$
$$A_{y'} = -A_x \sin\alpha + A_y \cos\alpha$$

と表される．これを行列で示すと，

$$\begin{bmatrix} A_{x'} \\ A_{y'} \end{bmatrix} = \begin{bmatrix} \cos\alpha & \sin\alpha \\ -\sin\alpha & \cos\alpha \end{bmatrix} \begin{bmatrix} A_x \\ A_y \end{bmatrix}$$

となる．以上から，反時計回りの座標回転の行列 $\boldsymbol{R}(\alpha)$ が求まり，$\sin(-\alpha) = -\sin(\alpha)$，$\cos(-\alpha) = \cos(\alpha)$ から，時計回りの座標回転の行列 $\boldsymbol{R}(-\alpha)$ を容易に導くことができる．

$$\boldsymbol{R}(\alpha) = \begin{bmatrix} \cos\alpha & \sin\alpha \\ -\sin\alpha & \cos\alpha \end{bmatrix}, \quad \boldsymbol{R}(-\alpha) = \begin{bmatrix} \cos\alpha & -\sin\alpha \\ \sin\alpha & \cos\alpha \end{bmatrix}$$

ちなみに，回転角 α の座標回転操作と回転角 $\pm\beta$ の座標回転操作を続けて行ったとすると，その結果は座標を $\alpha \pm \beta$ 回転させることに等しい．

$$\begin{aligned} \boldsymbol{R}(\alpha)\boldsymbol{R}(\pm\beta) &= \begin{bmatrix} \cos\alpha & \sin\alpha \\ -\sin\alpha & \cos\alpha \end{bmatrix} \begin{bmatrix} \cos\beta & \pm\sin\beta \\ \mp\sin\beta & \cos\beta \end{bmatrix} \\ &= \begin{bmatrix} \cos\alpha\cos\beta \mp \sin\alpha\sin\beta & \pm\cos\alpha\sin\beta + \sin\alpha\cos\beta \\ -\sin\alpha\cos\beta \mp \cos\alpha\sin\beta & \mp\sin\alpha\sin\beta + \cos\alpha\cos\beta \end{bmatrix} \\ &= \boldsymbol{R}(\alpha \pm \beta) \end{aligned}$$

この結果は，三角関数の加法定理を用いて導くことができる．

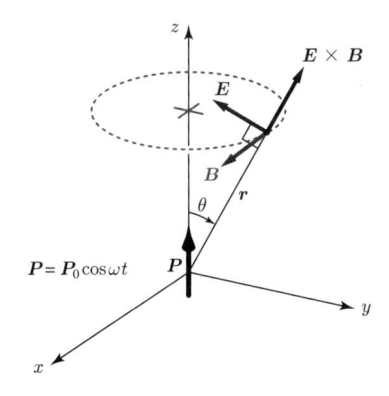

図 **A.3** 電気双極子振動からの放射光

$$\left.\begin{array}{rcl}\sin(\alpha \pm \beta) &=& \sin(\alpha)\cos(\beta) \pm \cos(\alpha)\sin(\beta) \\ \cos(\alpha \pm \beta) &=& \cos(\alpha)\cos(\beta) \mp \sin(\alpha)\sin(\beta)\end{array}\right\} \text{加法定理}$$

A.2　第3章：媒質中の光の伝搬

A.2.1　散乱光の強度

時間的に振動する電気双極子モーメント $P(t) = P_0 \cos\omega t$ からの放射光強度を考える．時刻 $t = 0$ で 2 つの電荷の距離が最大値 d になるとき，電気双極子モーメントは $P = P_0 = ql$ となる．

電気双極子近傍では，電場が複雑な形状をしているため，その領域を除き，電気双極子から十分に遠く，場の形状が単純な領域 (放射領域と呼ばれる) について考える．放射領域では，電場 $\boldsymbol{E}$ と磁場 $\boldsymbol{B}$ は互いに垂直かつ同位相の横波である．その電場強度は，

$$E = \frac{P_0 k^2 \sin\theta}{4\pi\varepsilon_0} \frac{\cos(\omega t - kr)}{r} \tag{A.17}$$

で表される．それぞれの場の向きを図 A.3 に示す．波動領域では，ポインティングベクトル $\boldsymbol{S} = c^2\varepsilon_0 \boldsymbol{E} \times \boldsymbol{B}$ は，常に中心から外向きに放射状になる．電気双極子からの放射光強度 I は，$I = c\varepsilon_0\langle E^2\rangle_T$，$k = 2\pi/\lambda = \omega/c$ から，

$$I(\theta) = c\varepsilon_0\langle E^2\rangle_T = \frac{P_0^2 \omega^4 \sin^2\theta}{16\pi^2 c^3 \varepsilon_0} \frac{\langle\cos(\omega t - kr)\rangle_T}{r^2}$$

$$= \frac{P_0^2 \omega^4}{32\pi^2 c^3 \varepsilon_0} \frac{\sin^2\theta}{r^2} \tag{A.18}$$

で与えられる[9]. 電気双極子からの放射光 (レーリー散乱光とも呼ばれる) の強度は, 周波数の 4 乗に比例する.

A.2.2　ローレンツモデルの複素誘電関数

ローレンツモデルの運動方程式 (3.8) 式の解として, $x(t) = a\exp(i\omega t)$ を仮定すると, その 1 階微分, 2 階微分は, それぞれ

$$\frac{dx}{dt} = ia\omega\exp(i\omega t), \quad \frac{d^2x}{dt^2} = -a\omega^2\exp(i\omega t) \tag{A.19}$$

となる. これらを (3.8) 式に代入して整理すると,

$$a = -\frac{eE_0}{m_e}\frac{1}{(\omega_0^2 - \omega^2) + i\Gamma\omega} \tag{A.20}$$

が得られる. 単位体積中の電子の個数を N_e とすると, 分極 P は単位体積中の電気双極子のベクトル和 $\sum_i \mu_i$ で表せることから, $P = -eN_e x(t)$ となり, $x(t) = a\exp(i\omega t)$ の仮定から, $P = -eN_e a\exp(i\omega t)$ となる. この P の式を, $\varepsilon = 1 + P/\varepsilon_0 E$ に代入すると, 複素誘電率 ε は次式で与えられる.

$$\varepsilon = 1 + \frac{e^2 N_e}{\varepsilon_0 m_e}\frac{1}{(\omega_0^2 - \omega^2) + i\Gamma\omega} \tag{A.21}$$

さらに, 上式の分子と分母に $(\omega_0^2 - \omega^2 - i\Gamma\omega)$ を乗じて整理すると,

$$\varepsilon_1 = 1 + \frac{e^2 N_e}{\varepsilon_0 m_e}\frac{(\omega_0^2 - \omega^2)}{(\omega_0^2 - \omega^2)^2 + \Gamma^2\omega^2} \tag{A.22}$$

$$\varepsilon_2 = \frac{e^2 N_e}{\varepsilon_0 m_e}\frac{\Gamma\omega}{(\omega_0^2 - \omega^2)^2 + \Gamma^2\omega^2} \tag{A.23}$$

複素誘電率 ε の実部と虚部が得られる[27].

A.3　第 4 章: 媒質界面での光の振る舞い

A.3.1　フェルマーの原理

図 4.5 において, S から P に到達する所要時間を $t(x)$, 界面上の光の通過位置を x とする. $x = X$ のときに最小時間の経路になるとすると,

$$t(x) = t_i(x) + t_t(x) = \frac{\overline{SX}}{v_i} + \frac{\overline{XP}}{v_t}$$

図 4.5 と見比べながら, 変数 x で表すように書き換えると,

$$t(x) = \frac{(h_i^2 + x^2)^{1/2}}{v_i} + \frac{[h_t^2 + (l-x)^2]^{1/2}}{v_t} \tag{A.24}$$

となる．$t(x)$ が最小となる変数 x を求めるには，(A.24) 式を x に関して微分して，$dt/dx = 0$ となる変数 x を求めればよい．

$$\frac{dt}{dx} = \frac{x}{v_i(h_i^2 + x^2)^{1/2}} - \frac{(l-x)}{v_t\left[h_t^2 + (l-x)^2\right]^{1/2}} = 0 \tag{A.25}$$

図 4.5 と比較しながら (A.25) 式を書き換えると，

$$\frac{\sin\theta_i}{v_i} = \frac{\sin\theta_r}{v_r} \tag{A.26}$$

が得られる[9]．これは，スネルの法則を表す (4.2) 式に他ならない．

A.3.2　振幅反射係数，振幅透過係数の導出

図 4.12 の電場 $\boldsymbol{E}$ および磁場 $\boldsymbol{B}$ の界面に平行な成分が，境界面を超えても等しいことから，p 偏光の場合の境界条件は，

$$E_{ip}\cos\theta_i - E_{rp}\cos\theta_r = E_{tp}\cos\theta_t \tag{A.27}$$

$$B_{ip} + B_{rp} = B_{tp} \tag{A.28}$$

と与えられる．(2.53) 式から，屈折率 n の媒質中では $E = (c/n)B$ なので，(A.28) 式は，

$$n_i(E_{ip} + E_{rp}) = n_t E_{tp} \tag{A.29}$$

と書き換えられる．(A.27) 式，(A.29) 式から E_{tp} を消去して，$\theta_i = \theta_r$ から，$r_p \equiv E_{rp}/E_{ip}$ で定義される p 偏光の振幅反射係数 r_p を求めると，次式が得られる．

$$r_p \equiv \frac{E_{rp}}{E_{ip}} = \frac{n_t\cos\theta_i - n_i\cos\theta_t}{n_i\cos\theta_t + n_t\cos\theta_i} \tag{A.30}$$

また，(A.27) 式，(A.29) 式から E_{rp} を消去して整理すると，p 偏光の振幅透過係数 t_p を求められる．

$$t_p \equiv \frac{E_{tp}}{E_{ip}} = \frac{2n_i\cos\theta_i}{n_i\cos\theta_t + n_t\cos\theta_i} \tag{A.31}$$

一方，s 偏光の場合の電場 $\boldsymbol{E}$ と磁場 $\boldsymbol{B}$ の境界条件は，

$$E_{is} + E_{rs} = E_{ts} \tag{A.32}$$

$$-B_{is}\cos\theta_i + B_{rs}\cos\theta_r = -B_{ts}\cos\theta_t \tag{A.33}$$

であるから，s 偏光の振幅反射係数，振幅透過係数は，次式で与えられる．

$$r_s \equiv \frac{E_{rp}}{E_{ip}} = \frac{n_i \cos\theta_i - n_t \cos\theta_t}{n_i \cos\theta_i + n_t \cos\theta_t} \tag{A.34}$$

$$t_s \equiv \frac{E_{ts}}{E_{is}} = \frac{2n_i \cos\theta_i}{n_i \cos\theta_i + n_t \cos\theta_t} \tag{A.35}$$

スネルの法則 $n_i \sin\theta_i = n_t \sin\theta_t$ を用いて，(A.30) 式，(A.31) 式，(A.34) 式，(A.35) 式を変形し，

$$r_p = \frac{\tan(\theta_i - \theta_t)}{\tan(\theta_i + \theta_t)} \tag{A.36}$$

$$r_s = -\frac{\sin(\theta_i - \theta_t)}{\sin(\theta_i + \theta_t)} \tag{A.37}$$

$$t_p = \frac{2\sin\theta_t \cos\theta_i}{\sin(\theta_i + \theta_t)\cos(\theta_i - \theta_t)} \tag{A.38}$$

$$t_s = \frac{2\sin\theta_t \cos\theta_i}{\sin(\theta_i + \theta_t)} \tag{A.39}$$

と表す場合もある．

A.3.3　ブリュスター角 θ_B と θ'_B の和

低屈折率媒質から高屈折率媒質に入射される場合のブリュスター角 θ_B と高屈折率媒質から低屈折率媒質に入射される場合のブリュスター角 θ'_B は，それぞれ

$$\tan\theta_B = \frac{n_t}{n_i}, \quad \tan\theta'_B = \frac{n_i}{n_t} \tag{A.40}$$

であるから，

$$\tan\theta_B = \frac{1}{\tan\theta'_B} \Rightarrow \frac{\sin\theta_B}{\cos\theta_B} = \frac{\cos\theta'_B}{\sin\theta'_B}$$

$$\therefore \quad \cos\theta_B \cos\theta'_B - \sin\theta_B \sin\theta'_B = 0 \tag{A.41}$$

となる．三角関数の加法定理から，

$$\cos(\theta_B + \theta'_B) = 0 \Rightarrow \theta_B + \theta'_B = 90° \tag{A.42}$$

が得られる．

A.4　第 5 章：干渉

A.4.1　多重スリットの干渉

ヤングの実験を N 個の多重スリットに拡張する．図 5.11 と同じ座標系で，N 個のスリットが間隔 d で並んでいる場合を考える．ただし，$N = 2n + 1$ は奇数とする．

開口スクリーン Σ からスクリーン Σ' までの距離 z が d に比べ十分に大きいとすると，(5.19) 式から，中央のスリット S_0 からスクリーン上の点 Q までの距離 r_0 と，隣りのスリット S_1 からスクリーン上の点 Q までの距離 r_1 の差は，dx_2/z なので，スリット S_1 からスクリーンに到達する 2 次波の電場振幅は，

$$\Delta u_1 = E_0 \exp\left[-ik\left(z + \frac{dx_2}{z}\right)\right] = u_0 \exp\left(\frac{-ikdx_2}{z}\right) = u_0 \exp(i\delta) \quad \text{(A.43)}$$

と表せる．ただし，隣り合うスリットから到達する 2 次波の位相差を $\delta = -kdx_2/z$ と置く．同様に，m 番目のスリットからの 2 次波の複素振幅は，

$$\Delta u_m = u_0 \exp(im\delta) \quad (m = 0, \pm 1, \pm 2, \pm 3, \cdots) \quad \text{(A.44)}$$

と書くことができる．各スリットから到達する 2 次波の電場振幅は，公比 $\exp(i\delta)$ の等比級数で表せ，等比級数の和の公式より，全スリットからの合成電場振幅は，

$$u = u_0 \sum_{m=-n}^{n} \exp(im\delta) = u_0 \frac{\exp(-in\delta) - \exp[i(n+1)\delta]}{1 - \exp(i\delta)} \quad \text{(A.45)}$$

となる．変形すると，

$$u = u_0 \exp(-in\delta) \frac{1 - \exp[i(2n+1)\delta]}{1 - \exp(i\delta)} = u_0 \exp(-in\delta) \frac{1 - \exp(iN\delta)}{1 - \exp(i\delta)} \quad \text{(A.46)}$$

となり，オイラーの公式を用いてさらに変形すると，

$$u = u_0 \exp(-in\delta) \frac{1 - \cos(N\delta) - i\sin(N\delta)}{1 - \cos(\delta) - i\sin(\delta)} \quad \text{(A.47)}$$

と書ける．ここで，三角関数の公式 $2\sin^2\alpha = 1 - \cos 2\alpha$ および $\sin 2\alpha = 2\sin\alpha\cos\alpha$ を使って，

$$u = u_0 \frac{\sin(N\delta/2)}{\sin(\delta/2)} \quad \text{(A.48)}$$

が得られる[36]．多重スリットの干渉による合成波の電場振幅は，中心スリットから到達する波動 u_0 と 2 つの正弦関数の比との積で表される．

A.4.2 ストークスの関係式

図 A.4(a) は，媒質 0 から媒質 1 に光が伝搬する様子を表している．強度 1 の入射光は，媒質界面で反射光 r_{01} と透過光 t_{01} に分割される．この過程は，エネルギーの散逸なしに起こるので，時間反転不変である．すなわち，光の進行は可逆で，逆行する過程も起こりうる．図 A.4(b) は，図 A.4(a) の反射光，透過光を逆行させたもので，r_{01} と t_{01} の光が界面で出会い，左上方に強度 1 のビームとなって進行する様子を示している．しかし，実際に r_{01} と t_{01} を入射した場合，図 A.4(b) にはならず，図

204 A. 各章の補足

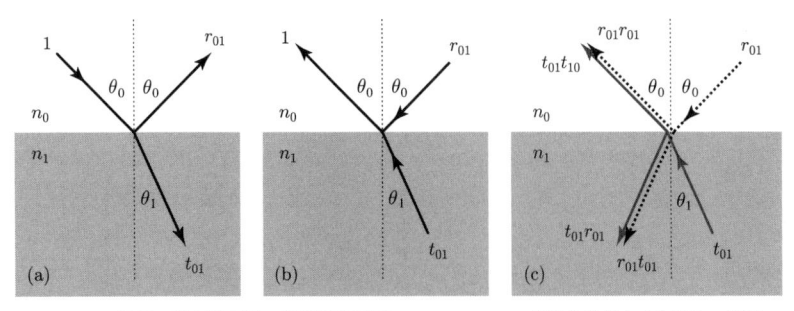

波動の進行は可逆：時間反転不変　　　　波動を逆行させた場合の光路

図 **A.4** ストークスの関係式

A.4(c) の光路をとることは明らかである．図 A.4(b) と図 A.4(c) の比較から，次の 2 つの関係式を導くことができる．

$$r_{01}r_{01} + t_{01}t_{10} = 1 \quad \Rightarrow \quad t_{01}t_{10} = 1 - r_{01}{}^2 \tag{A.49}$$

$$r_{01}t_{01} + t_{01}r_{10} = 0 \quad \Rightarrow \quad r_{01} = -r_{10} \tag{A.50}$$

(A.49) 式の $t_{01}t_{10} + r_{01}{}^2 = 1$ は，エネルギーが散逸しないことに対応し，(A.50) 式の $r_{01} = -r_{10}$ は，低屈折率媒質/高屈折率媒質界面の反射で位相が反転する (位相が π 変化する) ことに対応している．(A.49) 式と (A.50) 式は，英国の物理学者ストークス (G.G. Stokes) によって示されたことから，ストークスの関係式と呼ばれている．

A.4.3　平行平板の反射干渉光強度と透過干渉光強度

平行平板からの反射干渉光の振幅 E_r と透過干渉光の振幅 E_t は，反射干渉光/透過干渉光に含まれる各高次反射光束をすべて足し合わせることで求めることができる．図 5.21 から E_r と E_t は，

$$\begin{aligned}E_r =& E_0 r_{01} \exp(i\omega t) + E_0 t_{01}t_{10}r_{10} \exp[i(\omega t - 2\beta)] + E_0 t_{01}t_{10}r_{10}{}^3 \exp[i(\omega t - 4\beta)] \\ &+ E_0 t_{01}t_{10}r_{10}{}^5 \exp[i(\omega t - 6\beta)] + E_0 t_{01}t_{10}r_{10}{}^7 \exp[i(\omega t - 8\beta)] + \cdots \end{aligned} \tag{A.51}$$

$$\begin{aligned}E_t =& E_0 t_{01}t_{10} \exp[i(\omega t - \beta)] + E_0 t_{01}t_{10}r_{10}{}^2 \exp[i(\omega t - 3\beta)] \\ &+ E_0 t_{01}t_{10}r_{10}{}^4 \exp[i(\omega t - 5\beta)] + E_0 t_{01}t_{10}r_{10}{}^6 \exp[i(\omega t - 7\beta)] + \cdots \end{aligned} \tag{A.52}$$

と表せる．まず，反射干渉光強度から求める．ストークスの関係式 $r_{01} = -r_{10}$ (付録 A.4.2 参照) を使って (A.51) 式を書き直すと，

$$E_r = E_0 r_{01} \exp(i\omega t) - E_0 t_{01} t_{10} r_{01} \exp[i(\omega t - 2\beta)] \left[1 + r_{01}{}^2 \exp(-i2\beta)\right.$$
$$\left. + r_{01}{}^4 \exp(-i4\beta) + r_{01}{}^6 \exp(-i6\beta) + r_{01}{}^8 \exp(-i8\beta) + \cdots \right] \quad (A.53)$$

となる．1次反射光以外の高次反射光の符号が "−" なのは，表面反射である1次反射光だけが，他の高次反射光に対して π だけ位相がずれていることに対応している．ここで，$x < 1$ なら無限級数 $(1 + x + x^2 + x^3 + \cdots)$ は $1/(1-x)$ に収束することを利用して (A.53) 式をまとめ，ストークスの関係式 $t_{01} t_{10} = 1 - r_{01}{}^2$ を代入すると，平行平板からの反射干渉光の振幅を，

$$E_r = E_0 \exp(i\omega t) \frac{r_{01}[1 - \exp(-i2\beta)]}{1 - r_{01}{}^2 \exp(-i2\beta)} \quad (A.54)$$

と求めることができる．これより，平行平板からの反射干渉光の強度は，

$$I_r \propto E_r E_r^* = E_0^2 \frac{2 r_{01}{}^2 (1 - \cos 2\beta)}{1 + r_{01}{}^4 - 2 r_{01}{}^2 \cos 2\beta}$$

$$\therefore I_r = I_0 \frac{2 r_{01}{}^2 (1 - \cos 2\beta)}{(1 + r_{01}{}^4) - 2 r_{01}{}^2 \cos 2\beta} \quad (A.55)$$

となることがわかる．なお，ここでの式変形にはオイラーの公式から導かれる $2\cos\theta = \exp(i\theta) + \exp(-i\theta)$ を使った．

次に，全透過光についても，反射の場合と同様に，(A.52) 式を変形すると，平行平板からの透過干渉光の振幅を表す次式が得られる．

$$E_t = E_0 \exp(i\omega t) \frac{(1 - r_{01}{}^2) \exp(-i\beta)}{1 - r_{01}{}^2 \exp(-i2\beta)} \quad (A.56)$$

$2\cos\theta = \exp(i\theta) + \exp(-i\theta)$ を使って式を変形すると，透過光の強度は，

$$I_t \propto E_t E_t^* = E_0^2 \frac{(1 - r_{01}{}^2)^2}{(1 + r_{01}{}^4 - r_{01}{}^2 \cos 2\beta)}$$

$$\therefore I_t = I_0 \frac{(1 - r_{01}{}^2)^2}{(1 + r_{01}{}^4) - 2 r_{01}{}^2 \cos 2\beta} \quad (A.57)$$

と表すことができる．

A.4.4　薄膜付き基板の振幅反射係数 r_{012}，振幅透過係数 t_{012}

図 5.25 を参照しながら，反射干渉光に含まれる全高次反射光束，透過干渉光に含まれる全高次反射光束を，それぞれ足し合わせる．薄膜付き基板における反射干渉光の振幅 E_r と透過干渉光の振幅 E_t は，

$$\begin{aligned}
E_r &= E_0 r_{012} \exp{(i\omega t)} \\
&= E_0 r_{01} \exp{(i\omega t)} + E_0 t_{01} t_{10} r_{12} \exp{[i(\omega t - 2\beta)]} \\
&\quad + E_0 t_{01} t_{10} r_{10} r_{12}{}^2 \exp{[i(\omega t - 4\beta)]} + E_0 t_{01} t_{10} r_{10}{}^2 r_{12}{}^3 \exp{[i(\omega t - 6\beta)]} \\
&\quad + E_0 t_{01} t_{10} r_{10}{}^3 r_{12}{}^4 \exp{[i(\omega t - 8\beta)]} + \cdots
\end{aligned} \tag{A.58}$$

$$\begin{aligned}
E_t &= E_0 t_{012} \exp{(i\omega t)} \\
&= E_0 t_{01} t_{12} \exp{[i(\omega t - \beta)]} + E_0 t_{01} t_{12} r_{10} r_{12} \exp{[i(\omega t - 3\beta)]} \\
&\quad + E_0 t_{01} t_{12} r_{10}{}^2 r_{12}{}^2 \exp{[i(\omega t - 5\beta)]} + E_0 t_{01} t_{12} r_{10}{}^3 r_{12}{}^3 \exp{[i(\omega t - 7\beta)]} + \cdots
\end{aligned} \tag{A.59}$$

とまとめられる．(A.58) 式，(A.59) 式の両辺の時間振動項 $\exp{(i\omega t)}$ を省略して整理すると，振幅反射係数 r_{012}，振幅透過係数 t_{012} は，

$$\begin{aligned}
r_{012} &= r_{01} + t_{01} t_{10} r_{12} \exp{(-i2\beta)} + t_{01} t_{10} r_{10} r_{12}{}^2 \exp{(-i4\beta)} \\
&\quad + t_{01} t_{10} r_{10}{}^2 r_{12}{}^3 \exp{(-i6\beta)} + t_{01} t_{10} r_{10}{}^3 r_{12}{}^4 \exp{(-i8\beta)} \\
&\quad + t_{01} t_{10} r_{10}{}^4 r_{12}{}^5 \exp{(-i10\beta)} + \cdots
\end{aligned} \tag{A.60}$$

$$\begin{aligned}
t_{012} &= t_{01} t_{12} \exp{(-i\beta)} + t_{01} t_{12} r_{10} r_{12} \exp{(-i3\beta)} + t_{01} t_{12} r_{10}{}^2 r_{12}{}^2 \exp{(-i5\beta)} \\
&\quad + t_{01} t_{12} r_{10}{}^3 r_{12}{}^3 \exp{(-i7\beta)} + t_{01} t_{12} r_{10}{}^4 r_{12}{}^4 \exp{(-i9\beta)} + \cdots
\end{aligned} \tag{A.61}$$

となる．$x < 1$ なら無限級数 $(1 + x + x^2 + x^3 + \cdots)$ は $1/(1-x)$ に収束することを利用すると，振幅反射係数 r_{012}，振幅透過係数 t_{012} は，それぞれ，

$$r_{012} = r_{01} + \frac{t_{01} t_{10} r_{12} \exp{(-i2\beta)}}{1 - r_{10} r_{12} \exp{(-i2\beta)}} \tag{A.62}$$

$$t_{012} = \frac{t_{01} t_{12} \exp{(-i\beta)}}{1 - r_{10} r_{12} \exp{(-i2\beta)}} \tag{A.63}$$

と表せる．ここで，ストークスの関係式 $t_{01} t_{10} = 1 - r_{01}{}^2$，$r_{01} = -r_{10}$ (付録 A.4.2 参照) を用いて式を整理することで，

$$r_{012} = \frac{r_{01} + r_{12} \exp{(-i2\beta)}}{1 + r_{01} r_{12} \exp{(-i2\beta)}} \tag{A.64}$$

$$t_{012} = \frac{t_{01} t_{12} \exp{(-i\beta)}}{1 + r_{01} r_{12} \exp{(-i2\beta)}} \tag{A.65}$$

と，振幅反射係数 r_{012}，振幅透過係数 t_{012} を求めることができる．

A.5 第 6 章：回折

A.5.1 円形開口の回折積分

円形開口のフラウンホーファー回折の回折積分,

$$u(r_2, \theta_2, z) = A_0(x_2, y_2, z) \int_0^{2\pi} \int_0^a u_0 \exp\left[\frac{ik_0}{z} r_1 r_2 \cos(\theta_1 - \theta_2)\right] r_1 dr_1 d\theta_1 \tag{A.66}$$

をベッセル関数を使って計算する[24]. m 次のベッセル関数は,

$$J_m(x) = \frac{i^{-m}}{2\pi} \int_0^{2\pi} \exp[ix\cos\theta + im\theta] dx \tag{A.67}$$

なので, 0 次ベッセル関数を使って, (A.66) 式を変形すると,

$$u(r_2, \theta_2, z) = 2\pi A_0(x_2, y_2, z) \int_0^a u_0 J_0\left(k_0 r_1 r_2/z\right) r_1 dr_1 \tag{A.68}$$

となる. さらに, 漸化式,

$$\frac{d}{dx}\left[x^{m+1} J_{m+1}(x)\right] = x^{m+1} J_m(x) \tag{A.69}$$

で, $m=0$ として両辺を積分すると,

$$xJ_1(x) = \int_0^x x' J_0(x') dx' \tag{A.70}$$

が得られる. (A.68) 式は, (A.70) 式の 1 次ベッセル関数 J_1 を使って,

$$u(r_2, \theta_2, z) = A_0(x_2, y_2, z) u_0 (\pi a^2) \frac{2J_1(k_0 ar_2/z)}{k_0 ar_2/z} \tag{A.71}$$

と表せる.

A.5.2 正弦条件

アッベの正弦条件とは, アッベが Zeiss 社の顕微鏡対物レンズ開発の途上で見いだした収差補正条件で, 球面収差が除去されたレンズに対して, コマ収差 (レンズの軸上と周辺で結像の大きさが異なる収差) も除去するための条件式である. ここでは, 式の紹介にとどめるので, 詳細は文献を参照されたい[32, 34].

結像光学系を挟んで, 物体空間の屈折率を n, 像空間の屈折率を n' とする. r と r' は, 光軸に垂直に立てた物体とその像の長さで, その比 $\beta = r'/r$ は像倍率である.

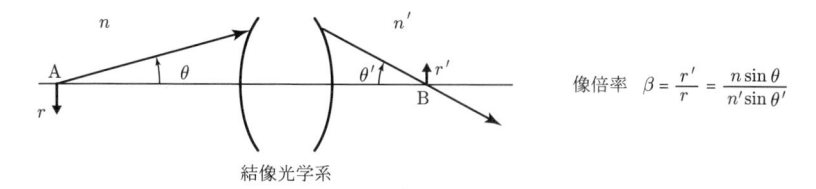

図 A.5 正弦条件

像倍率 $\beta = \dfrac{r'}{r} = \dfrac{n\sin\theta}{n'\sin\theta'}$

後側焦点距離 $f = \dfrac{h}{\sin\theta'}$

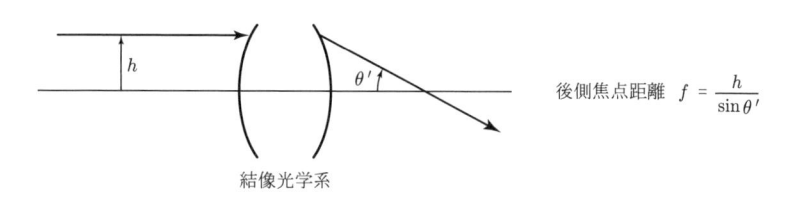

図 A.6 無限遠物体に対する正弦条件

図 A.5 のように，θ と θ' は，A を出た光線が結像光学系を介して B に到達するときに，入射側の光線と出射側の光線が光軸となす角である．コマ収差が除去されるためには，A を出た光線が，結像光学系のどこを通っても像倍率が変化しないことが必要で，θ および θ' について次式が満足される必要がある．

$$\beta = \frac{r'}{r} = \frac{n\sin\theta}{n'\sin\theta'} = \text{const.} \tag{A.72}$$

これが，レンズから有限な距離にある物体に対して成り立つ一般的なアッベの正弦条件である．

一方，無限遠物体に対しては，入射光線の光軸からの高さを h，出射側の光線が光軸となす角を θ'，後側焦点距離を f として，h とは無関係に次式右辺が一定であることが要求される (図 A.6)．

$$f = \frac{h}{\sin\theta'} \tag{A.73}$$

(A.72) 式と (A.73) 式とでは，(A.72) 式の方が一般性があり，(A.73) 式は (A.72) 式から導き出すことができる．

A.6 そ の 他

A.6.1 教科書による表記の違い

光学の教科書を読み比べると，同じ現象を記述しているのに表記が異なるという事態にしばしば出くわす．それは，次のような定義の違い，流儀の違いによることが多い[37]．

a. 単位の違い

長さ,質量,時間の単位として,それぞれ cm, g, s を使うのが cgs 単位系,m, kg, s を使うのが MKS 単位系である.単位の国際標準規格を定めた SI 単位系では,MKS に加えて電流 (A: アンペア) を基準にする MKSA 単位系を採用している.現在では MKS 単位系が主流で,cgs 単位系は古い教科書以外では見かけなくなった.

b. 有理系か,非有理系か

2つの電荷 q_1, q_2 の間に働く力を表すクーロンの法則の比例定数の中に,初めから 4π を入れて,

$$F = \frac{1}{4\pi\varepsilon_0}\frac{q_1 q_2}{r^2}$$

と表す流儀を有理系と呼ぶ.有理系では,クーロンの法則やビオ・サバールの法則で $1/4\pi$ が現れるが,マクスウェルの方程式は 4π が現れないきれいな形に書ける.逆に,非有理系は,クーロンの法則に 4π を含ませない流儀で,マクスウェルの方程式に 4π が出てくる.

c. 基準にする物理量の違い

どの物理量を基準にして他の物理量を決めるかによる.

〈SI 単位系〉 電流を基準とする単位系.国際単位系.計量単位令 (平成 4 年 11 月 18 日政令第 357 号) によるアンペアの定義は,「真空中に一メートルの間隔で平行に置かれた無限に小さい円形の断面を有する無限に長い二本の直線状導体のそれぞれを流れ,これらの導体の一メートルにつき千万分の二ニュートンの力を及ぼし合う直流の電流又はこれで定義したアンペアで表した瞬時値の二乗の一周期平均の平方根が一である交流の電流」.

〈esu 単位系〉 真空中の誘電率 ε_0 を 1 (無次元) にとる単位系.静電単位系. electrostatic unit の略.

〈emu 単位系〉 真空中の透磁率 μ_0 を 1 (無次元) にとる単位系.電磁単位系. electromagnetic unit の略.

〈ガウス単位系〉 μ_0, ε_0 の両方を 1 (無次元) にとる単位系.真空中で E と D, B と H を区別する必要がないが,ビオ・サバールの法則の中に光速 c が出てきてしまうという弊害がある.

d. E-H 対応と E-B 対応

E-H 対応では,磁場にも,その源となる磁気モノポールが存在し,磁気に関するクーロンの法則が成り立つことを出発点にして,電場と磁場で全く同じ理論展開をする.もし,磁気モノポールが存在するなら,電場 E と磁場 H が非常に美しい対称性をもつことになる.

一方,E-B 対応では,磁気モノポールは存在せず,すべての磁場は電流から作られるとして,

表 A.1 光学定数定義の違い

	光学系	物理系
波動の位相	$(\omega t - kx + \delta)$	$(kx - \omega t + \delta)$
$\delta > 0$ の場合	波は進む	波は遅れる
複素屈折率	$N \equiv n - ik$	$N \equiv n + ik$
複素誘電率	$\varepsilon \equiv \varepsilon_1 - i\varepsilon_2$	$\varepsilon \equiv \varepsilon_1 + i\varepsilon_2$
光学干渉	$r_{012} = \dfrac{r_{01} + r_{12}\exp(-i2\beta)}{1 + r_{01}r_{12}\exp(-i2\beta)}$	$r_{012} = \dfrac{r_{01} + r_{12}\exp(i2\beta)}{1 + r_{01}r_{12}\exp(i2\beta)}$
右回り円偏光	$\dfrac{1}{\sqrt{2}}\begin{bmatrix}1\\i\end{bmatrix}$	$\dfrac{1}{\sqrt{2}}\begin{bmatrix}1\\-i\end{bmatrix}$
左回り円偏光	$\dfrac{1}{\sqrt{2}}\begin{bmatrix}1\\-i\end{bmatrix}$	$\dfrac{1}{\sqrt{2}}\begin{bmatrix}1\\i\end{bmatrix}$

$$F = Idl \times B$$

を基本式にして,磁束密度 B を電流素片 Idl が受ける力として定義し,磁場 H はアンペールの法則が成立するように便宜的に導入される.現代の電磁気学では,磁石が発する磁場の正体は,磁石を構成する原子の電子スピンによって発生する円電流であると考えられている.現在,『ファインマン物理学』[12,13] をはじめとする多くの教科書は,E-B 対応の立場で書かれている.本書もそれに習った.また,E-B 対応での議論では,多くの場合,磁束密度 B を磁場と呼び,磁場 H と電束密度 D は申し訳程度にしか登場しない.

磁気モノポールが発見されるか,存在しないことが論理的に証明されない限り,両方の流派が存在し続けることになる.

e. 光学定数定義の違い

光学系と物理系では,光学定数の定義が異なる.どちらの定義もよく利用されており,混乱しやすい.光学系では,初期位相 δ が増加すると波動が進むように位相を $\varphi(x,t) = (\omega t - kx + \delta)$ とする.物理系では,逆に,位相を $\varphi(x,t) = (kx - \omega t + \delta)$ とする.これは,光学系では波動の進行を検出器側から観測する座標系であるのに対して,物理系では光源側から観測する座標系であることに対応する.

主な対応は表 A.1 のとおりである.初期位相 δ の増加によって波が進む方が,直感的に分かりやすい.光学系の定義と物理系の定義は,基本的に,複素共役の関係にあるので,$\pm i \Rightarrow \mp i$ で変換することができる.

たとえば,3.3.3 項の (3.10) 式に対して,$N \equiv n + i\kappa$ で定義された複素屈折率を用いると,消衰係数 κ に起因する減衰項が $\exp(2\pi\kappa x/\lambda)$ となり,振幅が発散してしまうことになる.そのため,2 つの異なる光学定数定義を混用してはならず,明確に区別して使用する必要がある.

本書では,エリプソメトリーにおける座標系などを規定した 1968 年のネブラスカ

集会 (Nebraska Convention) の取り決め[20] に従い，屈折率が $N \equiv n - i\kappa$ になる座標定義を採用している．

f. 使う記号の違い

教科書によって，数式を表す記号が異なる場合があるが，大した問題ではない．見栄えだけの違いで中身は同じである．たとえば，

- div $\boldsymbol{E}$ ↔ $\nabla \cdot \boldsymbol{E}$
- rot $\boldsymbol{B}$ ↔ $\nabla \times \boldsymbol{B}$ ↔ curl $\boldsymbol{B}$
- grad ϕ ↔ $\nabla \phi$

など，使う人の好みの問題である．

Appendix B

参 考 文 献

【A】従来の光技術の基礎概念に関する参考書. 第1巻の内容に相当する.
1) 大津元一: 光科学への招待, 朝倉書店 (1999).
2) 大津元一: 現代光科学 I(光の物理的基礎), 朝倉書店 (1994).
3) 大津元一: 現代光科学 II(光と量子), 朝倉書店 (1994).

【B】レーザーの原理と性質に関する参考書
1) 大津元一: 入門レーザー, 裳華房 (1997).
2) 大津元一: 量子エレクトロニクスの基礎, 裳華房 (1999).

【C】ナノ寸法の光物性に関する参考書. 第2巻の内容に相当する.
1) 斉木敏治・戸田泰則: ナノスケールの光物性, オーム社 (2004).

【D】ナノフォトニクスの入門, 基礎概念, 技術などについての啓蒙書, 参考書. 第3巻の内容に相当する.
1) 大津元一: 光の小さな粒, 裳華房ポピュラーサイエンス239, 裳華房 (2001).
2) 大津元一: ナノ・フォトニクス, 米田出版 (1999).
3) 大津元一 (監): ナノフォトニクスへの挑戦, 米田出版 (2003).
4) 大津元一 (監): ナノフォトニクスの展開, 米田出版 (2007).
5) 大津元一・小林 潔: 近接場光の基礎, オーム社 (2003).
6) 大津元一・小林 潔: ナノフォトニクスの基礎, オーム社 (2006).
7) 大津元一 (編著): 大容量光ストレージ, オーム社 (2008).
8) 大津元一・川添 忠・成瀬 誠・八井 崇: ナノフォトニックデバイス・加工, オーム社 (2008).
9) 堀 裕和・井上哲也: ナノスケールの光学, オーム社 (2006).
10) 堀 裕和・井上哲也・小林 潔: ナノ領域の光と電子系の相互作用, オーム社 (2008).
11) 大津元一・河田 聡・堀 裕和 (編): ナノ光工学ハンドブック, 朝倉書店 (2002).

Appendix C

引 用 文 献

1) C.H. タウンズ (著), 霜田光一 (訳): レーザーはこうして生まれた, 岩波書店 (1999).
2) 大津元一: 入門レーザー, 裳華房 (1997).
3) 小林浩一: 光物性入門, 裳華房 (1997).
4) K.M. Ho, C.T. Chan and C.M. Soukoulis: *Phys. Rev. Lett.*, vol.65, p.3152 (1990).
5) V.A. Podolskiy, A.K. Sarychev and V.M. Shalaev: *Optics Express*, vol.11, p.735 (2003).
6) L. Venema: *Nature*, vol.420, p.119 (2002).
7) H. Rong, A. Liu, R. Nicolaescu and M. Paniccia: *Appl. Phys. Lett.*, vol.85, p.2196 (2004).
8) Y. Arakawa and H. Sakaki: *Appl. Phys. Lett.*, vol.40, p.939 (1982).
9) E. Hecht (著), 尾崎義治・朝倉利光 (訳): ヘクト 光学 I, 丸善 (2002).
10) 長沼伸一郎: 物理数学の直感的方法, 通商産業研究社 (1989).
11) G. Woan(著), 堤 正義 (訳): ケンブリッジ 物理公式ハンドブック, 共立出版 (2007).
12) R.P. Feynman(著), 富山小太郎 (訳): ファインマン物理学 II, 岩波書店 (1991).
13) R.P. Feynman(著), 宮島龍興 (訳): ファインマン物理学 III, 岩波書店 (1991).
14) E. Hecht(著), 尾崎義治・朝倉利光 (訳): ヘクト光学 II, 丸善 (2002).
15) 小林浩一: 光の物理学, 東京大学出版会 (2002).
16) H. Fujiwara: *Spectroscopic Ellipsometry: Principles and Applications*, John Wiley & Sons Inc(2007).
17) C. Kittel(著), 宇野良清・津屋 昇・森田 章・山下次郎 (訳): キッテル固体物理学入門 (下), 第 7 版, 丸善 (1998).
18) E.D. Palik (ed.): *Handbook of Optical Constants of Solids*, Academic Press(1985).
19) R.P. Feynman(著), 釜江常好・大貫昌子 (訳): 光と物質のふしぎな理論, 岩波書店 (1987).
20) R.H. Muller: Definitions and conventions in ellipsometry, *Surface Sci.*, vol.16, pp.14–33(1969) .
21) 大津元一: 現代光科学 I, 朝倉書店 (1994).
22) 大津元一: 光科学への招待, 朝倉書店 (1999).
23) 鶴田匡夫: 応用光学 II, 培風館 (1990).
24) M. Born and E. Wolf(著), 草川 徹 (訳): 光学の原理 II, 第 7 版, 東海大学出版会 (2006).
25) 大津元一: 現代光科学 II, 朝倉書店 (1994).
26) A. Einstein, E. Schrödinger *et al.* (著), 谷川安孝・中村誠太郎 (編・監訳): 現代物理の世界 I 相対性理論と量子力学の誕生, 講談社, p.149(1972).
27) 藤原裕之: 分光エリプソメトリー, 丸善 (2003).
28) H.A. Macleod(著), 小倉繁太郎・中島右智・矢部 孝・吉田国雄 (訳): 光学薄膜, 日刊

工業新聞社 (1989).
29) 小檜山光信: 光学薄膜の基礎理論, オプトロニクス社 (2003).
30) R.M.A. Azzam and N.M. Bashara: *Ellipsometry and Polarized Light*, Second edition, North Holland Press(1987).
31) 李正中: 光学薄膜と成膜技術, アグネ技術センター (2003).
32) 鶴田匡夫: 応用光学 I, 培風館 (1990).
33) 野島 博 (編): 顕微鏡の使い方ノート, 羊土社 (2003).
34) 鶴田匡夫: 光の鉛筆, 新技術コミュニケーションズ (1985).
35) 石川 謙 (著), 日本液晶学会 (編): 液晶科学実験入門, シグマ出版, p.107(2007).
36) 山崎正之・若木守明・陳軍: 波動光学入門, 実教出版 (2004).
37) 広江克彦: 趣味で物理学, 理工図書 (2007).

索　引

欧　文

$\lambda/2$ 板　50
$\lambda/4$ 板　49

Al_2O_3　79
antinode　115
AR コーティング　148

BK7　108, 149

CaF_2　79
CCD　192
CD　2

DFT　135
diamond　79

FFT　137
FTIR　134
FTTH　109

H_2O 分子　78

IAD　152
IBSD　152
irradiance　43

KBr　79

LiF　79

MgF_2　150

NA　176, 178

NaCl　79
node　115

PD　191
PDA　192
PMMA　137
PMT　191
p 偏光　91

sinc 関数　41, 163
SiO_2　79, 106, 151
s 偏光　91

Ta_2O_5　79, 151
TiO_2　79, 150

ZrO_2　79

あ　行

アインシュタイン　1, 140
アーギュメント　25
アッベ　173
　　――の結像理論　178
　　――の正弦条件　178, 207
アルゴンイオンレーザー　110, 165
アンペールの法則　29
アンペール・マクスウェルの法則　29

イオンビームアシスト堆積　152
イオンビームスパッタリング堆積　152
イオン分極　78
異常光線　49
異常分散　77
位相　16
位相角　22

位相差　44, 113
位相子　25, 67, 69, 87, 112, 117, 190
移相子　49
位相速度　16, 36
位相遅延　49, 69
位相膜厚　129, 141, 147
インコヒーレント照明　178
インターフェログラム　135

ウィーナーの実験　118
後側焦点距離　179

エアリーディスク　169
エアリーパターン　169
液晶　2
液晶ディスプレイ　53
エタロン　142, 145
エネルギー密度　39
エバネッセント波　103
円形開口　167
円筒波　19, 123
円偏光　44
遠方場回折　162

オイラーの公式　23

か　行

開口数　176, 178
カイザー　17
下位蜃気楼　86
回折　121, 153
　スリットの――　162, 181
回折角　174, 187
回折限界　171
回折格子　174, 187
　――の式　174
回折格子分光器　191
回折次数　174, 179, 188
回折積分　158
　フレネル・キルヒホッフの――　157
回折理論　156
回転　32
ガウス
　――の定理　55, 197

――の法則　29, 55, 196
可干渉性　121
角周波数　16
重ね合わせの原理　20, 111
可視領域　9, 150
カメラ鏡　191
干渉　111
　強め合う――　111, 124, 131, 134, 135, 164
　弱め合う――　111, 124, 131
干渉計　119, 132
干渉項　112
干渉縞　111, 125
干渉色　131
干渉フィルター　147
完全反射防止の位相条件　148
完全反射防止の振幅条件　148

規格化ジョーンズベクトル　46
幾何光学　3
基本波　136
吸光係数　75
球面波　18
共振角周波数　57
強度　43
共鳴角周波数　57
共役複素数　24
近軸近似　159
近接場回折　161

空間周波数フィルタリング　179
偶関数　135
空間的コヒーレンス　122
空間フーリエ周波数　162
グース・ヘンシェンシフト　106
屈折　82
　――の法則　82
屈折率　73
屈折率分散　78
クラマース・クローニッヒの関係式　77
グラン・テーラープリズム　49

傾斜因子　157
結像理論　174

検光子　47
原子分極　78
減衰係数　59
減衰振動子　56
顕微鏡　173

光学定数　5, 74, 210
光学薄膜　145, 148
光子　1, 9
格子間隔　174, 188
合成波　21
光線　3
光線光学　3
光速
　真空中の——　37
高速フーリエ変換　137
刻線数　189
固定端反射　95, 108
古典光学　3, 5
コヒーレンス　121
コヒーレンス時間　122
コヒーレンス長　122
コヒーレント光源　121
コヒーレント照明　174
コリメーター鏡　191

さ 行

最小時間原理　85
酸化チタニウム　150
サンプリング区間　136
散乱　62, 67

紫外可視分光光度計　151
紫外可視領域　60, 78
時間的コヒーレンス　122
磁気モノポール　29, 209
自己保持膜　128, 140
自然線幅　122
磁束密度　29
シミュレーションスペクトル　151
シャボン玉　128
自由端反射　99, 108
自由電子　59
周波数　16

準単色光源　121
上位蜃気楼　86
消光　52
常光線　49
消光比　49
消衰係数　74
焦点距離　172, 179
初期位相　16
ジョーンズ行列　47
ジョーンズベクトル　45
シリコンフォトニクス　7
蜃気楼　86
シンクロトロン放射　60
進相軸　49
振動面　43
侵入深さ　75
振幅透過係数　91
振幅反射係数　91
振幅分割2光束干渉　128

スカラー波動関数　3
ストークスの関係式　131, 204
スネルの法則　83
スパーローの分解能　173
スリットの回折　162, 181

正弦条件　178, 207
正常分散　77
成分波　21
赤外領域　78, 134
0次光　175
線形応答　22
センターバースト　135
全反射　99, 103
全反射プリズム　99

粗密波　12

た 行

ダイクロイックミラー　150
ダイバージェンス　30
対物レンズ　173
ダイヤモンド　79, 106
楕円偏光　45

多光束干渉 119, 140
多重スリット 184, 202
縦波 12
単色光源 121

遅相子 49
遅相軸 49
中赤外領域 137
調和振動 11
調和振動子 11
調和波 15
調和平面波 17
直線偏光 44, 91
直交ニコル 52, 103

ツェルニ・ターナ型分光器 191

定在波 114
定常波 114
停留値 88
電気双極子 54, 56
電気双極子放射 60
電気双極子モーメント 54
電磁光学 2
電子スピン 29, 210
電磁波 9, 28
電子分極 56, 78
電束密度 29

等厚干渉 120
透過位相回折格子 187
透過回折格子 175
透過軸 47, 103
透過振幅回折格子 187
透過率 95
等傾角干渉 120
等傾角干渉縞 134, 145
透磁率 30
　真空中の── 30, 37
特性マトリクス 147
ドルーデモデル 59

な 行

内部反射 98

ナノフォトニクス 4
ナブラ 30

逃げ水 87
2光束干渉 119
2分の1波長板 50
入射角 82
入射面 82
ニュートン 1

は 行

配向分極 78
薄膜 128, 145
波数 15
波数ベクトル 18
波長 16
波長板 49
発散 30
波動関数 13
波動光学 3
波面分割2光束干渉 121
腹 115
半古典論 5, 193
反射 80
　──の法則 80
反射位相回折格子 187
反射角 82
反射防止膜 148
反射率 95
半値全幅 143
半導体レーザー 2

光エレクトロニクス 2
光ファイバー 2, 109
光・物質融合工学 7
光物性 5
光量子説 1
非線形応答 22
非線形光学 4
左回り円偏光 44
微分波動方程式 14
ビームスプリッター 120, 132
比誘電率 30, 56
表面波 104

ピンホール 123

ファブリ・ペローエタロン 142
ファブリ・ペロー干渉計 144
フィネス 143
フィネス係数 141
フェルマーの原理 85
フォトダイオード 191
フォトダイオードアレイ 192
フォトニクス 2
フォトニック結晶 7
フォトン 1
フォノン 6
復元力 11, 59
複スリット 120, 123, 181
複素共役 24
複素屈折率 73
複素数 22
複素平面 22
複素誘電率 76
ブーゲ・ベールの法則 75
節 115
フッ化マグネシウム 150
フック 1
　——の法則 11, 57
フラウンホーファー回折 157, 161
フラウンホーファー近似 159
プラズモニクス 7
フーリエ級数 136
フーリエ展開 136
フーリエ分光法 134
フーリエ変換 134, 162, 175
フーリエ変換型赤外分光光度計 134
フーリエ余弦変換 135
フリースタンディングフィルム 128, 140
ブリュスター角 94, 100
ブリュスターの法則 102
ブリリアントカット 106
ブレーズ角 189
ブレーズド・グレーティング 189
ブレーズ波長 189
フレネル
　——の回折理論 156
　——の式 92

フレネル回折 161
フレネル・キルヒホッフの回折積分 157
フレネル近似 159
フレネル係数 93
フレネルロム 108
分解能 171
　スパーローの—— 173
分極 54
分光器 191

平行ニコル 52
平面波 17
ベクトル波 2
ベッセル関数 168, 207
ベルトランレンズ 175
変位電流 29
偏光 43
偏光子 47
偏光透過率スペクトル 150
偏光フィルター 52, 102
偏光面 43

ホイヘンス 1
　——の原理 154
ホイヘンス・フレネルの原理 153
ポインティングベクトル 40
方解石 48
方形開口 166
補償子 49
補償板 134
補色 150
ポラリトン 6
ポリクロメーター 192
ポリメチルメタクリレート 137
ホログラフィック・グレーティング 187

ま 行

マイケルソン干渉計 132
マイケルソン・モーレーの実験 138
マクスウェルの方程式 28
マリュスの法則 51

右回り円偏光 44

メタマテリアル 7

や 行

ヤングの実験 121

誘電関数 76
誘電体 54, 78
誘電体多層膜 147
誘電率 29, 54
　　真空中の—— 30, 37
誘電率分散 76
油浸法 176

横波 12
4分の1波長板 49

ら 行

ランバート・ベールの法則 75

離散フーリエ変換 135
量子光学 3, 5
量子電気力学 3
量子ドットレーザー 7
臨界角 99

ルールド・グレーティング 187

励起子 6
励起子ポラリトン 6
レーザー 1
レーザー光源 17, 123
レーリー散乱 62
レーリーの分解能 172, 179

ローテーション 32
ローレンツ分布 76
ローレンツモデル 57, 76

著者略歴

大^{おお}津^つ元^{もと}一^{いち}

1950年　神奈川県に生まれる
1978年　東京工業大学大学院理工学研究科
　　　　博士課程修了
現　在　東京大学大学院工学系研究科教授・
　　　　ナノフォトニクス研究センター長
　　　　工学博士

田^た所^{どころ}利^{とし}康^{やす}

1957年　東京都に生まれる
1981年　立教大学理学部卒業
現　在　有限会社テクノ・シナジー
　　　　代表取締役
　　　　博士（工学）

先端光技術シリーズ1
光　学　入　門
―光の性質を知ろう―

定価はカバーに表示

2008年10月20日　初版第1刷
2021年9月5日　　第10刷

著　者	大　津　元　一
	田　所　利　康
発行者	朝　倉　誠　造
発行所	株式会社　朝　倉　書　店

東京都新宿区新小川町6-29
郵便番号　162-8707
電　話　03(3260)0141
ＦＡＸ　03(3260)0180
http://www.asakura.co.jp

〈検印省略〉

ⓒ 2008〈無断複写・転載を禁ず〉　　Printed in Korea

ISBN 978-4-254-21501-4　C 3350

JCOPY ＜出版者著作権管理機構　委託出版物＞
本書の無断複写は著作権法上での例外を除き禁じられています。複写される場合は、そのつど事前に、出版者著作権管理機構（電話 03-5244-5088，FAX 03-5244-5089，e-mail: info@jcopy.or.jp）の許諾を得てください。

東大 大津元一編　慶大 斎木敏治・北大 戸田泰則著
先端光技術シリーズ2
光　物　性　入　門
―物質の性質を知ろう―
21502-1 C3350　　　　　A 5 判 180頁 本体3000円

先端光技術を理解するために，その基礎の一翼を担う物質の性質，すなわち物質を構成する原子や電子のミクロな視点での光との相互作用をていねいに解説した。〔内容〕光の性質／物質の光学応答／ナノ粒子の光学応答／光学応答の量子論

東大 大津元一編著　東大 成瀬　誠・東大 八井　崇著
先端光技術シリーズ3
先　端　光　技　術　入　門
―ナノフォトニクスに挑戦しよう―
21503-8 C3350　　　　　A 5 判 224頁 本体3900円

光技術の限界を超えるために提案された日本発の革新技術であるナノフォトニクスを豊富な図表で解説。〔内容〕原理／事例／材料と加工／システムへの展開／将来展望／付録(量子力学の基本事項／電気双極子の作る電場／湯川関数の導出)

東大 大津元一著
光　科　学　へ　の　招　待
21030-9 C3050　　　　　A 5 判 180頁 本体3200円

虹，太陽，テレビ，液晶，…我々の日常は光に囲まれている。様々なエピソードから説き起こし，光の科学へと導く。〔内容〕光科学の第一歩／光線の示す振舞い／基本的な性質／反射と屈折のもたらす現象／光の波／物質の中の光／さらに考える

日本光学測定機工業会編
光　計　測　ポ　ケ　ッ　ト　ブ　ッ　ク
21038-5 C3050　　　　　A 5 判 304頁 本体6000円

ユーザの視点から約200項目を各1〜2頁で解説。〔内容〕光学測定(光自体，材料・物質の特性，長さ，寸法，変位・位置，形状，変形，内部，物の動き，流れ，物理量，明るさと色)／光を利用(光源を選ぶ，制御する，よい画像を得る)／他

東大 大津元一著
ド　レ　ス　ト　光　子
―光・物質融合工学の原理―
21040-8 C3050　　　　　A 5 判 320頁 本体5400円

近接場光＝ドレスト光子の第一人者による教科書。ナノ寸法領域での光技術の原理と応用を解説〔内容〕ドレスト光子とは何か／ドレスト光子の描像／エネルギー移動と緩和／フォノンとの結合／デバイス／加工／エネルギー変換／他

前大阪大 櫛田孝司著
光　物　性　物　理　学（新装版）
13101-7 C3042　　　　　A 5 判 224頁 本体3400円

光を利用した様々な技術の進歩の中でその基礎的分野を簡明に解説。〔内容〕光の古典論と量子論／光と物質との相互作用の古典論／光と物質との相互作用の量子論／核の運動と電子との相互作用／各種物質と光スペクトル／興味ある幾つかの現象

東京工芸大 渋谷眞人・ニコン 大木裕史著
光学ライブラリー1
回　折　と　結　像　の　光　学
13731-6 C3342　　　　　A 5 判 240頁 本体4800円

光技術の基礎は回折と結像である。理論の全体を体系的かつ実際的に解説し，最新の問題まで扱う〔内容〕回折の基礎／スカラー回折理論における結像／収差／ベクトル回折／光学的超解像／付録(光波の記述法／輝度不変／ガウスビーム他)／他

上智大 江馬一弘著
光学ライブラリー2
光　物　理　学　の　基　礎
―物質中の光の振舞い―
13732-3 C3342　　　　　A 5 判 212頁 本体3600円

二面性をもつ光は物質中でどのような振舞いをするかを物理の観点から詳述。〔内容〕物質の中の光／光の伝搬方程式／応答関数と光定数／境界面における反射と屈折／誘電体の光学応答／金属の光学応答／光パルスの線形伝搬／問題の解答

前東大 黒田和男著
光学ライブラリー3
物　理　光　学
―媒質中の光波の伝搬―
13733-0 C3342　　　　　A 5 判 224頁 本体3800円

膜など多層構造をもった物質に光がどのように伝搬するかまで例題と解説を加え詳述。〔内容〕電磁波／反射と屈折／偏光／結晶光学／光学活性／分散と光エネルギー／金属／多層膜／不均一な層状媒質／光導波路と周期構造／負屈折率媒質

宇都宮大学 谷田貝豊彦著
光学ライブラリー4
光　と　フ　ー　リ　エ　変　換
13734-7 C3345　　　　　A 5 判 196頁 本体3600円

回折や分光の現象などにおいては，フーリエ変換そのものが物理的意味をもつ。本書は定本として高い評価を得てきたが，今回「ヒルベルト変換による位相解析」，「ディジタルホログラフィー」などの節を追補するなど大幅な改訂を実現。

上記価格（税別）は 2021年 8月現在